现代预制混凝土工艺

李崇智 刘 昊 高振国 何 伟 编著

中国电力出版社
CHINA ELECTRIC POWER PRESS

内 容 提 要

本书共分 10 章，系统论述了混凝土结构形成的工艺理论问题，讲述原材料加工工艺、混凝土搅拌工艺、混凝土密实成型工艺、混凝土养护工艺等科学原理，同时结合装配式建筑发展需要，介绍了现代预制混凝土设计、生产、质量检验、运输及新技术、新材料等内容。本书专业性强、知识面广、学科交叉点多，需要的技术和专业基础知识也多。

本书可供土木、建筑、土木工程材料及工程管理类相关专业的教学及参考使用，也可供水泥与混凝土企业以及建筑工程相关的技术人员培训参考使用。

图书在版编目（CIP）数据

现代预制混凝土工艺 / 李崇智等编著. —北京：中国电力出版社，2022.3
ISBN 978-7-5198-6070-7

Ⅰ. ①现… Ⅱ. ①李… Ⅲ. ①混凝土结构–预制结构 Ⅳ. ①TU37

中国版本图书馆 CIP 数据核字（2021）第 208527 号

出版发行：中国电力出版社
地　　址：北京市东城区北京站西街 19 号（邮政编码 100005）
网　　址：http://www.cepp.sgcc.com.cn
责任编辑：未翠霞（010-63412611）
责任校对：黄　蓓　王海南
装帧设计：张俊霞
责任印制：杨晓东

印　　刷：北京雁林吉兆印刷有限公司
版　　次：2022 年 3 月第一版
印　　次：2022 年 3 月北京第一次印刷
开　　本：787 毫米×1092 毫米　16 开本
印　　张：14.75
字　　数：323 千字
定　　价：59.00 元

序

波特兰水泥发明至今，还不到 200 年的历史，但从普通混凝土、钢筋混凝土、预应力钢筋混凝土到各种纤维混凝土，混凝土材料已遍及全球，应用到各项工程中，甚至航天工程也有混凝土材料的足迹。量大面广的应用，以及各领域深入的研究，大大地推动了混凝土材料与制品的发展。据统计，新冠肺炎疫情前，每人每年混凝土材料的用量达到了 1t，全世界混凝土的产量达到了 60 亿 t 以上。我国的混凝土产量巨大，约占全球用量的 1/3。我国在土木建筑工程、铁路建设工程、海洋工程、城市建设工程及航天工程等诸多方面，不但需要混凝土材料，而且需要应用混凝土材料的各种技术。

《现代预制混凝土工艺》作为专业教科书，完整阐述了现代装配式建筑概念、预制工艺原理与方法、典型预制混凝土生产技术、生产运输与质量检测以及现代预制混凝土新材料技术等过程内容，使学生能学到当前各项工程中应用的预制混凝土工艺。

《现代预制混凝土工艺》一书同时还为读者提供预制混凝土结构形成的基础理论及混凝土制品生产的新材料、混凝土房屋结构装配构件的新技术与新工艺等知识。该书不仅供读者学习基础理论、制品的生产技术与施工应用技术，还会启发读者对该领域融入更加现代更加深入的思考和研究，从而促进当今装配式建筑更大的发展。

《现代预制混凝土工艺》除编写了传统的混凝土理论和制品的生产工艺外，还增加了一些新内容，如 BIM 的信息系统和功能及其在设计和施工中的应用等，可以帮助读者进一步提高专业素质、扩大视野和知识领域。

减少碳排放，创造一个绿水青山的生态环境，已成为全球的共同呼声。预制混凝土在原材料方面若水泥用量大，则二氧化碳排放量就高；在生产工艺方面，蒸养与高压蒸养的生产过程能源消耗大，不仅碳排放量大，噪声也大，存在很大的安全隐患，也不利于人居环境。预制混凝土的创新与发展，需要我们从现在做起，发展新材料、新技术与新工艺，培养一批综合型高素质专业人才。

冯乃谦

2021 年 12 月 23 日

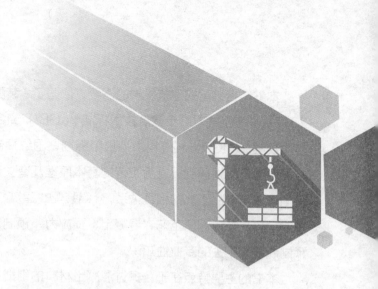

前　言

　　我国目前正处于城市化浪潮，每年城市新建住宅的建设面积约 15 亿 m^2，装配式建筑占新建建筑面积的比例在 30% 以上，建筑行业迫切需要装配式建筑设计、现代预制混凝土生产与施工管理类等专业人才。与传统施工相比，装配式建筑具有建筑质量好、施工速度快、材料用量省、环境污染小的特点，是建筑行业的一个重要发展方向。现代预制混凝土综合型专业化人才是支撑装配式建筑发展的首要因素，建筑类各种专业人才均需要深入学习或了解现代预制混凝土工艺知识。

　　我国混凝土与水泥制品行业中预制混凝土生产型企业数量庞大，装配式建筑与建造技术正处于快速发展阶段。装配式建筑"看起来简单、做起来很复杂"，很多高校、高职院校顺势开设了《混凝土制品工艺学》类似课程，迫切需要有合适的教材。当前高校大力推行大类专业招生，小专业（专门化）施教，提倡以市场需求为导向，同时强化职业能力和素质基础教育，建筑类高校教学改革的深化和发展应该优先服务于预制混凝土产业。《混凝土制品工艺学》课程具有现代感、专业性与综合性强、知识面广、信息量大、难点多等特点，需要理论与实践完美结合，是一门教学难度较大的课程。

　　预制混凝土是土木水利、交通土建、矿井建设等使用最广泛的结构材料，当前从业者数以百万计。为了满足不同层次人才需要，向着适应社会人才需求、大众化与多样化教学方向转变，在中国混凝土与水泥制品协会预制混凝土构件分会的大力支持下，由北京建筑大学资助并牵头，联合兄弟院校石家庄铁道大学，以及北京榆构有限公司、北京预制建筑工程研究院有限公司等企业成立了《现代预制混凝土工艺》教材编写组，邀请国内装配式建筑建造及建材行业多位资深专家学者参与，编写过程中多次组织探讨交流，一切从实际出发，力求融合土木工程与材料学科有关的理论知识，尽可能拓宽土木与材料相关专业的知识面，推陈出新，可为不断学习、深造与工作等打下良好的基础。

本书结合装配式建筑发展的需要，依据了《装配式建筑评价标准》（GB/T 51129—2017）、《装配式混凝土建筑技术标准》（GB/T 51231—2016）和《装配式混凝土结构技术规程》（JGJ 1—2014）等最新标准，围绕预制混凝土工艺和装配式混凝土制造两方面，系统阐述预制混凝土工艺的基本原理及有关装配式混凝土预制基础知识、混凝土结构形成与制品工艺的相互关系，介绍装配式建筑与预制混凝土构件结构设计基础知识，概述模具工艺、钢筋工艺、混凝土、预应力、预制混凝土、工厂设计、质量控制等现代预制混凝土相关的专业性知识。

本书的主要特点在于：探讨混凝土材料的组成、结构与工艺制造之间的内在联系，重点论述混凝土结构形成的工艺理论问题，讲述原材料加工工艺、混凝土搅拌工艺、密实成型工艺、养护工艺等科学原理，同时与现代装配式建筑新技术、新材料相结合。全书专业性强、知识面广、学科交叉点多，涉及的技术和专业基础知识也多。学习过程中宜辅以必要的实践环节，理论结合实际，掌握内在规律。本书适合国内土木工程专业（建材）与无机非金属材料工程专业（建材）、工程管理专业等众多专业人才的培养，可供土木工程、建筑工程、材料工程及工程管理类相关专业的教学及参考使用，也可供水泥与混凝土企业以及建筑工程相关的技术人员培训参考使用。

本书的编写大纲由冯乃谦教授补充和审定，全书由蒋勤俭教授主审。李崇智编写第1、3、7、10章，刘昊编写第6、8、9章，高振国编写第4、5章，何伟编写第2章，由李崇智统稿。研究生章超、王梦宇等协助整理文稿。除正文以外，附加本章提要、思考题等内容便于教学与自学，对了解预制混凝土工艺生产有着较高的参考价值。预制混凝土协会、北京市政路桥王贯明教授等提供了一些参考资料、建议和帮助。在此，对所有为本书出版提供帮助的专家、老师和同学表示衷心的感谢！

本书在编写过程中得到北京建筑大学教材建设基金项目的资助。

为便于教学交流与使用，书中附件提供了北京建筑大学《混凝土制品工艺学》课程与课程设计有关的教学大纲、综合性实验指导、课程设计任务书与指导书、PPT 课件等，扫描二维码下载电子版材料。

现代预制混凝土
工艺赠送资料

鉴于编写人员水平有限，书中不当及错漏之处在所难免，敬请读者批评指正。

作　者
2021 年 12 月

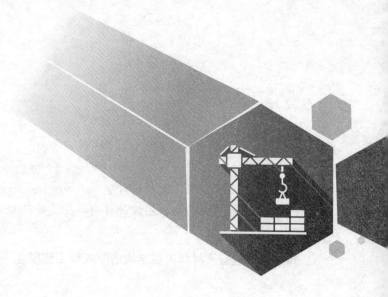

目 录

序
前言

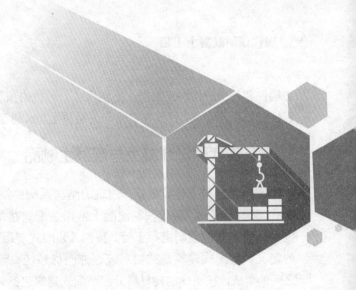

第1章 绪 论

本章提要

　　介绍预制混凝土、预拌混凝土、混凝土制品、预制混凝土工艺概念，简述国内外预制混凝土发展的现状与趋势，阐明发展现代预制混凝土的人才需求，提出《现代预制混凝土工艺》的学习方法。

1.1 概　　述

1.1.1 预制混凝土与预拌混凝土

　　预制混凝土（Precast Concrete）是指在工厂或现场预先制作的混凝土，预制混凝土不能离开构筑物来单独使用，常指预制的组成部件。预制混凝土最大的特点与混凝土构筑物不在一个地方，是在工厂中预制混凝土构件，能比较好地控制钢筋的张拉应力；对混凝土的制备、成型、振捣控制比较严格；可以采取较灵活的养护方式，如室内养护、蒸汽养护等，有利于质量控制。

　　预拌混凝土（Ready-mixed Concrete）又称商品混凝土，是指在搅拌站（楼）生产的、通过运输设备送至使用地点的、交货时为拌和物的混凝土。预制混凝土由水泥、集料、水以及根据需要掺入的外加剂、矿物掺合料等组分按一定比例，在搅拌站经计量、拌制后装入混凝土搅拌输送车，其性能指标具有时效性，必须保证混凝土质量发生变化之前浇筑成混凝土构件。混凝土集中搅拌有利于采用先进的工艺技术，实行专业化生产管理。设备利用率高，计量准确，将配合好的干料投入混凝土搅拌机充分拌和后，因而产品质量好、材料消耗少、工效高、成本较低，又能改善劳动条件，减少环境污染。

　　总之，预制混凝土与现浇混凝土两者在概念上的差别在于前者混凝土硬化形成构件后用于构筑物的地点发生变化。预制混凝土有全预制、半预制、混合式等，包括受力构件、非受力构件和外围护构件三大类。不同尺寸、形状的预制混凝土具有成本低廉、样式繁多、抗开裂性能出色等特点，目前在铁路与公路桥梁、水利管涵、建筑与装饰工程领域应用比较普遍。

1.1.2 现代预制混凝土与混凝土制品

装配式混凝土建筑是指"建筑的结构系统由混凝土部件（现代预制混凝土）构成的装配式建筑"，因此，现代预制混凝土常指装配式建筑的混凝土部件，包括建筑物结构系统、围护系统和其他预制混凝土等。按照《装配式混凝土建筑技术标准》（GB/T 51231—2016）的定义，装配式建筑是结构系统、外围护系统、设备与管线系统以及内装系统等四个系统之间的集成，按主体结构材料分，装配式建筑包括装配式钢结构建筑、装配式木结构建筑、装配式混凝土建筑、装配式轻钢结构建筑和装配式复合材料建筑等。按照《装配式混凝土结构技术规程》（JGJ 1—2014）的定义，装配整体式混凝土结构是指预制混凝土通过可靠的方式进行连接并与现场后浇混凝土、水泥基灌浆材料形成整体的装配式混凝土结构。装配式混凝土建筑（Prefabricated Concrete Building）与建筑施工发展阶段有关，实际上就是现代预制混凝土装配连接的建筑。按预制构件的形式和施工方法分为砌块建筑、板材建筑、盒式建筑、骨架板材建筑及升板升层建筑等五种类型。随着现代工业技术的发展，建造房屋可以像机器生产那样，成批成套地制造。只要把预制好的房屋构件，运到工地装配起来就成了装配式建筑。

预制混凝土常常指在工厂或现场预先制作的构件，如墙体、梁柱、楼板、楼梯、阳台、雨棚等混凝土建筑物的系列零部件。装配化施工具有缩短工期、降低成本、高效环保、保证质量等特点，预制混凝土可以由建设单位组织设计、生产、施工单位进行设计文件交底和会审后，根据拟定的生产工艺、运输方案、吊装方案等编制加工详图，施工方便、结构简单。预制混凝土可以细分为楼板、剪力墙板、外挂墙板、框架轻板、梁、柱、复合构件和其他构件等八类，其他构件属于主体建筑物之外的构配件，涵盖预制钢筋混凝土柱基础、预制钢结构钢柱基础、路灯广告牌柱钢筋混凝土基础、装配式混凝土围墙、装配式预制混凝土墙板、保温隔热发泡混凝土隔墙板、预制轻质混凝土空心墙板、混凝土围挡基础底座、预制装配式钢筋混凝土排水检查井、预制钢筋混凝土化粪池、沉淀池等，而桥梁、管廊、管片、管道等，也常常被称为市政构件。

混凝土制品（Concrete Products）泛指各种预制水泥混凝土成品或半成品，实际上混凝土制品在概念上包涵混凝土构件、各种独立商品化的混凝土成品，如水泥彩砖、水泥管件、水泥盖板、异形水泥构件、路缘石、挡土墙人孔盖板、草坪砖、路面透水砖、加气混凝土砌块、电缆盖板、检查口等水泥混凝土类商品，因此，混凝土制品外延更广泛，应用于建筑、交通、水利等领域，在国民经济中扮演着重要的角色。

1.1.3 现代预制混凝土工艺与技术

水泥与混凝土制品行业主要包括水泥、预拌混凝土、预制混凝土三大板块，其中，预制混凝土专业领域有装配式混凝土建筑用梁、板、柱、楼梯等预制构件，以及混凝土管道、预制混凝土桩、装饰混凝土挂板、混凝土电杆、水泥板等产品，广泛服务于国内外建筑、水利、交通、矿山等基础设施及工程建设。目前在我国各种类型建筑的建设中，采用面向现场施工为主的传统生产方式，暴露出建筑工业化程度低、设计与建造速度慢、建筑材料损耗多、建筑施工垃圾量大、建筑主体施工与装修质量不稳定、建筑全寿命周期能耗高等诸多问题。

预制混凝土工艺与技术是相互包涵但关注点不同的两个概念，前者侧重专业知识，后者侧重专业技能。预制混凝土工艺根据工艺流程，讲述原材料加工、混凝土搅拌、构件成型与养护等基本形成过程与工艺知识，将理论性知识与实践性经验有机地结合起来。现代预制混凝土工艺主要讲述现代预制混凝土有关设计与生产的工艺，包括模板工艺、钢筋工艺、预应力混凝土及预制混凝土的质量控制等。预制混凝土技术则主要讲述生产混凝土、制作混凝土构件所采取的具体工艺措施，包括模板的制作与安装、钢筋的制作与安装、混凝土的制备与运输、构件的浇筑成型、脱模与养护、堆放等工艺操作过程以及具体技术问题。现代预制混凝土工艺阐述装配式混凝土构件的结构形成过程及有关工艺原理，科学分析如何解决现代预制混凝土生产设计的技术难题与规律性问题。在发展装配式建筑过程中，熟练掌握与应用现代预制混凝土工艺和专业技术，有利于提升建筑品质、降低现场作业强度、减少施工垃圾、避免材料浪费、缓解噪声、减少扬尘、控制人工成本、缩短总体工期、提高运营维护生产效率等。现代预制混凝土是装配式建筑的发展基础，与传统建筑相比，通过标准化设计、工厂化生产、装配化施工，减少人工操作和劳动强度，确保构件质量和施工质量，从而提高工程质量和施工效率。

预制混凝土是在工厂生产的，工程现场基本为装配作业，受降雨、大风、冰雪等气象因素的影响较小，因此产业化建筑的建造周期短、工序少、现场工人需求量小，减少了发生施工事故的概率，施工工期短。装配式建筑技术的关键在于如何完成预制混凝土（构配件）的生产与组装，保证工程质量，实现绿色低碳、节能环保、健康生态、可持续发展等现代新理念。通过工厂化生产方式预制，现场装配连接一般有后浇叠合层混凝土、钢筋锚固后浇混凝土等连接方式，还有钢筋套筒连接方式，常常采用套筒灌浆连接、焊接、机械连接及预留孔洞搭接连接，还有子母扣、嵌入式等搭接方式，发展装配式建筑影响了建筑的设计、施工与使用方式。

1.2　预制混凝土发展的现状与趋势

1.2.1　国内预制混凝土的应用与发展现状

1. 早期预制混凝土建筑的应用与发展

我国第一个五年计划就开始研究预制混凝土的设计与施工技术。中华人民共和国成立后开始大规模搞经济建设，城市住宅面临严重短缺，由于早期建筑业发展落后，形成一系主要依靠学习和照搬苏联和东欧的预制混凝土技术体系。在 1953 年于吉林的长春兴建了第一个具有企业性质的预制混凝土厂，主要预制柱、吊车梁、屋面梁、屋面板、天窗架等，较为典型的建筑体系有单层工业厂房建筑体系、多层框架建筑体系、大板建筑体系等；1956年，北京市第一建筑构件厂建成，它是中国第一个规模较大的永久性专业化工厂，此后在全国各地开始推广建立类似综合性建筑构件厂，主要生产民用建筑的空心板、平板、檩条、挂瓦板等，还生产用于工业建筑的屋面板、F形板、槽形板等，另外还有V形折板、马鞍形板等；1957年，在北京月坛西洪茂沟进行了我国首个大型砌块试验住宅建设；1958～1990年，我国预制混凝土建筑以大板结构为主，因受制于设计理念、技术体系、材料工艺及施工质量等多方面因素，这一时期的预制混凝土建筑普遍存在着质量差、施工成本高的问题。

20世纪80年代我国预制混凝土行业发展已经达到了一个高峰，数万个规模不同的预制件厂以预制民用建筑构件，如外墙板、预应力大楼板、预应力圆孔板、预制混凝土阳台等产品为主，掀起了预制件行业发展的热潮，全国出现大批混凝土大板厂和框架轻板厂，许多地方都形成了设计、制作和施工安装一体化的混凝土工业化建筑模式，应用普及率达70%以上，采用预制空心楼板的砌体建筑（砖混结构）成为最主要的建筑体系。

2. 现浇钢筋混凝土体系发展与预拌混凝土的应用

进入20世纪90年代以后，国内经济建设大发展，随着大量农民工涌入城市和商品混凝土的普及，现浇结构的成本低廉、无接缝漏水问题等优势凸显，从而迅速取代了砖混结构。现浇钢筋混凝土体系较砖混结构体系有更好的抗震作用，随着现浇钢筋混凝土结构体系开始流行，采用现场制作混凝土模板、现场浇筑混凝土，包括现浇框架结构住宅、现浇剪力墙结构住宅及二者复合结合等，应用预拌混凝土的现浇钢筋混凝土施工体系得到了较大的发展。现浇混凝土结构有其天生的短板，例如：混凝土养护条件不到位，现场的质量控制困难，质量不稳定等。

随着建筑业不断向前发展，国内出现劳动力紧缺、建筑行业效率不高、建筑技术水平落后等问题，现浇结构体系逐渐不符合时代发展的要求。由于现浇结构体系快速发展的历史原因，装配式混凝土结构方面的研究和应用在我国基本中断。1995年我国提出"住宅产业现代化"，启动2000年小康型城乡住宅科技产业工程项目，以科技为先导，以示范小区建设为载体，推进住宅产业现代化。从住宅建设的规划、设计、施工、科研、开发、产品集约化生产，到小区现代化物业管理，形成一套全新的现代化住宅建设体系，实际上是发展装配式建筑系统工程的前奏，对我国建筑产业发展产生深远影响。随着我国经济快速发展，建筑业和其他行业一样也在进行技术转型升级，装配式建筑的高质量发展要求选用现代预制混凝土，用以设计建造各种混凝土构筑物。预制混凝土经历着由起步阶段向培育期发展，重点地区的牵头引领作用逐渐凸显，混凝土预制工厂项目建设也逐渐由非理性的抢占资源向专业精细化投资方向转变。

3. 装配式建筑发展与现代预制混凝土技术开发

预制混凝土技术开发非常重要，因此，将施工阶段的问题提前至设计、生产阶段解决，将设计模式由面向现场施工转变为面向工厂加工和现场装配的新模式，采用产业化的思维重新建立企业之间的分工与合作，使研发、设计、生产、施工以及装修形成完整的协作机制。预制混凝土的主要优点如下：① 构件主要在工厂或现场预制，可与现场各专业施工同步进行，采用机械化吊装，具有施工速度快、工程建设周期短、有利于冬期施工等特点；② 构件预制可以采用定型模板平面施工作业，代替现浇结构立体交叉作业，具有生产效率高、产品质量好、安全环保、有效降低成本等特点；③ 预制混凝土的生产环节可采用反打一次成型工艺或立模工艺，将保温、装饰、门窗附件等特殊要求的功能高度集成，一体化减少了物料损耗和施工工序；④ 装配式建筑的设计施工，在前期策划阶段就要求从业人员对工期进度计划、构件标准化深化设计及资源优化配置方案等，体现较高的技术管理能力和工程实践经验水平。由于实现了构件生产工厂化，材料和能源消耗均处于可控状态，建造阶段消耗建筑材料和电力较少，施工扬尘和建筑垃圾大幅度减少；由于构件生产和现场建造在两地同步进行，建造、装修和设备安装一次完成，相比传统建造方式大大缩短了工期，能够更好地适应我国目前大规模的城市化进程。我国装配式混凝土结构目前处于发展初期，设计、施工、构件生产、思想观念等方面都必须从现浇向预制装配转型，以少量工程为样板，以严格技术要求进行控制，实行样板先行再大量推广。

装配式建筑行业发展需要全社会和各行业广泛参与，预制混凝土的标准化和系列化是装配式建筑持续健康发展的基础。目前国内预制混凝土尚未建立完善的产品应用技术体系，全国各地存在不少质量、效率、市场等对接问题，没有达到研发、设计、生产、施工、信息管理的一体化程度。现代预制混凝土运用新的构造措施和施工工艺形成一个系统，支撑装配式建筑结构的广泛应用，预制混凝土间的连接技术在保证整体结构安全性、整体性的前提下，采用套筒灌浆与浆锚连接两种工艺简单、性能可靠的新型连接方式，简化连接构造，降低施工中不确定性对结构性能的影响，提高装配式结构的整体性能和抗震性能，积极推广装配式混凝土结构发展的需要。总之，现代预制混凝土技术发展的意义在于：① 提高工程质量和施工效率；② 减少资源、能源消耗，减少建筑垃圾，保护环境；③ 缩短工期，提高劳动生产率；④ 转变建筑工人身份，促进社会和谐稳定；⑤ 减少施工质量事故；⑥ 施工受气候因素影响更小。

4. 现代预制混凝土的发展

随着装配式建筑的推广，预制混凝土的用量出现快速增长，《装配式建筑评价标准》（GB/T 51129—2017）自 2018 年 2 月 1 日起实施，标志着我国装配式建筑行业真正进入现代预制混凝土的实质性阶段。商品房开发项目装配式建造比例不断提高，通过现代预制混凝土的发展，装配式建筑面积占新建建筑面积的比例达到30%以上，培养了大批装配式建筑专业人才和装配式施工技术工人。据不完全统计，2018 年我国预制混凝土工厂数量呈爆发式增长，全年新增 PC 工厂 300 家左右，新增各类 PC 生产线 500 条以上。在浙江、江苏等地，用先张法冷拔低碳钢丝生产的各种预应力混凝土板、梁类构件，由于质量轻、价格低，可以代替紧缺的木材，是具有中国特色的、有广阔发展前途的商品构件。在我国香港、台湾地区，装配式建筑应用比较普遍。香港制定了完善的预制建筑设计和施工规范，高层住宅多采用叠合楼板、预制楼梯和预制外墙等方式建造，厂房类建筑一般采用装配式框架结构或钢结构建造。台湾地区建筑体系与日本较为接近，装配式结构的节点连接构造和抗震、隔震技术的研究和应用都很成熟，装配框架梁柱、预制外墙挂板等构件的应用也较广泛，预制建筑专业化施工管理水平较高，装配式建筑质量好、工期短的优势得到了充分体现。2019 年全国预制混凝土生产企业的数量增长较快，据不完全统计这一年新增预制工厂近 200 个，截至 2020 年初全国规模在 3 万 m³ 以上的预制工厂已超过 1000 个。现代建筑产业减少了施工现场临时工的用工数量，一部分人进工厂成为产业工人，助推城镇化发展；现代化建筑产业提出了更高、更科学的新要求，其核心是装配式建筑，并融合了信息化预制技术，具体包括五个方面：标准化设计、工厂化生产、装配化施工、一体化装修和信息化管理，打破设计、生产、施工装修等环节各自为战的局限性，实现建筑产业链上下游的高度协同。

1.2.2 国外预制混凝土的应用与研究

1. 欧洲预制混凝土建筑的发展

欧洲是预制建筑的发源地，1891 年法国巴黎的一家公司首次在建筑中使用了预制混凝土梁，开创了预制混凝土在建筑上的应用。一些欧洲国家为解决住房和技术工人不足的问题，发展了装配式钢筋混凝土结构，建立了一批专业化的预制混凝土厂，其预制混凝土的制造可以追溯到 19 世纪末及 20 世纪初用于构筑给排水管道、制造砌块和建筑板材等，其中预制混凝土大板建筑最具影响力，积累了许多设计和施工经验。第二次世界大战后，由于住房紧缺、劳动力资源短缺，德国在短期内建造了大量住宅，进一步研究探索建筑工业化模式。德国 2012 年在柏林建成了法兰克福商业银行总部大厦，代表德国又一个预制混凝土建筑里程碑式的发展。目前德国大量多层建筑采用预制混凝土叠合板体系，为使预制混凝土建筑满足综合技术通用和各方面性能的要求，编制了一系列如《预制混凝土产品的一般性规定》（DIN EN 13369）、《预制混凝土产品—墙体》（DIN EN 14992）、《预制混凝土产品楼板系统用板》（DIN EN 13747）等标准规范和应用手册；法国、丹麦等西欧国家各种类型的大板住宅建筑体系，如考斯（Cauus）体系、拉森纳和尼尔森（Larsena & Nielsen）体系等，该体系可采用框架体系和非框架体系，主体结构构件有混凝土预制楼板和墙板。

2. 美国预制混凝土建筑发展

20 世纪 30 年代出现的汽车屋是美国工业化住宅的源头，20 世纪 70 年代盛行一时，随后美国又将预制混凝土结构推广应用到文化、体育、工业厂房等领域，工业厂房以及体育场馆的建设使得预制柱、预应力 I 型桁架、桁条和棚顶得到了应用，采用混凝土框架结构建造的派拉蒙（Paramount）公寓高达 128m。目前美国预制混凝土建筑发展已相当成熟，构件的标准化、系列化、商品化、专业化程度都非常高，为使装配式建筑得到广泛推广，预制/预应力混凝土协会（PCI）长期研究与推广预制建筑，编制了完善的规范标准，并编写了一本《PCI 设计手册》。20 世纪，北美的预制建筑主要用于低层非抗震设防地区。由于地震的影响，近年来加州地区非常重视抗震和中高层预制结构的工程应用技术研究。除住宅建设外，中小学校以及大学的广泛建设，使得柱子、支撑以及大跨度的楼板（7.2m/8.4m）在框架结构体系的运用中逐渐成熟。美国重视研究住宅的标准化、系列化、菜单式预制装配，美国住宅建筑市场发育完善，除工厂生产的活动房屋和成套供应的木框架结构的预制构配件外，其他混凝土构件与制品、轻质板材、室内外装修以及设备等产品也十分丰富。厨房、卫生间、空调和电器等设备近年来逐渐趋向组件化，以提高工效、降低造价，便于非技术工人安装。北美的预制建筑主要包括建筑预制外墙和结构预制混凝土两大系列，预制混凝土的共同特点是大型化和预应力相结合，可优化结构配筋和连接构造，减少制作和安装工作量，缩短施工工期，充分体现工业化、标准化和技术经济性等特征。

3. 日本预制混凝土建筑发展

日本的住宅工业化始于 20 世纪 60 年代初期，随着经济发展和人口增多，日本提出了住宅工业化满足居住需求的政策，产生了盒子住宅、单元住宅大型壁板式住宅等工业化住宅形式，目前日本的预制混凝土建筑体系设计、制作和施工的标准规范也很完善，以 PC 框架结构为主，其标志性工程有东京塔等，所用规范有《预制混凝土工程》（JASS10）和《混凝土幕墙》（JASS14）。日本建筑的主体结构工业化以预制混凝土 PC 构件为主，其 PC 结构住宅经历了从 PC 墙板结构（日本工业化住宅最早的主体结构之一）到 PC 框架结构、PC 框架 - 墙板结构（采用湿式连接节点）、PC - 钢混合结构的发展过程。借鉴欧美等国家和地区的先进技术和经验，并结合自身需求将减震和隔震融入装配式建筑中，许多预制结构抗震设计的最新科研成果，对预制结构设计和工程应用推广具有很强的指导意义。

从世界建筑产业现代化发展历程来看，以先进的建筑技术体系的转型和革新进步为基础，结构设计中必须充分考虑结构的节点、拼缝等部位连接构造的可靠性，结构的整体性和抗倒塌能力主要取决于预制混凝土之间的连接，在地震、偶然撞击等作用下，整体稳固性对装配式结构的安全性至关重要，采用新型工业化生产建造方式，实现建筑从数量阶段到质量阶段的巨变。

1.3 发展现代预制混凝土的人才需求

1. 混凝土与水泥制品行业特点

混凝土与水泥制品行业包括预拌混凝土、预制混凝土桩、混凝土管道、预制混凝土、装饰混凝土、混凝土电杆、水泥板等相关的生产企业、专业科研、设计院（所）及专用设备制造企业，广泛服务于国内外基础设施及工程建设。水泥混凝土行业的市场规模、产品结构种类、应用领域、市场分布无所不在，属于巨无霸产业，用户群体对水泥混凝土产品的需求现状和需求趋势不断变化，如在建筑的装饰阶段直接利用预制混凝土中所预留、预埋的管线，不会因后期点位变更而破坏墙体。此外，装配式混凝土结构设计要求装饰设计与建筑设计同步完成，构件详图的设计应表达出装饰装修工程所需预埋件相对室内水电的点位。计算机技术的进步积极推动了工业信息化发展，"集成"的主线串联起设计、生产、施工、装修和管理的全过程，服务于设计、建设、运维、拆除的全生命周期，可以数字化虚拟，信息化描述各种系统要素，实现信息化协同设计、可视化装配，工程量信息的交互和节点连接模拟及检验等全新运用，整合建筑全产业链，实现全过程、全方位的信息化集成。

在传统的设计方法中是通过预制混凝土加工图来表达预制混凝土的设计，其平立剖面图纸还是传统的二维表达形式，而 BIM（建筑信息模型）技术将设计方案、制造需求、安装需求集成在 BIM 模型中，在信息化和工业化方面的深度融合，在实际建造前统筹考虑设计、制造、安装的各种要求，把实际制造、安装过程中可能产生的问题提前消灭；建立装配式建筑的 BIM 构件库，模拟工厂加工的方式，以"预制混凝土模型"的方式来进行系统集成和表达。随着国内 BIM 技术与 BIM 软件的推广，预制混凝土实现装配式建筑的标准化设计与生产，有了统一制式，建筑信息数据的管理则有了一个质的飞越。BIM 引入建筑产品的流通供配体系，根据已做的运输与装配计划，合理计划构配件的生产、运输与进场装修，可以实现"零库存"，使得预制混凝土技术更趋完善合理。

2. 现代预制混凝土的深度发展

国内外装配式建筑发展模式，以其先进的工业化、信息化、智能化技术为支撑，通过技术集成和管理集成，整合投资、设计、生产、施工和运营等产业链，实现建筑业生产方式的变革和产业组织模式的创新，通过工业化的生产和管理模式，来代替分散的、低水平的、低效率的手工业生产方式。

根据装配式建筑的典型特征，标准化的预制混凝土或部品在工厂生产，然后运输到施工现场装配、组装成整体。装配式建筑设计在深化设计、构件生产、构件吊装等阶段，都采用 BIM 进行构件的模拟，碰撞检验与三维施工图纸的绘制。在装配式建筑 BIM 应用中，模拟工厂化加工，以"预制混凝土模型"的方式来进行系统集成和表达，通过装配式建筑 BIM 构件库的建立，可以不断增加 BIM 虚拟构件的数量、种类和规格，逐步构建标准化预制混凝土库。

装配式混凝土结构是预制混凝土在设计方面的表现形式，遵循受力合理、连接可靠、施工方便、少规格多组合原则，在满足不同地域对不同户型需求的同时，建筑结构设计尽量通用化、模块化、规范化，以便实现构件制作的通用化。现代预制混凝土的发展正朝着土木工程的构件设计协同化、大型结构建造智能化、工程建设管理智慧化，现代预制混凝土深度发展的结果就是智能建造，朝着土建类的各专业领域和各职业范畴的智能建造方向发展。

3. 现代预制混凝土发展的人才需求

我国经过改革开放 40 多年的发展，"水、电、路、桥、涵、港、楼"的建造技术和施工技术水平突飞猛进，中国混凝土与水泥制品行业实现跨越式发展，其产业规模和建造能力均居全球之首，在我国城乡、工矿企业、农田水利以及能源、交通、通信等工程建设中得到极为广泛的使用，已成为国民经济建设中不可缺少、重要基础性产品，特别在高速、高寒、高原、重载铁路施工和特大桥隧建造技术领域迈入世界先进行列。目前混凝土材料及制品正向复合、高强、轻质、多功能、大型高难技术的方向发展，工艺过程则力求采用高效、优质、低耗的综合性措施。现代综合性建筑构件工厂生产多种多样的混凝土制品，如用于工业建筑的柱子、基础梁、吊车梁、屋面梁、桁架、屋面板、天沟、天窗架、墙板、多层厂房的花篮梁和楼板等；用于民用建筑的基桩、楼板、过梁、阳台、楼梯、内外墙板、框架梁柱、屋面檐口板、装修件等。随着现代预制混凝土的重点和难点是装配式建筑预制混凝土技术的发展，需要越来越多优秀的综合型专业人才。

国内一些建筑类知名高校如清华大学、同济大学、东南大学以及哈尔滨工业大学等，着重研究装配式框架结构的构造，而一些大型建筑企业根据实际工程情况，则在推广应用不同装配式结构方面做出了重要贡献。万科房地产企业在南方侧重于预制框架或框架结构外挂板加配整体式剪力墙结构，采取设计一体化、PC 窗预埋等技术，而在北方则侧重于装配式剪力墙结构；远大住工集团采用装配式叠合楼盖现浇剪力墙结构体系、装配式框架体系，围护结构采用外挂墙板，在整体厨卫、成套门窗等技术方面实现标准化设计；南京大地建设公司采用了装配式框架外挂板体系、预制预应力混凝土装配式框架结构体系；中南建设集团采用全预制装配式剪力墙（NPC）体系；宝业集团则采用叠合式剪力墙装配式混凝土结构体系；上海城建集团采用预制框架剪力墙装配式住宅结构技术体系；黑龙江宇辉集团采用预制装配式混凝土剪力墙结构体系；山东万斯达公司采用 PK（拼装、快速）系列装配式剪力墙结构体系。装配式建筑混凝土结构的技术体系目前尚未统一，需要能胜任一般土木工程项目的协同化设计，智能化施工、智慧化管理等工作的技术复合型管理领军人才，但现有的预制行业工程技术人员存在严重短缺问题。

北京建筑大学与北京预制建筑工程研究院、北京榆构有限公司等正在进行校企战略合作，在实践中共同研究与培养装配式建筑智能建筑专业技术人才。智能建造属于以建筑工业智能为核心的新工科专业，相对于传统的工科人才，更需要实践能力强、创新能力强、具备国际竞争力的高素质复合型人才，除了掌握传统的预制混凝土生产技术，还需要应用智能施工理论、工程项目智慧管理、大数据与计算机模拟技术等，才能适应预制建筑需要材料研究、产品设计、工程设计等全过程一体化的要求。装配式建造技术属于预制混凝土的施工方法，包括装配式建造方案策划、装配式 EPC 组织管理、装配式结构工程施工与质量验收等，以土木工程、计算机科学与技术、机械电子工程、管理工程等学科理论为基础，发展成为装配式建筑需要建筑师和材料工程师、土木工程师、设备工程师。装配式建筑更需要从理论到实践复合型高级专业人才来适合预制混凝土设计与技术开发，同时具备土木工程设计协同化，大型结构建造智能化，工程建设管理智慧化的智能建造工程师。

1.4　本书的学习方法

中国混凝土与水泥制品行业服务于建筑、水利、交通、矿山等行业的发展，是"中国建造"世界品牌中不可分割的组成部分。混凝土制品要达到指定设计的性能，生产过程是按顺序将原料加工为成品的全部工序的总和，在原料及配比既定的条件下，工艺措施的合理程度对混凝土的结构形成及性能将产生重大影响，生产工艺措施是决定其质量的关键因素。实践证明，由于工艺过失造成质量事故的实例也是屡见不鲜的，因此，现代预制混凝土工艺的研发模块是装配式混凝土建筑的发展基础，学习现代预制混凝土工艺的目的在于熟悉现代预制混凝土结构形成的工艺过程与使用性能之间的内在关系，了解工艺因素对其结构形成和使用性能的影响规律，为开展工艺研究打下坚实的基础。

现代预制混凝土就是装配式混凝土，将各种钢筋混凝土制造成可以用机械进行安装的，并可以按设计要求进行装配的预制混凝土。预制混凝土工艺内容属于土木工程与材料学科的一个交叉分支，其主要任务应是运用材料科学的研究成果，促进材料的结构及性能与制品使用性能达到最佳。混凝土组成材料的性能及配比是决定混凝土内部结构的先决条件，属于内在因素；预制混凝土工艺指出原料加工、搅拌、密实成型和养护等对形成混凝土结构的影响规律，工艺属于外在因素，其目标是保证不同构件类型的混凝土结构达到实际工程的要求。

本书包括模板的制作与安装、钢筋的制作与安装、混凝土的制备与运输、构件的浇筑振捣和养护、脱模与堆放等，书中强调在工厂或工地预先加工制作装配式建筑物或构筑物。无论传统土木工程专业建筑材料方向，还是无机非金属材料工程建筑材料方向、智能建造专业、建筑工程管理类专业等都需要学习了解预制混凝土工艺，真正把探讨材料研究、建筑设计、构配件设计、工厂化制作、工程管理与施工应用等全过程的一体化、模块化有机地结合起来，其重要性是不言而喻的。

目前国内很多土建类高校甚至职业技术院校都开设了《混凝土制品工艺学》等相近课程，长期以来，因缺乏合适的教材，高校不能因材施教，教学内容或知识点十分离散，缺乏系统性。本书围绕预制混凝土工艺和装配式制造两方面内容，弥补了上述不足，通过系统讲述预制混凝土工艺的基本原理及有关装配式混凝土设计与预制的基础知识，阐明混凝土结构形成与制品工艺的相互关系、生产工艺组织及产品质量控制等内容，展现现代预制混凝土工艺内容，包括装配式建筑基础知识、混凝土结构形成过程、原材料、钢筋加工、工厂工艺设计、混凝土制备工艺、密实成型工艺、养护工艺和预制混凝土质量控制，以及目前典型的预制混凝土工艺和预制混凝土技术发展等，讲解典型预制混凝土实例，更好理解并熟悉标准化设计与创新、工业化生产与装配式施工等之间的相互关系，容易达到具备从事预制混凝土工作的基本理论要求。

本书介绍了预制混凝土工艺有关的基本概念、基本方法、基本原理，内容还包括土木工程结构设计和施工应用，以及预制混凝土工艺，涉及面广，专业跨度大，对培养创新思维和创新能力有重大意义。学习基本原理和经验理论需要密切联系生产实际，培养解决实际问题的工作能力。作为一门课程，为使课堂教学更加形象和生动，本书提倡行业界企业专家共同参与课堂教学，为学生提供更加自由和方便的复习、讨论和释疑，提高教学效率；书中有关的工艺原理、工艺流程、工艺布置，包含经验性技术内容，教师可以根据实际情况灵活选择，同时，多实践对提高师生的专业水平和业务能力可以起到事半功倍的效果。

 思考题 ·····························

1—1 简述预制混凝土、预拌混凝土、混凝土制品、预制混凝土工艺的有关概念。

1—2 为什么说发展装配式建筑需要掌握现代预制混凝土工艺的专业人才？

1—3 谈谈《现代预制混凝土工艺》的学习方法。

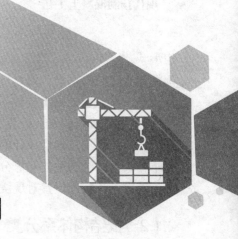

第2章 装配式建筑设计的基础知识

本章提要

重点介绍装配式建筑混凝土的结构分类与组成、装配率和预制率概念、装配式混凝土建筑的设计流程等基础知识，附录补充一些装配式结构的施工图设计示例和相关规范等。

2.1 现代预制混凝土的结构分类

2.1.1 按装配化程度分类

现代预制混凝土中很重要的内容是装配式混凝土建筑中预制构件部分，又称构配件、建筑部品等，实际上是由在工厂或现场预先制作的混凝土构件，能够通过可靠连接方式装配而成的混凝土。

按照装配化程度的高低，现代预制混凝土的结构可分为全装配混凝土结构和装配整体式混凝土结构。

1. 全装配混凝土结构

全装配混凝土结构要求全部构件均在工厂内生产，运输至现场后进行装配。全装配混凝土结构的预制混凝土多采用干式连接，连接形式简单、易施工，但也导致了结构的整体性差，多用于底层或抗震设防要求较低的多层建筑。

2. 装配整体式混凝土结构

装配整体式混凝土结构的主要受力预制混凝土构件之间，通过后浇混凝土、钢筋套筒灌浆连接等可靠方式进行连接，从而使其整体性能得以保证，并且其结构性能与现浇混凝土基本等同（等同现浇）。装配式整体式混凝土结构是目前国内主要的装配式建筑结构形式。"等同现浇"理念是装配整体式混凝土结构的核心，该理念的内涵可解释为：预制混凝土之间的钢筋，通过可靠连接的方式（如"浆锚灌浆""钢筋搭接""灌浆套筒"连接等），将预制混凝土构件与现浇部分有效连接起来，让整个装配式结构与现浇实现"等同"，满足建筑结构安全的要求。《装配式混凝土结构技术规程》（JGJ 1—2014）中规定，采用"等同现浇"理念设计的装配整体式混凝土结构可采用和现浇结构相同的方法，进行结构设计、结构整体计算分析和构件设计。当同一层内既有预制又有现浇抗侧力构件时，地震设计状况下宜对现浇抗侧力构件在地震作用下的弯矩和剪力进行适当放大。

2.1.2 按结构体系分类

装配式混凝土结构可以分为通用结构体系和专用结构体系两大类。通用体系指通常结构意义上的框架结构体系、剪力墙结构体系及框架-剪力墙结构体系；专用结构体系则是在通用结构体系的基础上，结合具体建筑功能和性能要求发展完善而来，基于各地区不同的抗震设防烈度、建筑节能要求、自然条件和结构特点所研发的专用结构体系。不同结构体系的选择可根据具体工程的高度、平面、体型、抗震等级、设防烈度及功能特点来确定，全预制剪力墙、双层叠合剪力墙体系等均属于专用结构体系。

1. 装配式混凝土框架结构

装配式混凝土框架结构是指全部或部分的框架梁、柱，采用预制混凝土建成的装配

式混凝土结构。预制混凝土主要包括预制梁、预制柱、预制楼梯、预制外挂墙等。装配式混凝土框架结构具有清晰的传力路径、高效的装配效率、较少的湿作业工作量，是目前最合理的装配式结构形式的之一。框架结构在欧美、日本和我国台湾地区都有成熟的应用，如台湾大学的土木研究楼即为典型的现代预制混凝土框架结构，如图2-1所示。该楼地下1层，地上9层（2楼

图2-1 装配式混凝土框架结构（台湾大学的土木研究楼）

为隔震层），建筑面积近1000m²。从挖土至竣工仅耗时5个月，地上主体结构仅用5天即施工完成一层。

不同于日本及我国台湾地区将装配式混凝土框架结构大量应用于高层、超高建筑，我国大陆对装配式混凝土框架结构的适用高度限制较剪力墙结构或框架-剪力墙结构要严得多，仅适用于多层和小高层（表2-1）。一方面是因为我国装配技术研究成果尚不充分，材料、设计、施工水平与发达国家和地区相比有一定差距而设置的限制；另一方面，我国结构设计侧重于提高抗震设防能力，但装配式建筑的隔振、减震技术方面较薄弱。我国现代预制混凝土框架结构目前多用于仓库、厂房、停车场、教学楼、办公楼、商务

楼等需要开敞大空间，且对高度要求较低的公共建筑。

表 2-1　　　　　　　　装配式混凝土框架结构房屋的最大适用高度

非抗震设计	抗震设防烈度			
	6 度	7 度	8 度（0.2g）	8 度（0.3g）
70	60	50	40	30

2. 装配式混凝土剪力墙结构

装配整体式混凝土剪力墙结构，是全部或部分剪力墙采用预制墙板建成的装配整体式混凝土结构，简称装配整体式剪力墙结构。根据竖向构件的预制化程度，装配式混凝土剪力墙结构可再分为装配整体式混凝土剪力墙、叠合板式剪力墙和内浇外挂剪力墙结构。

（1）装配整体式剪力墙结构。装配整体式剪力墙结构（图 2-2）是由预制混凝土剪力墙墙板构件和现浇混凝土剪力墙构成结构的竖向承重和水平抗侧力体系，通过整体式连接形成的一种钢筋混凝土剪力墙结构形式，要求结构整体性能基本等同现浇，具有与现浇剪力墙结构相似的空间刚度、整体性、承载能力和变形性能，因此适用范围较广，适用高度也较大。

图 2-2　装配整体式剪力墙结构

（2）预制叠合式混凝土剪力墙结构。叠合板式混凝土剪力墙结构是由叠合墙板和其他预制混凝土构件，通过可靠的连接方式进行连接，并于现场后浇混凝土形成整体的装配式混凝土剪力墙结构。叠合墙板可分为双面叠合墙板和单面叠合墙板，双面叠合墙板是指双侧预制墙板均参与叠合，与中间空腔内现场后浇混凝土共同受力而成的叠合剪力墙，如图 2-3 所示。单面叠合墙板是单侧预制墙板参与叠合，与中间空腔内现场后浇混凝土共同受力而形成的叠合剪力墙，另一侧预制墙板则仅作为施工时的模板及保温层的外保护板，如图 2-4 所示。

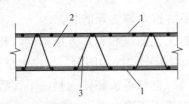

图 2-3　双面叠合墙板

1—预制墙板；2—现场后浇混凝土；3—格构钢筋

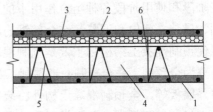

图 2-4　单面叠合墙板

1—内叶预制墙板；2—外叶预制墙板；3—保温板；
4—现场后浇混凝土；5—格构钢筋；6—保温拉结件

叠合板式混凝土剪力墙结构又可分为双面叠合板式混凝土剪力墙结构和单面叠合板

式混凝土剪力墙结构。双面叠合剪力墙体系是指由预制双面叠合墙板和叠合楼板辅以必要的现浇混凝土剪力墙、边缘构件以及梁板，共同构成的剪力墙结构体系；单面叠合剪力墙体系是指全部或部分剪力墙采用单面叠合墙板构成的装配式结构体系。

预制双面叠合墙板和叠合楼板可作模板，双面叠合墙板剪力墙结构体系的工程化程度和现场的机械化水平高，还有着构件自重轻、防渗防漏好、结构抗震强、施工效率高的特点，是最适宜推广的装配式结构体系之一。单面叠合剪力墙体系完全实现了预制混凝土生产工厂化，有着外墙整体性强、保温寿命长、成熟技术多的优势，也是一种较为成熟的装配式结构体系。

（3）内浇外挂剪力墙结构。内浇外挂结构，又称为"一模三板"，内墙用大模板以浇筑混凝土，墙体内配钢筋骨架，外墙挂预制混凝土复合墙板。内浇外挂体系由于内部主体结构受力构件采用现浇，周边围护的非主体结构构件采用工厂预制运至现场外挂安装就位后在节点区与主体结构构件整体现浇，这种方式没有突破结构设计规范限制，可适用于超高层建筑。此外，内浇外挂结构便于施工，能加快施工进度，提高预制件的工厂化加工，还可在确保工程质量和抗震能力不降低的前提下节约投资。

3. 装配式混凝土框架-剪力墙结构

装配式混凝土框架-剪力墙结构是将框架-剪力墙结构中的部分梁、板、柱等受力构件采用工厂预制，关键节点和重要受力构件采用现浇的结构形式。

2.2　现代预制混凝土的结构组成

2.2.1　预制混凝土概述

装配整体式钢筋混凝土结构设计、制作与施工一体化更具有合理性，有些装配式构件如整间房屋的盒子结构，其室内装修和卫生设备的安装均在工厂内完成。钢筋混凝土结构包括现浇整体式钢筋混凝土结构和预制装配整体式钢筋混凝土结构两大类，根据建筑工地的需要，采用预制混凝土的构件进行装配化施工，预制混凝土与接合面应满足其在施工阶段和使用阶段各种组合作用下的承载力、裂缝宽度及挠度，而且构件分段要便于预制、吊装、就位和调整，结合部钢筋及预埋件不宜过多等实际情况。

现代预制混凝土结构物主要是预制混凝土，根据工艺流程和制作方法不同，装配式构件可分为全预制、叠合预制、半预制三类。全预制混凝土构件如阳台、楼梯、空调板、部分内隔墙板等，全预制混凝土构件将装饰、保温及窗框与墙板整体预制，不仅解决了窗框渗水问题，而且减少了现场湿作业量及免去后期施工工序。叠合预制混凝土构件如竖向构件剪力墙、填充墙等，采用全预制水平构件梁、叠合板形式，相邻构件的连接竖向通过下部构件预留插筋连接钢筋、上部构件预留金属波纹浆锚管实现钢筋浆锚连接，水平方向通过适当部位设置现浇混凝土连接带以现浇混凝土连接，水平构件与竖向构件通过竖向构件预留插筋伸入梁、板叠合层及叠合层现浇混凝土实现连接，通过钢筋浆锚接头、现浇连接带、叠合现浇等形式将竖向构件和水平构件连接形成整体结构。目前的装配式建筑已向现浇和预制相结合的装配整体式混凝土建筑结构体系方向发展，如预制混凝土剪力墙外墙、预制叠合楼板等半预制现代预制混凝土构件。

按照是否承重，现代预制混凝土构件可分为受力构件和非承重构件。受力构件主要包括预制混凝土框架柱、叠合梁、剪力墙板（外墙板和内墙板）、钢筋桁架叠合板、预制带肋底板混凝土叠合板、楼梯板、阳台板、空调板、女儿墙等。非承重构件主要包括 PC 外围护墙和预制内墙隔板。

1. 预制混凝土框架柱

预制混凝土框架柱是预制混凝土结构的主要竖向受力构件，截面形状以矩形为主，上下层预制柱一般使用竖向钢筋通过灌浆套筒连接，如图 2-5 所示。

图 2-5　预制混凝土框架柱

2. 预制混凝土叠合梁

预制混凝土叠合梁是在装配整体式结构中分两次浇捣混凝土的梁。第一次在预制场内进行，做成预制梁；第二次在施工现场进行，当预制楼板搁置在预制梁上之后，再浇捣梁上部的混凝土，使楼板和梁连接成整体，如图 2-6 所示。

图 2-6　预制混凝土叠合梁

3. 预制混凝土剪力墙板

预制混凝土剪力墙结构是一种现场装配的建筑形式，通过预制和半预制的板墙之间的拼接，以现场装配为主要形式，配合少量的现浇来实现整个建筑主体。预制混凝土剪力墙板如图2-7所示。

4. 预制混凝土叠合板

预制混凝土叠合板主要有两种，分别是预制钢筋桁架叠合板和预制带肋底板混凝土叠合板。预制钢筋桁架叠合板是半预制混凝土，下部为外露桁架钢筋的预制混凝土板，在现场安装到位后进行二次浇筑，从而成为实心楼板，如图2-8所示。

图2-7 预制混凝土剪力墙板

预制带肋底板是由实心平板与设有预留孔洞的板肋组成，经预先制作并用于混凝土叠合楼板的底板。在预制带肋底板上配筋并浇筑混凝土叠合层形成的楼板，即为预制带肋底板混凝土叠合板，如图2-9所示。

图2-8 预制混凝土桁架叠合板

图2-9 预制带肋底板混凝土叠合板

5. 预制楼梯板、阳台板、空调板、女儿墙

预制楼梯板（图2-10）是楼梯间使用的预制混凝土构件，一般为清水构件，不再进行二次装修，一般由梯段板、两端支撑段及休息平台段组成。预制混凝土楼梯板的受力明确，外形美观，避免了现场支模，节约了施工工期。

预制阳台板（图2-11）是突出建筑物外立面悬挑的构件，通过预留埋件焊接及钢筋锚入主体结构后浇筑层进行有效连接。预制阳台板克服了现浇阳台板支模复杂，现场高空作业费时费力以及高空作业时的施工安全问题。

预制空调板（图2-12）是建筑物外立面悬挑出来放置空调室外机的平台，通常采用预制实心混凝土板，通过预留负弯矩筋伸入主体结构后浇层，浇筑成整体。

预制女儿墙（图2-13）主要是指装配整体式建筑结构中，作为承重的外墙板，上下层外墙板主筋采用灌浆套筒连接，相邻预制女儿板之间采用整体接缝式现浇连接。预制女儿墙处于屋顶外墙的延伸部位，通常有立面造型，采用预制女儿墙的优势是安装快速，节省工期。

图 2-10　预制混凝土楼梯板

图 2-11　预制阳台板

图 2-12　预制空调板

图 2-13　预制女儿墙

2.2.2　预制混凝土的连接

装配式结构中的连接，主要是指预制混凝土之间的连接及预制混凝土与现浇混凝土间的连接，主要包括框架梁柱节点的连接和墙板间的连接，宜设置在结构受力较小的部位。对于装配式结构而言，"可靠的连接"是第一重要的，是装配式结构的关键和核心，是形成各种装配整体式混凝土结构的基础。装配式结构中的连接方式主要包括以下几种：

1. 后浇混凝土连接

后浇混凝土连接是装配式结构中非常重要的连接方式，基本上所有的装配式结构都有后浇混凝土的应用。通过在预制混凝土的结合部位留出后浇混凝土区，将预制混凝土中伸出的受力钢筋采用机械螺纹套筒连接、搭接、焊接等方式进行可靠连接后，在现场浇筑混凝土使得预制混凝土实现连接。为了提高预制混凝土与后浇混凝土的黏结力，预制混凝土与后浇混凝土的接触面须做成粗糙面、键槽面，或两者兼有，如图 2-14 所示。

2. 钢筋套筒灌浆连接

钢筋套筒灌浆连接是指在预制混凝土构件中预埋的金属套筒中插入钢筋并灌注水泥基灌浆料而实现的连接方式。该技术由美籍华人余占疏在 1968 年发明，Splice Sleeve 将其最早应用在夏威夷檀香山的阿拉莫阿纳酒店的建造中。该技术发明后的 50 多年内，钢

图 2-14　提高预制混凝土与后浇混凝土黏结力的主要方法
（a）留槽；（b）露骨料；（c）拉毛；（d）凿毛

筋套筒灌浆连接技术逐渐在美国和日本得到了广泛的应用。特别是美国 ACI 将钢筋套筒灌浆连接归类于机械连接，不仅将其用于预制混凝土受力钢筋的连接，还将其用于现浇混凝土受力钢筋的连接。近年来，钢筋套筒灌浆连接在我国也有了较充分的研究和应用，有了较完备的产品标准和技术规程，包括《钢筋套筒灌浆连接应用技术规程》（JGJ 355—2015）、《钢筋连接用套筒灌浆料》（JG/T 408—2019）等。

钢筋连接用套筒灌浆料以水泥为主要材料，配以适当的细骨料，以及少量的外加剂和其他材料而制成干混料，加水搅拌后具有良好的流动性，还有早强、高强、微膨胀的特征。灌浆料凝固后产生的微膨胀，在受到灌浆套筒的约束作用下，与套筒内肋钢筋的粗糙表面产生较大的摩擦力，从而实现传力的钢筋对接连接。

按结构形式，钢筋套筒灌浆连接分为半灌浆套筒连接（图 2-15）和全灌浆套筒连接（图 2-16）。全灌浆套筒连接是两端钢筋均通过灌浆料与套筒进行的连接；半灌浆套筒连接是预制混凝土端采用直螺纹方式连接钢筋，现场装配端采用灌浆方式连接钢筋，直径较小时不适宜采用半灌浆套筒连接。

3. 钢筋浆锚搭接连接

浆锚搭接连接是在预制混凝土构件中预留孔道，在孔道中插入需搭接的钢筋，并灌注水泥基灌浆料而实现的钢筋搭接连方式，是基于黏结锚固原理进行搭接的方法。浆锚搭接连接主要有螺旋箍筋约束钢筋浆锚搭接连接（图 2-17）、金属波纹管钢筋浆锚搭接连接（图 2-18）。

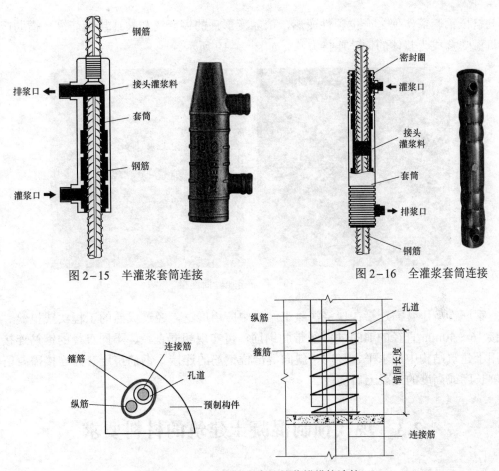

图 2-15　半灌浆套筒连接　　　　　　图 2-16　全灌浆套筒连接

图 2-17　螺旋箍筋约束钢筋浆锚搭接连接

鉴于我国目前对钢筋浆锚搭接连接接头尚无统一的技术标准,因此提出较为严格的要求,要求使用前对接头进行力学性能及适用性的试验验证,即对按一整套技术(包括混凝土孔洞成型方式、约束配筋方式、钢筋布置方式、灌浆方法等)形成的接头进行力学性能试验,并对采用此类接头技术的预制混凝土进行各项力学及抗震性能的试验验证,经过相关部门组织的专家论证或鉴定后方可使用。《装配式

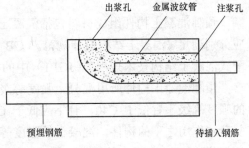

图 2-18　金属波纹管钢筋浆锚搭接连接

混凝土结构技术规程》(JGJ 1—2014)规定,装配整体式混凝土结构施工时,直径大于 20mm 的钢筋不宜采用浆锚搭接连接,直接承受动力荷载的构件纵向钢筋不应采用浆锚搭接连接。

4. 钢筋冷挤压套筒连接

钢筋冷挤压套筒连接是将两根待连接的带肋钢筋插入钢套筒内,用挤压连接设备沿

现代预制混凝土工艺

径向挤压钢套筒，使之产生塑性变形，依靠变形后的钢套筒与被连接钢筋纵、横肋产生的机械啮合成为整体的钢筋连接方法，如图 2-19 所示。

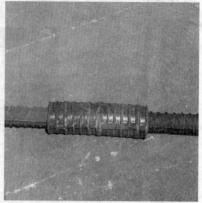

图 2-19　钢筋挤压套筒连接

钢筋冷挤压套筒连接在现浇混凝土结构中应用广泛，经过成熟的工程实践检验。可连接 16～40mm 直径的 HRB400 级带肋钢筋，可实现相同直径、不同直径的钢筋连接，可用于建筑结构中的水平、竖向、斜向等部位钢筋的连接。钢筋挤压套筒连接需要留出足够长度或高度的混凝土后浇段。

2.3　现代预制混凝土建筑的材料要求

2.3.1　预制混凝土构件组成材料

预制混凝土构件组成材料包括混凝土、钢筋和钢材，其各项力学性能及耐久性指标应分别满足《混凝土结构设计规范》（GB 50010）、《钢结构设计标准》（GB 50017）和《装配式混凝土结构技术规程》（JGJ 1）中的相关规定。

预制混凝土构件所用混凝土强度等级不宜低于 C30；预应力混凝土构件所用混凝土的强度等级不宜低于 C40，且不应低于 C30；现浇混凝土的强度等级不宜低于 C25；重复荷载作用之下的构件，混凝土的强度等级不应低于 C30；钢筋应符合《混凝土结构设计规范》（GB 50010）的规定，普通钢筋采用套筒灌浆连接和浆锚搭接连接时，钢筋应采用热轧带肋钢筋；钢筋焊接网应符合《钢筋焊接网混凝土结构技术规程》（JGJ 114）的规定；预制混凝土的吊环应采用未经冷加工的 HPB300 级钢筋制作。吊装用内埋式螺母或吊杆的材料应符合国家现行相关标准的规定。

2.3.2　连接材料

装配式混凝土结构中，节点及接缝处的纵向钢筋连接宜根据接头受力、施工工艺等要求选用套筒灌浆连接、机械连接、浆锚搭接连接、焊接连接、绑扎搭接连接等连接方式。当采用套筒灌浆连接时，应符合《钢筋套筒灌浆连接应用技术规程》（JGJ 355）的规定；当采用机械连接时，应符合《钢筋机械连接技术规程》（JGJ 107）的规定；当采用焊接连接时应满足《钢筋焊接及验收规程》（JGJ 18）的规定。

用于钢筋浆锚搭接连接的镀锌金属波纹管应符合《预应力混凝土用金属波纹管》（JG/T 225）的规定；用于钢筋机械连接的挤压套筒，其原材料及实测力学性能应满足《钢筋机械连接用套筒》（JG/T 163）的规定；用于水平钢筋锚环灌浆连接的水泥基灌浆材料应符合《水泥基灌浆材料应用技术规范》（GB/T 50448）的规定；用于装配式混凝土结构预制件连接的钢筋锚固板材料应符合《钢筋锚固板应用技术规程》（JGJ 256）的规定；连接用焊接材料，螺栓、锚栓和铆钉等紧固件的材料应符合《钢结构设计标准》（GB 50017）、《钢结构焊接规范》（GB 50661）和《钢筋焊接及验收规程》（JGJ 18）的规定。

预制混凝土节点和接缝处的后浇混凝土不应低于预制混凝土的强度等级；多层剪力墙结构中墙板水平接缝用坐浆材料的强度等级应大于被连接构件的混凝土强度等级；普通钢筋采用套筒灌浆连接和浆锚搭接连接时，钢筋应采用热轧带肋钢筋；直径大于 20mm 的钢筋不宜采用浆锚搭接连接，直接承受动力荷载的构件纵向钢筋不应采用浆锚搭接连接；镀锌金属波纹管的钢带厚度不宜小于 0.3mm，波纹高度不应小于 2.5mm；预埋件和连接件等外露金属件应按不同环境类别进行封闭或防腐、防锈、防火处理，应符合耐久性要求。

2.3.3　其他材料

1. 外墙板接缝处的密封材料

外墙板接缝处的密封材料应符合下列要求：

（1）密封胶应与混凝土具有相容性，以及规定的抗剪切和伸缩变形能力；密封胶尚应具有防霉、防水、防火、耐候等性能。

（2）硅酮、聚氨酯、聚硫建筑密封胶应分别符合《硅酮和改性硅酮建筑密封胶》（GB/T 14683）、《聚氨酯建筑密封胶》（JC/T 482）、《聚硫建筑密封胶》（JC/T 483）的规定。

（3）夹心外墙板接缝处填充用保温材料的燃烧性能应满足《建筑材料及制品燃烧性能分级》（GB 8624—2012）中 A 级的要求。

2. 夹心外墙板中的保温材料

夹心外墙板中的保温材料的热导率不宜大于 0.040W/（m·K），体积比吸水率不宜大于 0.3%，燃烧性能不应低于《建筑材料及制品燃烧性能分级》（GB 8624—2012）中 B2 级的要求。

3. 装配式建筑采用的室内装修材料

装配式建筑采用的室内装修材料应符合《民用建筑工程室内环境污染控制标准》（GB 50325）和《建筑内部装修设计防火规范》（GB 50222）的有关规定。

2.4 装 配 化 率

预制率、装配率是评价装配式建筑的重要指标。多数地方政府依据装配率制定装配式建筑扶持政策方案，也有少数地方（如北京）采用预制率和装配率进行双标准评价。预制率的定义为：建筑室外地坪以上主体结构和围护结构中预制部分的混凝土用量占对应构件混凝土总用量的体积比。

$$预制率 = \frac{预制构件部分的混凝土体积}{对应构件混凝土总体积}$$

装配率为工业化建筑中预制混凝土、建筑部品的数量（或面积）占同类构件或部品总数量（或面积）的比率（实际评价规则中，室外地坪以上主体结构和围护结构中不含已经计算预制率的构件）。

$$装配率 = \frac{预制构件、建筑部品的数量（或面积）}{同类构件或部品的总数量（或面积）}$$

1. 计算方法一（国标法）

$$建筑单体预制率 = \frac{预制部分混凝土体积}{预制部分混凝土体积 + 现浇部分混凝土体积} \times 100\%$$

2. 计算方法二（简化法）

$$建筑单体预制率 = \sum（构件权重 \times 修正系数 \times 预制混凝土比例）\times 100\%$$

装配化率算方法：

$$装配化率 = \frac{达到装配率要求的建筑单体的建筑面积（\pm0.000m以上，如有架空层可排除）}{项目总建筑面积（\pm0.000m以上，如有架空层可排除）}$$

住宅外墙采用预制墙体或叠合墙体，面积应不低于50%，宜采用预制夹心保温墙体。

预制外墙面积占比率：

$$预制外墙面积占比率 = \frac{外立面墙预制混凝土构件的面积（\pm0.000m以上）}{外立面墙总面积（\pm0.000m以上）}$$

2.5 装配式混凝土建筑的设计流程

从设计概念和原理来说，装配式建筑设计与传统的建筑工程设计是一致的，但由于装配式建筑的构件多在工厂生产，而工厂生产必须有一定的规模才能保证经济效益，所以构件要标准化。因此，装配式建筑设计实际上和传统的建筑设计有很大的区别。传统建筑设计按建筑工种分别设计后再作协调，而装配式建筑设计是把工种进行统一的集成化设计，从而为装配式建筑的构件集成化生产奠定基础。装配式建筑的建设流程需要建设、设计、生产和施工等单位精心配合，协同工作。与现浇结构建筑的建设流程相比，预制装配式建筑的设计工作呈现五个方面的特征：流程精细化、设计模数化、配合一体化、成本精准化、技术信息化。

现代预制混凝土结构适用于住宅建筑和公共建筑。按照《装配式混凝土建筑技术标准》（GB/T 51231—2016）的要求，装配整体式结构房屋的最大适用高度见表 2-2，最大宽度见表 2-3。表 2-2 中，房屋高度指的是室外地面到主要屋面的高度，不包括局部凸出屋面的部分；部分框支剪力墙结构指地面以上有部分框支剪力墙的剪力墙结构，不包括个别框支墙的情况；当预制剪力墙构件底部承担的总剪力大于该层总剪力的 80% 时，最大适用高度取表中括号内的数值。

表 2-2　　　　　　　　　　装配整体式结构房屋的最大适用高度

结构类型	抗震设防烈度			
	6 度	7 度	8 度（0.20g）	8 度（0.30g）
装配整体式框架结构	60	50	40	30
装配整体式框架 - 现浇剪力墙结构	130	120	100	80
装配整体式框架 - 现浇核心筒结构	150	130	100	90
装配整体式剪力墙结构	130（120）	110（100）	90（80）	70（60）
装配整体式部分框支剪力墙结构	110（100）	90（80）	70（60）	40（30）

表 2-3　　　　　　　　　　装配整体式结构房屋适用的最大高宽比

结构类型	非抗震设计	抗震设防烈度	
		6 度	7 度
装配整体式框架结构	5	4	3
装配整体式框架 - 现浇剪力墙结构	6	6	5
装配整体式剪力墙结构	6	6	5

装配式建筑项目的运作流程分可为以下五个阶段：技术策划阶段、方案设计阶段、初步设计阶段、施工图设计阶段以及构件加工图设计阶段。

1. 技术策划阶段

建筑设计流程中进行技术策划时，设计单位应对建筑项目的规模、建筑项目的定位、成本投入、生产目标以及外部施工环境进行充分地了解和考察，以保证技术路线制定的合理性以及预制混凝土的标准化程度。同时技术实施的具体方案，需由建筑单位和设计单位共同讨论决定，并以此技术方案为基础和依据，进行后续的设计工作。

2. 方案设计阶段

立面设计方案与平面设计方案需以前期的技术策划为设计依据。立面设计方案应对构件生产加工的可能性进行考虑，立面多样化与个性化设计需以装配式建造方式的特点为根据。平面设计方案需首先满足和保证建筑的使用功能，再依照"多组合、少规格"的预制混凝土设计原则，尽可能地实现系列化和标准化的住宅套型设计。

3. 初步设计阶段

在装配式建筑的初步设计阶段应强调协同设计，设计时应结合不同专业的技术要点进行全面、综合地考虑。建筑底部的现浇加强区的层数需符合相关规范条例。对预制混凝土种类进行优化，设备专业管线的预埋及预留需进行充分考虑。项目的经济性应进行专项的评估，对影响成本投入的因素进行分析，科学合理地制定技术措施。

4. 施工图设计阶段

施工图的设计阶段必须以上设计阶段制定的技术措施为基础和依据。由生产企业提供的设施设备、内装部品、预制混凝土等设计参数，各专业须以此为根据，在施工图设计过程中充分考虑不同专业所要求的预埋预留方案。建筑连接点处的隔声、防火、防水等设计事项需要建筑专业考虑和完成。

5. 构件加工图深化设计阶段

预制混凝土加工企业可与设计单位配合完成构件加工图纸的设计，若需要预制混凝土的尺寸控制图，可让建筑单位提供。除了预埋预留临时的固定设施安装孔、考虑现场安装和生产运输时的吊钩外，还应精确地定位预制混凝土中的机电管线、门窗洞口。

2.5.1 装配式建筑设计

装配式建筑的建筑设计与传统的建筑设计，都是在建筑规划设计完成后，根据设计要求进行建筑设计。但与传统设计方法不同，建筑初步设计的过程中，装配式建筑设计都要求采用建筑信息化软件。BIM 是建筑设计信息化管理软件，包含了建筑工程的所有工程实施管理。装配式建筑的设计是从 BIM 软件的建筑设计模块开始的，按装配式建筑的建造流程实施。

装配式建筑设计一般规定包括以下 6 个方面：① 装配整体式建筑设计应符合国家现行各类建筑设计标准规范的要求及相关防火、防水、节能、隔声、抗震及安全防范等标准规范的要求，满足适用、经济、美观的设计原则。同时应符合建筑工业化及绿色建筑的要求。② 装配整体式建筑设计应做到基本单元、连接构造、构件、配件及设备管线的标准化与系列化，采用少规格、多组合的原则，组合多样化的建筑形式。③ 装配整体式建筑设计所选用的各类预制构配件的规格与类型、室内装修系统与设备管线系统等，应符合建造标准和建造功能的需求，并适应建筑主要功能空间的灵活可变性。④ 对有抗震设计要求的装配整体式建筑，其建筑的体型、平面布置及构造应符合抗震设计的原则。⑤ 装配整体式建筑宜采用土建与装修、设备一体化设计。同时将室内装修与设备安装的施工组织计划与主体结构施工计划有效结合，做到同步设计、同步施工，以缩短施工周期。⑥ 装配整体式建筑的施工图设计文件应完整，预制混凝土的加工图纸应全面准确反映预制混凝土的规格、类型、加工尺寸、连接形式、预埋设备管线种类与定位尺寸。

1. 建筑方案设计

预制装配式建筑的方案设计在满足采光、通风、间距、退线等规划要求情况下，宜优先采用由套型模块组合的住宅单元进行设计。以安全、经济、合理为原则，考虑施工组织流程，保证各施工工序的有效衔接，提高效率。由于预制混凝土需要在施工过程中运至塔吊所覆盖的区域内进行吊装，在总平面设计中应充分考虑运输通道的设置，合理布置预制混凝土临时堆场的位置与面积，选择适宜的塔吊位置和吨位，塔吊位置的最终确定应根据现场施工方案进行调整，以达到精确控制构件运输环节，提高场地使用效率，确保施工组织便捷及安全。建筑整体设计时可以采用草图方式，先手绘建筑草图，根据草图在 BIM 软件的建筑设计模块上先作建筑构件设计，构件设计完成后，根据设计要求把构件组装成三维建筑整体模型，从而生成建筑的平面、立面和剖面图。装配式建筑的整体建筑方案设计按传统的建筑设计的理念，考虑用户的需求，建筑的功能、建筑的体量和环境的融合度等因素。初步设计在具体的平面、立面、剖面和构造详图设计时和传统的建筑设计就完全不一样。装配式建筑设计流程如图 2-20 所示。

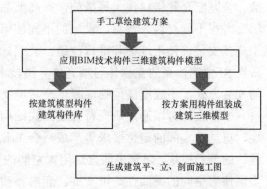

图 2-20　装配式建筑设计流程示意图

装配式建筑的模型是一个建筑信息模型，要包含装配体、子装配体与单个设备等有关的全部数据，都会和三维模型的数据联系在一起，包括在一个统一的建筑信息模型中，同时对装配体怎样装配、装配的程序都会有所说明。在方案设计阶段应对住宅空间按照不同的使用功能进行合理划分，结合设计规范、项目定位及产业化目标等要求确定套型模块及其组合形式。在装配式建筑的方案设计包括建筑构件设计、构件生产工艺、构件装配工艺、后期的构件维护工艺等。通过 BIM 信息系统仿真后得到结果，直至满足要求为止。BIM 信息系统功能如 2-21 所示。

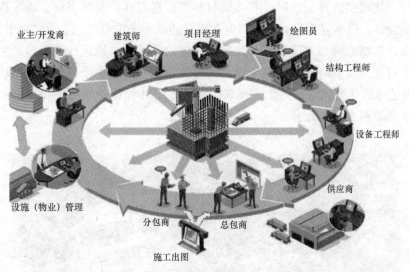

图 2-21　BIM 信息系统功能图

2. 初步设计

装配式建筑初步设计应遵循模数协调原则，优化套型模块的尺寸和种类，实现住宅预制混凝土和内装部品的标准化、系列化和通用化，完善住宅产业化配套应用技术，提升工程质量，降低建造成本。预制装配式建筑的装配式内装修设计应遵循建筑、装修、部品一体化的设计原则，部品体系应满足相应国家标准要求，达到安全、经济、节能、环保等各项标准的要求，部品体系应实现集成化的成套供应。部品和构件宜通过优化参数、公差配合和接口技术等措施，提高部品和构件互换性和通用性。装配式内装设计应综合考虑不同材料、设备、设施的不同使用年限，装修部品应具有可变性和适应性，便于施工安装、使用维护和维修改造。装配式内装的材料、设备在与预制混凝土连接时宜采用 SI 住宅体系的支撑体与填充体分离技术进行设计，当条件不具备时宜采用预留预埋的安装方式，不应剔凿预制混凝土及其现浇节点，影响主体结构的安全性。

平面设计可以通过研究符合装配式结构特性的模数系列，形成一定标准化的功能模块，再结合实际的定位要求等形成适合工业化建造的套型模块，由套型模块再组合形成最终的单元模块。建筑平面宜选用大空间的平面布局方式，合理布置承重墙及管井位置，实现住宅空间的灵活性、可变性。套内各功能空间分区明确、布局合理。通过合理的结构选型，减少套内承重墙体的出现，使用工业化生产且易于拆改的内隔墙划分套内功能空间。

预制装配式建筑的立面设计应利用标准化、模块化、系列化的套型组合特点，预制外墙板可采用不同饰面材料展现不同肌理与色彩的变化，通过不同外墙构件的灵活组合，实现富有工业化建筑特征的立面效果。预制装配式建筑外墙构件主要包括装配式混凝土外墙板、门窗、阳台、空调板和外墙装饰构件等。可以充分发挥装配式混凝土剪力墙结构住宅外墙构件的装饰作用，进行立面多样化设计。立面装饰材料应符合设计要求，预制外墙板宜采用工厂预涂刷涂料、装饰材料反打、清水混凝土等装饰一体化的生产工艺。当采用反打一次成型的外墙板时，其装饰材料的规格尺寸、材质类别、连接构造等应进行工艺试验验证，以确保质量。外墙门窗在满足通风采光的基础上，通过调节门窗尺寸、虚实比例以及窗框分隔形式等设计手法形成一定的灵活性；通过改变阳台、空调板的位置和形状，可使立面具有较大的可变性；通过装饰构件的自由变化可实现多样化立面设计效果，满足建筑立面风格差异化的要求。装配式 BIM 设计图如图 2-22 所示和 BIM 构件组装建筑图如图 2-23 所示。

图 2-22　装配式 BIM 设计图

图 2-23　BIM 构件组装建筑图

3. 建筑构件深化设计

装配式建筑的预制混凝土深化设计应遵循标准化、模数化原则。尽量减少构件类型，提高构件标准化程度，降低工程造价。对于开洞多、异形、降板等复杂部位可考虑现浇的方式，注意预制混凝土重量及尺寸，综合考虑项目所在地区构件加工生产能力及运输、吊装等条件。同时，预制混凝土深化设计应充分考虑生产的便利性、可行性以及成品保护的安全性，预制混凝土具有较高的耐久性、耐火性。BIM 构件设计图如图 2-24 所示，BIM 构件集成图如图 2-25 所示。

预制混凝土连接节点的构造设计是装配式混凝土剪力墙结构住宅的设计关键，预制外墙板的接缝、门窗洞口等防水薄弱部位的构造节点与材料选用应满足建筑的物理性能、力学性能、耐久性能及装饰性能的要求。各类接缝应根据工程实际情况和所在气候区等，合理进行节点设计，满足防水及节能要求。

预制外墙板垂直缝宜采用材料防水和构造防水相结合的做法，可采用槽口缝或平口，预制外墙板水平缝采用构造防水时宜采用企口缝或高低缝。接缝宽度应考虑热胀冷缩及风荷载、地震作用等外界环境的影响。外墙板连接节点的密封胶应具有与混凝土的相容性以及规定的抗剪切和伸缩变形能力，还应具有防霉、防水、防火、耐候性等材料性能。对于预制外墙板上的门窗安装应确保其连接的安全性、可靠性及密闭性。现代预制混凝土剪力墙结构住宅的外围护结构应符合国家建筑节能设计标准的相关要求，当采用预制夹心外墙板时，其保温层宜连续，保温层厚度应满足项目所在地区建筑围护结构节能设计要求。保温材料宜采用轻质高效的保温材料，安装时保温材料含水率应符合现行国家相关标准的规定。

2.5.2　装配式混凝土结构设计

按照《装配式混凝土结构技术规程》（JGJ 1—2014）的相关规定，装配式结构的设计在符合《混凝土结构设计规范》（GB 50010—2010）的基本要求外，还应符合下列规定：

（1）应采取有效措施加强结构的整体性。

（2）装饰结构宜采用高强混凝土、高强钢筋。

现代预制混凝土工艺

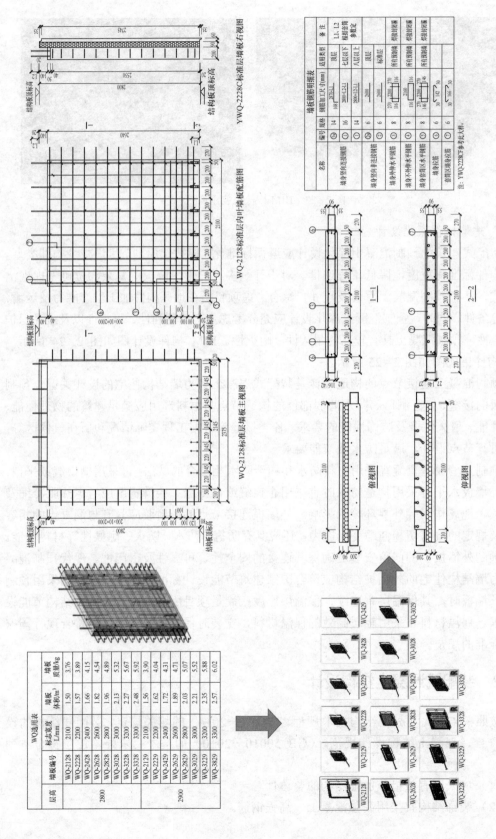

图 2－24　BIM 构件设计图

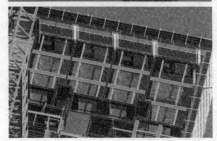

图 2-25　BIM 构件集成

（3）装饰结构的节点和接缝应受力明确、构造可靠，并应满足承载力、延展性和耐久性等要求。

（4）应根据链接节点和接缝的构造方式和性能，确定结构的整体计算模型。

此外，装配式建筑的结构设计过程中，还要注意设计方案的可行性、适用性，掌握设计要点。在确保建筑物安全性、功能性的前提下，注意能源耗损控制，通过专业、标准、精细的设计，确保设计方案更加全面、标准，达到综合效益最大化。通常，在装配式建筑结构方案设计中，首先要结合建筑物的功能需求，对其平面、户型、外观、柱网、变形缝布置等进行深入分析，并提出可行性建议与要求，确保建筑物的结构高度与复杂度、不规则度能在合理的范围内。

1. 整体结构设计

传统的建筑结构设计，根据建筑设计要求确定结构体系（砌体结构、框架结构、剪力墙结构等）后，根据结构体系估算构件（柱、梁、墙、楼板）的截面，再对构件施加外部荷载。随后，对结构体系进行内力分析，保证结构体系中各构件在外部荷载作用下，保持内力的平衡。再在内力平衡的条件下，对构件进行承载力计算，保证构件满足承载力要求，并有一定的安全储备。最后，再根据施工需要，绘制结构施工图。传统结构设计流程图如图 2-26 所示。

传统的结构设计的图纸是针对施工单位（湿法施工），装配式建筑的结构设计图纸是针对工厂（预制混凝土的生产线）。为使构件生产达到设计要求，装配式建筑的结构设计必须在 BIM 平台上进行。装配式建筑的结构设计，首先在 BIM 平台上，利用已建立的建筑三维模型，用 BIM 中结构设计模块对装配式建筑进行整体结构设计。在结构设计中要考虑结构优化，可能对构件的截面尺寸和混凝土强度等级进行调整。当最终结构体系内力平衡和构件强度达到设计要求后，建筑设计也可能有所改变，但建筑设计无须再进行设计调整。这是 BIM 技术的优势所在。当装配式建筑结构整体设计达到设计要求后，不是按传统方法绘制施工，而是按构件设计要求绘制构件施工图。工厂根据构件施工图，进行构件的批量生产。装配式建筑的结构设计流程如图 2-27 所示。

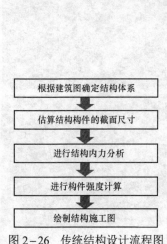

图 2-26 传统结构设计流程图

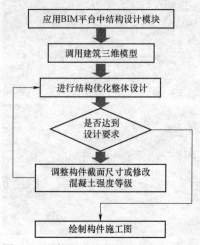

图 2-27 装配式建筑的结构设计流程图

2. 构件结构设计

装配式建筑构件深化设计之前，需将主体结构构件进行合理的构件拆分设计，主要是指依据装配式构件拆分原则，将预制混凝土拆分为供生产及现场装配的单体构件，它是混凝土主体结构设计后的构件深化设计，也是建筑结构的二次设计，之后才能在施工现场通过专业的安装连接技术进行单体构件间的组装。

国内建筑工程中装配式体系的拆分，目前主要包括：① 竖向构件，包括全预制剪力墙、PCF 墙板、夹心保温墙板、叠合板式剪力墙、女儿墙、预制柱、外挂墙板、预制飘窗等；② 水平构件，包括叠合楼板、叠合梁、全预制梁、叠合阳台板、全预制空调板、全预制楼梯等。装配式住宅结构拆分首先需要满足以下前提：① 节点标准化。标准化的节点使结构在节点处根据指定尺寸进行拆分；② 构件模数化与去模数化相结合。结构自动拆分时，阳台、空调板、楼梯等构件应该模数化，但墙板、楼板构件却需要去模数化设计。叠合构件不受模数限制，使结构可以在节点标准化的基础上实现拆分；③ BIM 技术的运用。在 BIM 中整合，将节点、构件等信息集成与拆分。

结构相关预制混凝土（柱、梁、墙、板）的划分，应遵循受力合理、连接简单、施工方便、少规格、多组合，能组装成型式多样的结构系列原则。平面形状的平面长宽比、高宽比不宜过大，局部突出或凹入部分的尺度也不宜过大，平面形状宜简单、规则、对称、质量、刚度分布均匀。结构竖向布置宜规则、均匀，竖向抗侧力构件的截面尺寸和材料宜自下而上逐渐减小，避免抗侧力结构的侧向刚度和承载力竖向突变，承重构件宜上下对齐，结构侧向刚度宜下大上小。预制混凝土平面拆分原则应体现如下几点：① 户型模数化、标准化；② 厨房的模数化、标准化；③ 卫生间的模数化、标准化；④ 楼梯的模数化、标准化。

装配式住宅结构拆分，必须在拆分前对建筑及结构进行合理布置，拆分的理念在项目的方案阶段就可以开始并贯穿整个前期设计，即从方案阶段的总体拆分到深化阶段的细化拆分。不同装配式体系的结构拆分根据它们间的组装方式有其自身特点,不可一概而论。叠合板式剪力墙在装配式住宅中的结构拆分和组装,在构件设计、生产、运输与现场安装过程中,需要注意以下问题:① 叠合板式剪力墙拆分的尺寸。实践设计中,东西山墙的设计往往不会存在窗洞,对山墙可以不进行拆分整体预制,也可以拆分为 2～3 片单体构件,在拆分尺寸上如何选择需要根据实际情况对生产、运输、吊装成本权衡考量。整体预制可以提高生产与组装效率,但是大构件的运输以及塔吊的选型会增加额外的成本;同样,拆分为多块小板会增加生产费用,并需要附加构件间连接处理工作,降低组装效率,但是在运输和塔吊型号选择上就会有所降低。② 叠合板式剪力墙在 L 型(同 T 型)节点处的拆分与组装。叠合板式剪力墙由两片预制板通过桁架筋连接而成的特性,使其在节点处可以灵活调节两片板的长度。现阶段较成熟的拆分方式为内包、外包和双边敞开三种,需要充分考虑构件在现场的组装选择一种合适的拆分方式。③ 门窗洞口对拆分的影响。装配式结构需要考虑带洞口单体构件的稳定性,避免出现悬臂窗上梁或窗下墙,恰恰这点容易被没有装配式住宅设计经验的建筑师忽视,过于贴近节点的洞口造成叠合墙板拆分困难,需要时常改变建筑方案来满足装配式构件要求。④ 短小墙体的拆分。对于平面不规则、凹凸感较强的建筑形式,易出现较难拆分的转角短墙,在建筑设计时需要尽量规避此类转角短墙。⑤ 竖向拼缝、水平拼缝组装的影响。装配式住宅科研及规范的不完善,实心墙体的灌浆套筒、浆锚搭接的施工质量把控,叠合板式剪力墙水平拼缝的插筋间接搭接的结构合理性都存在争议。采用双排插筋在水平拼缝处的间接搭接连接,可以很好地保证整体结构的抗震性能。⑥ 楼板对于结构拆分的影响。异型楼板作为结构构件需要采取有效的加固措施,防止不规则处发生应力集中导致楼板开裂等问题;其次,楼板的厚度决定着叠合板式剪力墙的内墙净高,相同的楼板厚度可在一定程度上提高结构的拆分和组装效率。

2.5.3　装配式结构施工图设计样例和相关规范

1. 施工图设计实例

(1)结构设计说明。以下为装配式建筑结构施工图典型样图,工程概况为位于北京市石景山区的项目,地下共 3 层,地上 19～28 层。采用装配整体式剪力墙结构体系,部分构件采用工厂预制,包括楼板(卫生间、楼电梯间前室、水电井除外)、空调板、楼梯梯段板、部分内墙等。地下室及地上 1～3 层采用现浇混凝土剪力墙,3～顶层外墙采用预制混凝土夹心保温外墙板、内墙采用部分预制墙板+部分现浇墙板,屋顶层上部的机房采用现浇混凝土剪力墙结构。现浇剪力墙和预制混凝土墙板之间通过竖向及水平后浇段连接为整体,上、下层预制墙板的竖向钢筋采用套筒灌浆连接。首层～次顶层的楼板采用叠合楼板,由预制混凝土底板和上部后浇层组成,在板内设置钢筋,增加整体度及水平界面抗剪性能;屋面采用现浇混凝土楼板;楼梯采用预制混凝土楼梯。

(2)墙柱平面图。图 2-28 为墙体配筋平面图,以不同图例表达预制墙板及编号、现浇剪力墙、预制剪力墙、剪力墙边缘构件定位及编号。

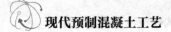
现代预制混凝土工艺

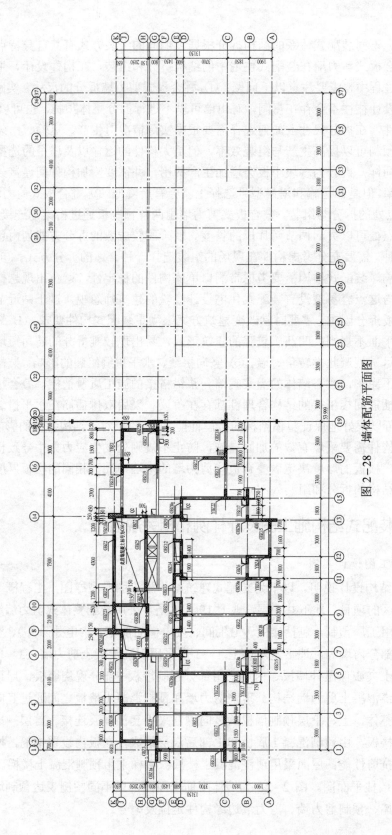

图 2-28 墙体配筋平面图

图 2-29 为剪力墙边缘构件详图，表达边缘构件的大样详图。

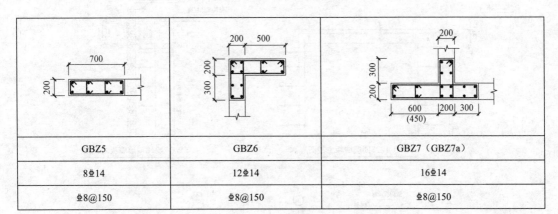

GBZ5	GBZ6	GBZ7（GBZ7a）
8Φ14	12Φ14	16Φ14
Φ8@150	Φ8@150	Φ8@150

图 2-29　剪力墙边缘构件详图

图 2-30 为剪力墙连梁及叠合连梁表，表达洞口顶部的连梁编号及型号。

剪力墙梁表					
编号	梁顶相对标高高差	截面 $b \times h$	上部纵筋	下部纵筋	箍筋
LL1	0.000	墙厚 × 510	3Φ18	3Φ18	Φ12@100（2）
LL2	0.000	墙厚 × 510	3Φ20	3Φ20	Φ16@100（2）
LL3	0.000	墙厚 × 400	3Φ18	3Φ18	Φ10@100（2）
LL3a	0.000	墙厚 × 400	4Φ22 2/2	4Φ22 2/2	Φ16@100（2）
LL4	0.000	墙厚 × 300	3Φ18	3Φ18	Φ10@75（2）
LL5	0.000	墙厚 × 610	3Φ22	3Φ22	Φ10@100（2）
LL6	0.990	墙厚 × 1500	4Φ20 2/2	4Φ20 2/2	Φ10@100（2）

叠合连梁表					
编号	梁顶相对标高高差	截面 $b \times h$	上部纵筋	下部纵筋	箍筋
DLL1	0.000	墙厚 × 510	3Φ20	3Φ20	Φ12@100（2）

图 2-30　剪力墙连梁及叠合连梁表

（3）预制墙详图。表达与图 2-28 对应的剪力墙后浇段配筋情况。图中应当注明：当预制混凝土采用灌浆套筒连接时，应采取可靠措施保证后浇段内钢筋的定位准确，控制施工精度，以保证施工阶段预制混凝土钢筋与后浇段钢筋不发生碰撞。

图 2-31 为预制外墙墙体无窗洞时的配筋详图。

图 2-32 为预制外墙墙体有窗洞时的配筋详图。

图 2-33 为墙板钢筋明细表。

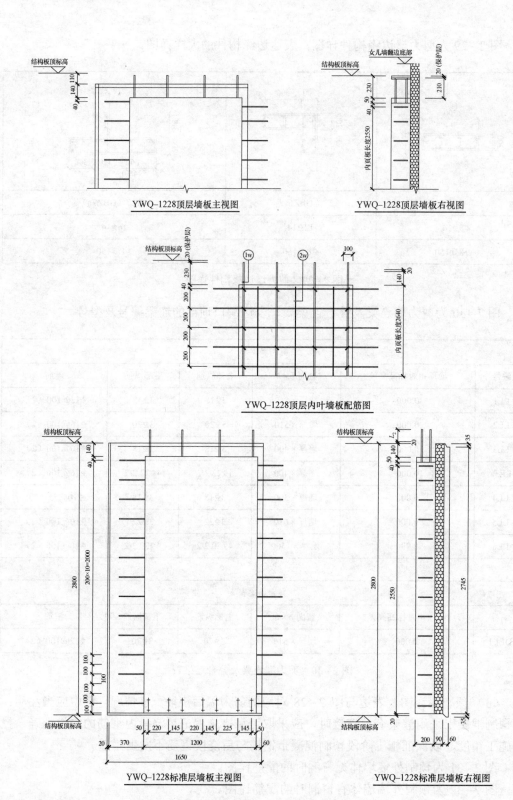

图 2-31 预制外墙无窗洞详图（一）

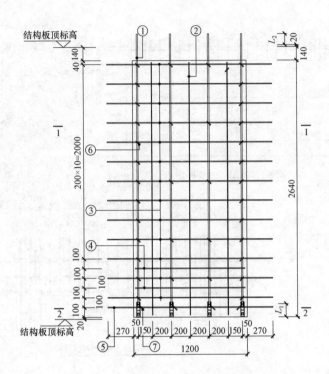

YWQ–1228标准层内叶墙板配筋图

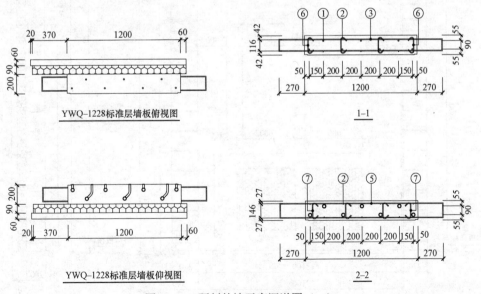

YWQ–1228标准层墙板俯视图

1–1

YWQ–1228标准层墙板仰视图

2–2

图 2–31　预制外墙无窗洞详图（二）

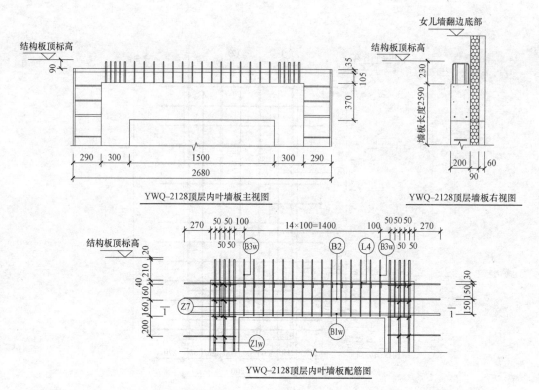

YWQ–2128顶层内叶墙板主视图　　　　　YWQ–2128顶层墙板右视图

YWQ–2128顶层内叶墙板配筋图

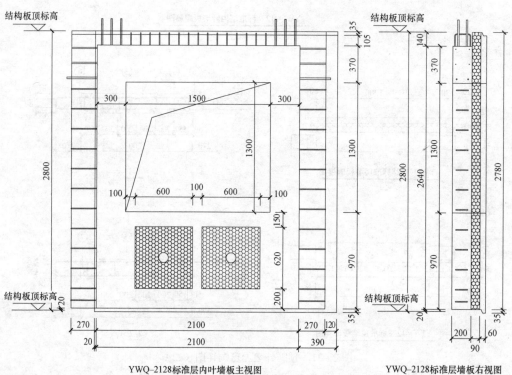

YWQ–2128标准层内叶墙板主视图　　　　　YWQ–2128标准层墙板右视图

图2–32　预制外墙有窗洞详图（一）

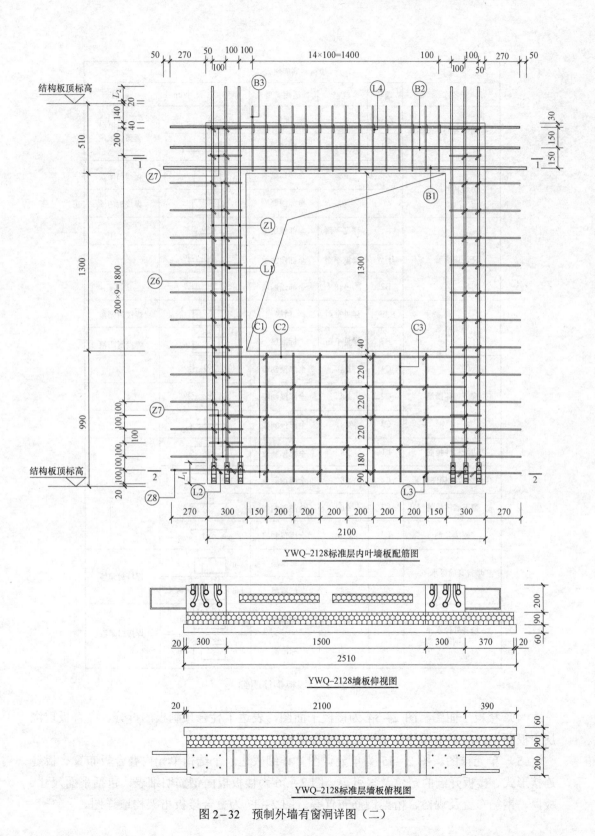

YWQ–2128标准层内叶墙板配筋图

YWQ–2128墙板仰视图

YWQ–2128标准层墙板俯视图

图 2–32　预制外墙有窗洞详图（二）

墙板钢筋明细表					
名称	编号	规格	适用类型	钢筋加工尺寸(mm)	备注
边缘构件竖向连接钢筋	Z1w	⊈14	顶层	2850−L_1	L_1、L_2根据套筒参数定
	Z1	⊈14	标准层	2800+L_2−L_1	
边缘构件箍筋	Z7	⊈8	全部预制墙	525 / 116	焊接封闭箍
	Z7a	⊈8	全部预制墙	555 / 120	焊接封闭箍
连梁纵筋	B1	详见平面	全部预制墙	0 1580 320	
	B1w	详见平面	全部预制墙	0 1580 270	
	B2	⊈10	全部预制墙	0 1580 270	
连梁箍筋	B3w	详见平面	顶层	280 300 160	焊接封闭箍
	B3	详见平面	标准层	170 300 160	焊接封闭箍
窗下墙体钢筋	C1	⊈8	全部预制墙	150 700 150	
	C2	⊈8	全部预制墙	250 700 250	
	C3	⊈8	全部预制墙	940 80 80	
边缘构件拉筋	L1	⊈8	全部预制墙	80 130 80	
套筒区边缘构件拉筋	L2	⊈8	全部预制墙	80 150 80	
窗下墙体拉筋	L3	⊈6	全部预制墙	30 160 30	
连梁拉筋	L4	⊈10	全部预制墙	80 170 80	
墙身套筒区水平钢筋	6a	⊈8	标准层	140 275 270 140	焊接封闭箍
	6b	⊈8	标准层	146 475 270 146	
墙身外伸水平钢筋	3a	⊈8	标准层	130 260 270 130	焊接封闭箍
	3b	⊈8	标准层	116 460 270 116	

图2-33 墙板钢筋明细表

（4）楼板平面图。图2-34为楼板平面图，表达了叠合预制板的拆分、叠合板现浇层内板面钢筋。卫生间部分未设计为叠合楼板。

（5）单元详图。图2-35为单元详图，详细表达一个结构单元内叠合板布置、板缝连接形式、楼板开洞的定位及索引等。图2-36为楼板板面钢筋明细表，包括平面尺寸、板厚、钢筋布置及规格、桁架钢筋布置等。图2-37为叠合楼板桁架构造详图。

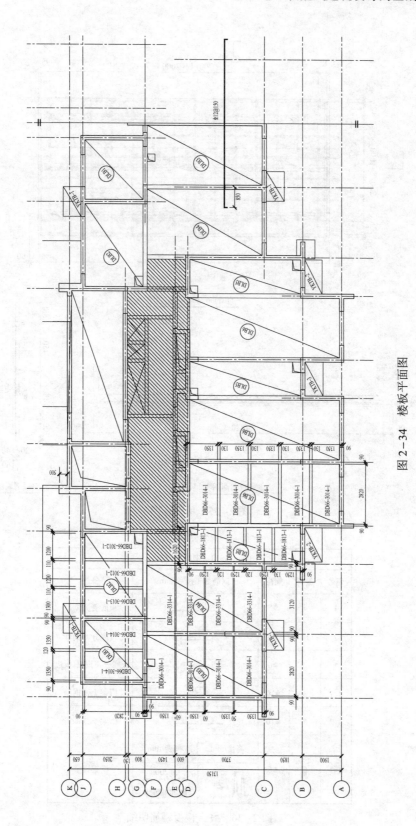

图 2－34　楼板平面图

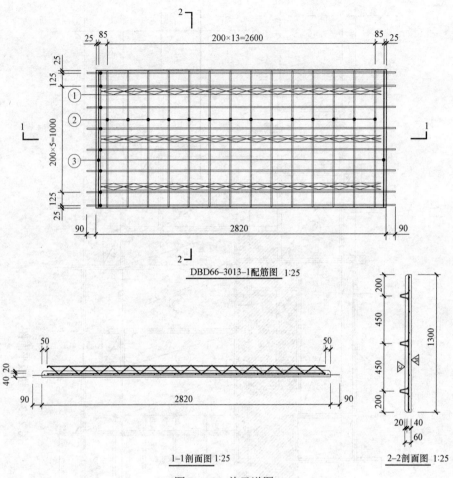

图 2-35 单元详图

DBD66-3013-1钢筋明细表					
编号	数量	规格	钢筋加工尺寸/mm		备注
1	8	Φ8	90 ⊢ 2820 ⊣ 90		板底受力钢筋
2	14	Φ6	⊢ 1280 ⊣		板底分布钢筋
3	2	Φ6	⊢ 1280 ⊣		板底分布钢筋(板边)
4-1	3	Φ10	⊢ 2720 ⊣		桁架上弦钢筋
4-2	6	Φ10	⊢ 2720 ⊣		桁架下弦钢筋
4-3	6	Φ6	高度/mm ⋀⋀⋀ 80	间距/mm @200	桁架腹筋

图 2-36 叠合楼板钢筋明细

40

叠合楼板、预支墙板上开洞，在构件深化设计及加工中应预留孔洞。现浇区域楼板、墙体的留洞在现场浇筑时根据施工需求预留套管或后浇。

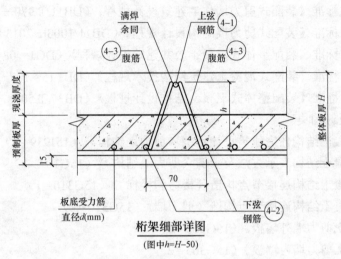

桁架细部详图
(图中h=H-50)

图 2-37　叠合楼板桁架构造详图

2. 相关标准和图集

我国装配式建筑还处于起步阶段，现有一些相关的国家标准和规范正在编制，目前有很多装配式建筑设计的地方标准和行业标准正在逐步完善。装配式建筑设计应遵循相关的国家标准和规范，目前已经颁布的各项标准、规范如下：

（1）国家和协会标准。

《建筑模数协调标准》（GB/T 50002—2013）

《装配式混凝土建筑技术标准》（GB/T 51231—2016）

《装配式建筑评价标准》（GB/T 51129—2017）

《混凝土结构设计规范》（GB 50010—2010，2015 年版）

《混凝土结构工程施工规范》（GB 50666—2011）

《混凝土结构工程施工质量验收规范》（GB 50204—2015）

《整体预应力装配式板柱结构技术规程》（CECS52：2010）

（2）行业标准。

《装配式混凝土结构技术规程》（JGJ 1—2014）

《高层建筑混凝土结构技术规程》（JGJ 3—2010）

《预制预应力混凝土装配整体式框架结构技术规程》（JGJ 224—2010）

《钢筋套筒灌浆连接应用技术规程》（JGJ 355—2015）

《钢筋锚固板应用技术规程》（JGJ 256—2011）

《预制带肋底板混凝土叠合楼板技术规程》（JGJ/T 258—2011）

《装配式住宅建筑设计标准》（JGJ/T 398—2017）

《钢筋连接用灌浆套筒》（JG/T 398—2019）

《钢筋连接用套筒灌浆料》（JG/T 408—2013）

（3）地方标准。

北京市地方标准《装配式剪力墙住宅建筑设计规程》（DB11/T 970—2013）

北京市地方标准《装配式剪力墙结构设计规程》（DB11/1003—2013）

上海市地方标准《装配整体式混凝土公共建筑设计规程》（DGJ—08-2154—2014）

广东省地方标准《装配式混凝土建筑结构技术规程》（DBJ 15-107—2016）

山东省地方标准《装配整体式混凝土结构设计规程》（DB37/T 5018—2014）

（4）标准设计图集。

《装配式混凝土结构住宅建筑设计示例（剪力墙结构）》（15J939-1）

《装配式混凝土结构表示方法及示例（剪力墙结构）》（15G107-1）

《装配式混凝土结构连接节点构造（楼盖和楼梯）》（15G310-1）

《装配式混凝土结构连接节点构造（剪力墙）》（15G310-2）

《预制混凝土剪力墙外墙板》（15G365-1）

《预制混凝土剪力墙内墙板》（15G365-2）

《桁架钢筋混凝土叠合板（60mm 厚底板）》（15G366-1）

《预制钢筋混凝土板式楼梯》（15G367-1）

《预制钢筋混凝土板阳台板、空调板及女儿墙》（15G368-1）

 思考题 ···

2-1 如何区分全装配混凝土结构和装配整体式混凝土结构？

2-2 现代预制混凝土结构体系有哪些？

2-3 简述现代预制混凝土结构的组成。

2-4 简述装配率概念与计算公式。

2-5 举例说明装配式混凝土建筑的设计流程有哪些？

2-6 请说明装配式结构的拆分和组装应注意的问题。

第3章 混凝土材料内部结构的形成与工艺原理

本章提要

简述混凝土材料内部结构形成理论和预制混凝土工艺原理，包括原材料粉碎筛分工艺、搅拌工艺、密实成型工艺、养护工艺等内容。

3.1 概　　述

材料的组成与结构决定其性质与使用性能，利用材料固有的性质通过制备与合成工艺实现使用效果。可见，常用的无机胶凝材料是黏结集料并使混凝土具有完整性和强度，胶凝材料、集料的性征及堆聚状态对混凝土性能有重大影响。混凝土内部形成不同尺寸和特征的孔隙，孔结构对其物理力学性能有重大影响，水泥水化、浆体硬化及其与集料的界面层，对混凝土的内部结构更起着不容忽视的作用。对预制混凝土内部结构的理解，不应仅限于水泥石的结构，即除了新生物的相组成、结晶形状、大小及连生程度之外，而且还应包括固相组分的堆聚状态、孔结构的特征及界面层。

预制混凝土的制作过程中，从原料的选择、贮运、加工和配制，到制成给定技术要求成品的全过程，整个生产过程的基本组成单元为工序，如原料的粉磨工艺工序，原料或成品的运输（运输工序），原料半成品或成品的贮存（贮存工序），质量检查（辅助工序）等，贯穿于预制混凝土内部结构的形成各基本工艺过程，既相对独立又不可分割，应最大限度发挥不同阶段对混凝土内部结构形成的有利影响。预制混凝土最大的特点是在工厂中预制混凝土构件，能比较好地控制钢筋的张拉应力，对混凝土的制备、成型、振捣控制比较严格，可以采取较灵活的养护方式，如室内养护、蒸汽养护等，有利于质量控制。

现代预制混凝土工艺

（1）原料加工工艺，指对块状及粉状物料进行必要的破碎、筛分、磨细及预反应过程，以达到改善颗粒级配、减少粒状物料空隙、增加胶凝材料比表面积以及提高其活动等目的。原料加工工艺的作用是形成混凝土结构的准备阶段，它为后续生产过程的正常进行及最终获得合格的成品提供必要的条件。在原料质量符合要求的条件下，无须设置原料加工与处理工艺，或可简化，这种情况常见于普通混凝土建筑构件的生产中。然而，对于压力管等某些水泥制品，其对于硅酸盐预制混凝土来说，原料的加工与处理则是其生产过程中必不可少的重要组成部分。

（2）搅拌工艺，指将合格各组分按一定比例拌和，形成具有一定均匀性及给定和易性指标的混凝土混合料。搅拌工艺是形成混凝土结构的开始阶段，采用分段搅拌、轮碾、超声、振动、加热等措施，改善界面层结构及加速水化反应等施加一些有利于结构形成因素，促进水化反应及黏结层措施。

（3）密实成型工艺，指利用水泥浆聚凝结构触变性，对浇灌入模的混凝土合料施加外加力干扰（振动、离心、真空、压力）使之流动充满模型，达到制品所需的形状的过程。密实成型工艺是混凝土内部结构形成的关键阶段，能够使大小不同的颗粒紧密排列，水泥浆将其黏结成一坚固整体。为形成密实结构应力求降低能耗，不仅应少引气或不引气，而且还应使搅拌和浇灌时引进的空气排出，为形成多孔结构，则应构成均匀的闭孔。

（4）养护工艺，指加速混凝土硬化的过程。养护工艺属于外部促进因素，结构形成与破坏同时进行阶段，力求减少或消除导致内部结构破坏的影响。对已密实成型的制品进行养护时，应创造使混凝土结构进一步完善和继续硬化的必需条件。养护工艺历时最长，需要创造混凝土继续硬化的有利条件，缩短制品的生产周期。在加速混凝土硬化的过程中，必须注意兼收技术及经济效益，在力求制约或消除导致内邹结构破坏的因素并发挥水泥潜在能量的条件下，最大限度地缩短养护周期和降低能耗。

预制混凝土工艺是指在工厂或工地预先加工制作混凝土类制品各种工艺过程的总称，包括混凝土原料加工、搅拌运输、密实成型和养护等形成混凝土构件的具体工艺过程，主要关注混凝土结构的形成规律，探讨不同阶段工艺过程的影响规律，其目标是保证不同混凝土构件的生产按一定的配合比、均匀混合、浇筑成型、养护等工艺过程，达到工程对硬化混凝土结构的质量要求。研究混凝土基本工艺原理时，立足于混凝土结构的形成理论，目的在于合理选定原料及配比，精心施加高效、低耗、经济可行的工艺措施，并获得最优结构及性能的预制混凝土。预制混凝土的生产包括模板的制作与安装、钢筋的制作与安装、混凝土的制备与运输、构件的浇筑成型、脱模与养护、堆放等工艺过程。

3.2　混凝土的内部结构及形成过程

3.2.1　熟料矿物的水化

1. 硅酸三钙、硅酸二钙的水化

硅酸三钙水化速率很快，其水化过程按水化放热速率曲线（图 3-1）可分为五个阶段：初始水解期（Ⅰ）、诱导期或称静止期（Ⅱ）、加速期（Ⅲ）、减速期（Ⅳ）、稳定期（Ⅴ）。初始水解期或诱导前期（Ⅰ）从 C_3S 加水后开始，急剧反应出现 Ca^{2+} 和 OH^-，约 15min 结束；诱导期或称静止期（Ⅱ）反应速率极为缓慢，但溶解继续进行，水泥浆体保持塑性状态持续 2~4h；加速期（Ⅲ）在诱导期结束后，水化 4~8h 反应重新加快，即浆体初凝结束后，当溶液中的 Ca^{2+} 和 OH^-浓度达某一临界值时，$Ca(OH)_2$ 和 $C-S-H$ 快速结晶析出，主要特征是形成第二水化放热峰；加速期结束后，12~24h 内反应速率减慢，进入水化减速期（Ⅳ），其主要特征是水化作用逐渐受扩散速率控制；最后是稳定期（Ⅴ），其特征是水化反应速率很低、持续很长。有人将减速期（Ⅳ）和稳定期（Ⅴ）合称为扩散控制期，其水化作用完全受扩散速率控制。

硬化浆体的性能与诱导期关系较大，关于诱导期机理有不同的解释，除保护膜理论、延迟成核理论外，尚有晶格缺陷、渗透泵水、溶胀汲水等理论。

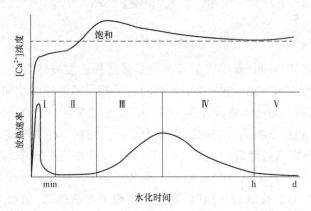

图 3-1　C_3S 水化放热速率和 Ca^{2+} 浓度变化曲线

保护膜理论（H.N.Stein 等）认为，假设 C_3S 在水中一致溶解，最初生成的第一水化物 C_3SH_{11}，在 C_3S 周围迅速形成致密的保护膜层，从而阻碍其进一步水化，导致诱导期开始。当第一水化物转变为离子，易于通过的第二水化物（C/S：0.8~1.5）时，水化重新加速，较多 Ca^{2+} 和 OH^-进入液相，放热加速，诱导期结束。

延迟成核理论（M.E.Tadros 等）认为，诱导期是由于 CH 和 $C-S-H$ 晶核的形成和生长均需一定时间，使水化延缓所致。最初，C_3S 不一致溶解，主要是 Ca^{2+} 和 OH^-溶出，

C_3S 表面形成缺钙的富硅层；然后，Ca^{2+} 化学吸附在富硅表面上，使之带正电荷并形成双电层，致使 Ca^{2+} 从 C_3S 的溶出速度减慢而产生诱导期；待 Ca^{2+} 和 OH^- 在液相中缓慢增多并达一定的过饱和度，才形成稳定的 CH 晶核，一旦 CH 晶体从液相析出，即促使 C_3S 加速溶解，以致水化重新加速。

Skalny 和 J.F.Young 综合各方见解，将 C_3S 水化归纳成四个阶段（图 3-2）。首先，C_3S 初始水解，Ca^{2+} 和 OH^- 进入溶液，C_3S 表面形成富硅层，Ca^{2+} 随即化学吸附到富硅表面上，形成双电层，溶液中 Ca^{2+} 增长，但未达饱和；第二阶段，Ca^{2+} 及 OH^- 继续进入溶液，但必经双电层，致使过程变慢，溶液中 Ca^{2+} 浓度渐增至过饱和；第三阶段，溶液中 Ca^{2+} 浓度达过饱和时，在近 C_3S 表面 Ca^{2+} 浓度最大区域晶核生长，由于硅酸根离子较难迁移，所以 C-S-H 仅在颗粒表面生长，而有些 CH 晶体也可在远离颗粒或孔隙中形成。成核结晶使溶液中 Ca^{2+} 浓度降低，Ca^{2+} 易于向外扩散，反应重又加速；第四阶，Ca^{2+} 富 Si 层浓度的持续下降使 C-S-H 及 CH 的生长速度减慢。初始产物多生长在原始周界以外由水填充的空间，称为外部产物；后期生长的则在原始周界以内进行，称内部产物。水化速率主要受离子通过水化产物层扩散速度的控制，C-S-H 的形貌和成分由内向外逐渐变化。

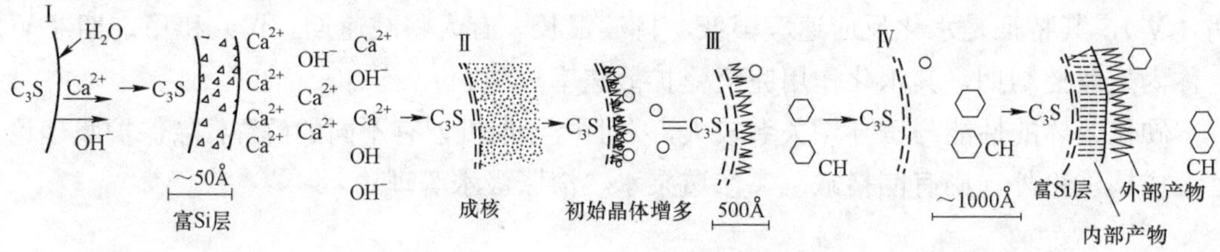

图 3-2　C_3S 水化阶段示意图

H.F.W.Taylor 参照 Jennings 等人的意见将显微结构的发展分为早、中、后三个时期，相当于 20℃ 中水化约 3h，20～30h 及更长时间。早期包括诱导前期和诱导后期，中期即加速期和开始减速期。Taylor 通过计算 C_3S，$\beta-C_2S$ 及 C-S-H 的原子数，发现水化前后各相氧原子数波动在 10% 内，但前二者变为 C-S-H 时，就失去 Ca 和 Si 原子，同时得到 H 原子，从而提出后期反应机理（图 3-3）。反应中存在一个向颗粒中心推进的界面区，H 离子在后期产物中从一个氧原子（或水分子）转移到另一个，一直达到 C_3S 并与之作用，其情况与 C_3S 接触到水相似。界面区内原子重新排列，由 C_3S 转化为 C-S-H，失去的 Ca 和 Si 则通过后期产物向外迁移，最后转为 CH 或 C-S-H 外部产物。

硅酸二钙单矿物水化，特别是 $\beta-C_2S$ 的水化过程，与 C_3S 相似，但水化速率慢得多，其第二放热峰相当微弱，Ca^{2+} 过饱和度较低，成核较晚，所形成的水化硅酸钙与 C_3S 差别甚微，统称为 C-S-H。实际上，熟料中的 $\beta-C_2S$ 水化比单矿物快得多。

2. C_3A 或 C_4AF + 石膏 + 水

在硅酸盐水泥浆体的碱性液相中，C_3A 与水迅速反应生成 C_4AH_{13}，在室温下其数量迅速增多，是浆体瞬时凝结的主要原因。石膏掺量是决定 C_3A 水化速率、水化产物类别及数量的主要因素。C_3A 或 C_4AF 在石膏、氧化钙同时存在时，则快速生成的 C_4AH_{13} 后，随即与石膏反应成钙矾石，其中的铝可被铁置换成含 Al、Fe 的三硫酸盐相（AFt）。当石膏耗尽而 C_3A 尚存时，C_4AH_{13} 又与先生成的钙矾石反应成单硫型相（AFm）。当石膏掺量极少，钙矾石均转化成 AFm 后，C_3A 仍有余时，则可形成 C_3A（CS·CH）H_{12} 固溶体。

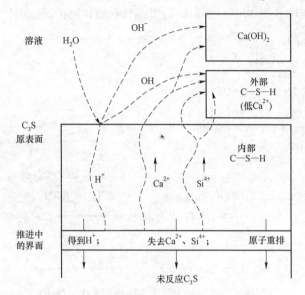

图 3-3　C_3S 后期水化反应机理示意图

C_3A 或 C_4AF+石膏+水四元系统水化放热曲线形状与 C_3S 基本类似，表明石膏具有缓凝作用，有人认为其诱导期是由于 SO_4^{2-}吸附在带正电的 C_3A 粒子上，从而阻碍了水化。其主要机理如下：在 C_3A 表面形成的细颗粒状钙矾石阻止了水化的继续进行；诱导期中钙矾石经历了增厚、破裂、再封闭等过程；待石膏耗尽以后，钙矾石与 C_3A 反应生成 AFm，出现第二放热峰。

C_4AF 的水化速率比 C_3A 略慢，水化热较低，单独水化也不会引起瞬凝，其水化反应及产物与 C_3A 相似，但石膏在其早期水化时的缓凝作用更为明显。

3.2.2　硅酸盐水泥的水化

硅酸盐水泥加水拌和后立即发生化学反应，其过程及各矿物水化过程如图 3-4 所示。凝结是胶粒借分子间力形成凝聚结构所致，硬化则是微晶体间靠化学键结合连生，形成结晶网状结构的过程。

C_3S 水解生成 C-S-H 凝胶及 CH，液相迅速为 CH 饱和，石膏很快溶解，各种矿物的水化反应实际上是在 CH 及石膏溶液中进行的。F.W.Locher 图示概括了主要水化物的生成及浆体形成过程的三个阶段（图 3-5）。水泥加水拌和至初凝为第一阶段；CH 晶体析出的同时，CSH_2 与 C_3A 生成钙矾石的细薄晶体，此时浆体呈塑性状态，水化加速 CH 与钙矾石晶体增多，水泥颗粒表面形成长纤维状 C-S-H，它们初步凝聚连接成多孔网状结构，浆体凝结的接点增加使强度增长，形成"基本结构"，约至 24h 为第二阶段；此后至水化结束为第三阶段，若石膏已耗尽，则钙矾石开始转化为 AFm，还可能形成

$C_4(A, F)H_{13}$，此时生成的 C-S-H 主要为短纤维状，各水化物数量不断增加，结构更趋致密，强度增长形成"稳定结构"。实际上，一般可认为外部产物主要以溶解-沉淀方式形成，而内部产物则以局部化学反应为主。不同矿物在不同阶段的水化机理则不尽相同，水泥水化可以生成了许多胶体尺寸的晶体，涉及晶体和胶体两种硬化理论仍有待进一步研究。

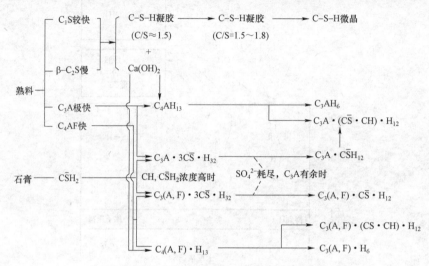

图 3-4 硅酸盐水泥各矿物的水化过程

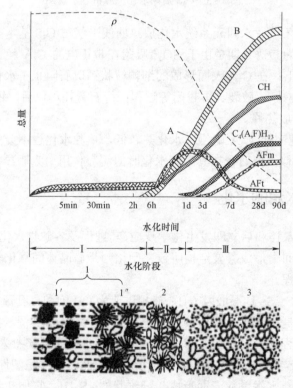

图 3-5 水化物的生成及浆体形成过程

1—不稳定结构；1′—塑性状态；1″—凝结状态；2—基本结构；3—稳定结构；

A—长纤维状 CSH；B—短纤维状 CSH

3.2.3　水泥浆体的物理结构

水泥浆体是组成混凝土复合材料的基相，水化过程中水泥浆体的孔结构不断变化，水泥浆体的物理结构对混凝土的性能影响较大。

1. 水泥浆体微观结构

以不同尺度研究水泥浆体的微观结构，结果并不相同。

S.Diamond 证实，以原子尺度（nm）研究其结构时，水化较充分的水泥浆体主要由约 70% 的结晶度较差的 C-S-H 凝胶，20% 的 CH，7% 的钙矾石及 3% 的未水化熟料残粒组成，形成钙、硅、氧原子等聚集体；若以粒子尺度（μm）观察，则发现至少有四种形态的 C-S-H 凝胶粒子：Ⅰ型为纤维状粒子（长约 0.5～2μm，宽不大于 0.2μm），Ⅱ型为网络状粒子，Ⅲ型为小而不规则的等大粒子（小于 0.3μm），而Ⅳ型为内部水化产物（约 0.1μm），是具有规整孔隙或密集的等大粒子。

以粒子尺还可见到 CH 晶粒，初期为六角片状，宽数十微米，以后逐渐长厚，失去轮廓，并长入其他凝胶中去。钙矾石晶粒，初期为针形网状，以后发展为宽厚的六角截面形态；以"微组构"（数十至数百微米）尺度研究时，初期为间隔较大的水化水泥颗粒聚集体，由每颗粒放射出Ⅰ型 C-S-H 凝胶，有时针状钙矾石伸进 C-S-H 边缘，有的还存在 CH 晶体及Ⅱ型和Ⅲ型 C-S-H 凝胶，成熟阶段时单个粒子已罕见，有的可发现 CH 晶粒，大部区域为Ⅲ型 C-S-H 粒子。

2. 水泥凝胶的孔结构

T.C.Powers 研究表明，水化从水泥颗粒开始同时向内和向外发展。约占 45% 的内部水化产物处于原颗粒周界之内，约占 55% 的外部水化产物则占据了原颗粒间隙的充水空间。也即 1cm³ 的水泥经水化后约占 2.2cm³ 的空间，其中 1cm³ 在原周界之内，1.2cm³ 则占据原充水空间。因此原颗粒间隙减少，部分被水化产物占据，并被其分割为形状不一的孔。由于其形态各异，而以孔容积与表面积的比值表达其尺寸，称为水力半径。在密集的凝胶粒子（平均半径为 11.7nm）之间，未被凝胶填充的空间称为毛细孔，其半径大于 100nm；在凝胶占据的空间内的孔称为凝胶孔，占凝胶体的 28%，孔径为 1.5～3nm。

水泥浆体中孔按 IUPAC 法（国际纯粹和应用化学联合会法），各类孔对水泥浆体性能的影响不同。考虑水和孔系统的相互作用，微孔实属 C-S-H 凝胶内孔，其中的水已非自由水，形不成弯月面；毛细孔中的水能形成弯月面，部分水蒸发后即产生毛细管压力。微孔 2.5nm 主要影响干缩、徐变及 C-S-H 的强度，中孔 2.5～50nm 主要影响高湿度下的干缩，大孔 50nm 则主要影响渗透性和强度。

近滕连一提出的 C-S-H 凝胶的孔结构模型（图 3-6），微晶内孔（孔径<1.2nm）、

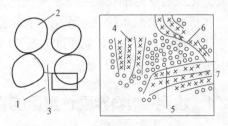

图 3-6　C-S-H 凝胶的孔结构模型

1—窄通道；2—凝胶粒子；3—胶粒间孔；4—微晶间孔；
5—微晶内孔；6—单层吸附水；7—C-S-H 层状结构

微晶间孔（1.2～3.2nm）、胶粒间孔（3.2～200nm），其中微晶内孔，R.F.Feldman 称为层间间隙；微晶间孔被称为吸附孔，相当于 T.C.Powers 的凝胶孔；胶粒间孔为 T.C.Powers 的毛细孔。S.Brunauer 将大于 200nm 的孔称为大孔，微孔（0.4～10nm），中间孔（10～100nm），毛细孔（100～1000nm）和大孔（>1000nm），其中微孔尺寸偏大，实际包括了微晶间孔和胶粒间孔。而中间孔又称过渡孔，主要指外部水化产物之间的孔。

由于水化产物的高分散性及其内部含有的大量凝胶孔，致使其内比表面积约达 210m²/g，比未水化水泥提高三个数量级，相应巨大的表面能是决定水泥浆体性能的重要因素。孔隙率的测定方法有蒸发水法、压汞法和计算法等，孔分布的测定方法则有气体吸附法、溶剂取代法等。随龄期的延长，总孔隙率和大孔体积均减少，孔结构变细；水灰比的影响也与之相似。大于一定孔径的孔能形成连通的孔隙网络体系，使水泥浆体的抗渗性严重下降，这一孔径值称为极限有效孔径（r_∞）。R.F.Feldman 认为 $r_\infty = 80$nm，Mehta 认为是 $r_\infty = 125$nm，如果大于 r_∞ 的孔体积越大，则渗透性越大。

3. 水泥浆体内水的存在形式

水在水泥水化及水泥浆体结构形成过程中起着重要作用，T.C.Powers 将之分为非蒸发水和蒸发水两大类。试样在水蒸气压为 5×10^{-4}mmHg 的 -79℃干冰（固态 CO_2）上干燥至恒重时，水泥浆体中所余留的水为非蒸发水（W_n），失去的即为蒸发水（W_e）。按水与固相组分的作用情况，可分为结晶水、吸附水和自由水。结晶水又称化学结合水，其以 OH^- 状态存在于晶格中，结合力强，只有在较高温度下晶格破坏时才能脱除的，为强结晶水；而以中性 H_2O 分子存在于晶格中，结合不牢固，在 100～200℃即可脱除的，为弱结合水。存在于层状结构间的称层间水，其数量随外界温湿度而变化，并可能引起某些物理力学性质的变化。

吸附水在吸附效应及毛细现象作用下被物理吸附于固相颗粒表面及孔隙之中，可分为凝胶和毛细水。凝胶水层平均厚度为 1.8nm，脱水温度范围较大。毛细水结合力弱，脱水温度较低，其数量随水灰比及毛细孔数量而变化较大。自由水即游离水，存在于大孔内与普通水性质无异。因对浆体结构及性能无益，应尽量减少。属于非蒸发水的主要是结晶水，而蒸发水则包括吸附水及自由水。非蒸发水量与水化产物数量有关，在吸附水脱除的同时失去部分结合不牢的结晶水，实测的非蒸发水仅为结晶水的近似值，因此可用以表征水泥的水化程度。蒸发水量可近似作为浆体孔体积的量度，水泥浆体结构的主要变化反映在毛细孔及毛细水的变化上。如水泥浆浓度低于一定限度，在常温下保持水饱和状态时水泥才能完全水化。若水泥浆浓度过高，则多余水泥处于未水化状态。为使浆体保持饱和状态，必须通过毛细孔向未水化颗粒输水，因此要在原水量 W_0 之外不断补充供水。

3.2.4　水泥–集料界面过渡区的物理结构

水泥–集料界面过渡区为 50～100μm，其力学性能与水泥浆本体差异较大层次的厚度仅为 10～20μm。水泥–集料界面层内，由于泌水和集料表面效应，水灰比高于水泥浆本体，以致孔隙率较高其中，CH 含量也较高。

S.Diamond 发现高碱性水泥石及标准砂界面存在厚约 1μm 的"双层膜"，近集料一侧为与之平行取向的 CH 薄片，另一侧则为 C-S-H 凝胶。双层膜外侧是 CH 晶体及水化产物，三者构成界面过渡区（图 3-7）。在水化早期，断裂面的贯穿孔隙率很大、强度较低的水化产物层，如图 3-8（a）所示；成熟期，其孔隙被水化产物填充而变得致密，过渡区压缩至 CH 定向层和双层膜，即沿集料和双层膜界面断裂，如图 3-8（b）所示。

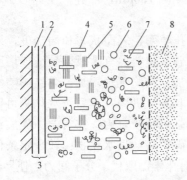

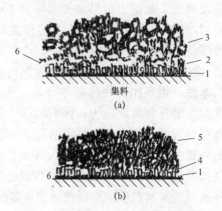

图 3-7 水泥浆-石英界面过渡区结构示意

1—平行取向的 CH 薄片；2—细小的 C-S-H 凝胶；

3—双层膜；4—垂直取向初生 CH 大晶体；5—次生 CH；

6—Hadley 粒子；7—水化产物层；8—水泥浆体

图 3-8 水泥浆体和集料界面结构示意图

（a）水化早期；（b）成熟期；

1—双层膜；2—CH 择优取向层；3—水化产物层；

4—C-S-H；5—CH 晶体；6—断裂面

Bentur，S.Diamond 和 Mindess 在水化较好的系统中，发现水泥—钢筋界面也有 1～2μm 的双层膜，钢筋外侧的 10～30μm 内，多为较大的 CH 晶体，再外侧则为大孔隙层；水泥—玻纤界面层也存在双层膜。界面层内因高水灰比而富含孔隙，界面过渡区由于水灰比大、孔隙率高，故为薄弱环节。在水泥浆—钙矾石晶体中，间隙大于 10μm 的纤维间有大量垂直于纤维的 CH 片晶、C-S-H 簇；间隙小于 3μm 时几乎无上述现象。养护不良，不仅影响浆体强度，而且还使黏结强度降低，浆体和集料黏结强度的增长比浆体强度增长慢得多，如图 3-9 所示。

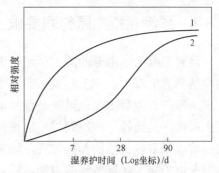

图 3-9 浆体和集料黏结强度的增长

1—浆体强度；2—界面黏结强度

水泥-钢材界面层也有类似之处，其中 CH 浓度明显增大，28d 水养护后增加 42%，密封养护下提高 28%，这既可抑制钢筋锈蚀，又对界面强度发生影响。该界面层的水灰比增大，孔隙增多（由 16% 增至 25%），以致界面层强度比水泥浆主体降低 50% 左右，且其中很少见到集料，有的开孔内发现钙矾石。

界面层的黏结机理一般可归纳为分子间力、机械咬合力及化学键三种因素。由分子间力作用而形成的黏结力，是在水泥—集料界面上由不饱和分子力引起的强烈吸附效应。

A.PeouHzep 认为，在周围介质作用下，集料表面生成能扩大晶胞尺寸的一种晶网薄膜，界面形成一个致密区，由此产生黏结力。机械咬合力产生了凹凸不平的集料表面，与水泥石紧密咬合在一起。粗糙集料的界面层比平滑表面的厚得多。集料表面粗糙度对界面层抗弯和抗拉强度影响不大，剪切强度则比平滑面高。原因在于界面抗拉强度主要由物理结合力产生，而粗糙面的机械咬合力及与正压力成正比的摩擦力则使剪切强度增强；多孔集料与水泥浆体黏结得较好，水泥浆渗入其孔隙，集料吸水与水灰比降低，界面层较密实以致增强了黏结力，但预先水饱的多孔集料使黏结力降低；标准养护下花岗岩混凝土界面层厚度为 30～50μm，石灰岩作集料时达 40～160μm，热养护使界面层增厚，压蒸养护可使之增厚 2～3 倍。

水泥−集料界面的黏结强度取决于集料本性、孔隙率、表面状态和洁净度，还与水泥品种、本性、水灰比及硬化条件有关。荷载时水泥−集料面有大量微裂缝，增强黏结力将导致微裂缝开裂时的应力，因此混凝土强度增加，其脆性也增加。黏结影响混凝土性能，有研究表明，水泥−集料间的黏结强度主要取决于机械咬合力，水化物可以在集料表面的外延生长。如水泥浆中掺入硅灰可填充增强机械咬合力；在常温下碳酸钙、碳酸镁可与水泥起化学作用，石灰石集料表面生成的碳铝酸盐型水化物；在一定条件下石英砂集料能与胶凝材料反应形成较强的界面层，这时化学键取代了分子间力，使界面黏结力增强。通过纤维加筋方式，可以增加界面层的韧性，有利于混凝土的耐久性，水泥−集料界面黏结强度对混凝土抗渗性不起主要作用。

3.3　原材料加工工艺

3.3.1　预制混凝土原材料要求

预制混凝土是由专业的工厂用于混凝土预制混凝土生产的混凝土，而预拌混凝土则通常指商品混凝土，在工厂或车间集中搅拌后再运送到指定地点。预制混凝土可能是工厂现场搅拌的混凝土，也可能是预拌混凝土，预制混凝土最大的特点是在工厂中预制混凝土构件，能比较好地控制钢筋的张拉应力；对混凝土的制备、成型、振捣控制比较严格；可以采取较灵活的养护方式，如室内养护、蒸汽养护等，有利于质量控制，而预拌混凝土由于施工现场条件的限制，质量控制相对困难。预制混凝土强度等级一般不低于 C30，现场后浇带的预拌混凝土强度又往往高于预制混凝土强度等级；预制混凝土运距较短，对混凝土的流动性保持时间要求较短，往往需要加快早期强度的发展，以便提高构件制品相应模板的周转速率。

用矿渣或火山灰水泥预制混凝土小型构件，易造成外表初始水分不均匀，拆模后颜色不匀，掺入的矿渣或火山灰在混凝土表面易形成不均匀花带、黑纹，影响构件外观质量。由于普通硅酸盐水泥的混凝土拌和料工作性较好，而矿渣水泥拌和料流动性大，但黏聚性差，易泌水离析；火山灰水泥流动性小，但黏聚性最好，因此预制混凝土构件时尽量选用普通硅酸盐水泥。

混凝土原材料包括粗、细集料、水泥、粉煤灰、高炉矿渣微粉以及外加剂等，混凝土外加剂的质量应符合《混凝土外加剂》（GB 8076）、《混凝土外加剂应用技术规范》（GB 50119）等有关规定；混凝土矿物掺合料的质量应符合《用于水泥和混凝土中的粉煤灰》（GB/T 1596）等的规定；混凝土粗、细集料的质量应符合《建设用砂》（GB/T 14684）的规定；拌制混凝土宜采用饮用水，水质应符合《混凝土用水标准》（JGJ 63）的规定。钢筋混凝土结构、预应力混凝土结构中，严禁使用含氯化物的水泥；细集料应采用级配良好的、质地坚硬、颗粒洁净、粒径小于 5mm，含泥量 3% 的砂，进场后的砂应进行检验验收，检查频率为 1 次 100m³，不合格的砂严禁入场；粗集料要求石质坚硬、抗滑、耐磨及清洁和符合规范的级配，针片状含量≤25%，硫化物及硫酸盐含量小于 1%，含泥量小于 2%，碎石最大粒径不得超过结构最小边尺寸的 1/4，进场后应进行检查验收，检查频率为 1 次/200m³。

3.3.2　无机矿物的粉碎与筛分工艺

粉碎是依靠外力克服固体质点间内聚力使物料几何尺寸减小的过程。由于固体物料的大小不同，可将粉碎分为破碎和粉磨两种过程。大块物料破裂成小块的加工过程称为破碎；将小块物料磨成细粉的加工过程称为粉磨。破碎和粉磨又统称为粉碎（表 3-1），粉碎比是指粉碎前后物料平均粒度的比值。各种粉碎机械的粉碎比均有一定的限制，一般来说，破碎机械的粉碎比为 3～100，粉磨机械的粉碎比为 500～1000，甚至更大。粉碎前后物料尺寸的减小程度，可将粉碎分为破碎、粉磨和超细粉碎三个阶段。

表 3-1　　　　　　　　　　　破 碎 与 粉 磨 的 划 分

粉碎的划分		平均粒径
破碎	粗碎	将物料破碎至 100mm 左右
	中碎	将物料破碎至 30mm 左右
	细碎	将物料破碎至 3mm 左右
粉磨	粗磨	将物料粉磨至 0.1mm 左右
	中磨	将物料粉磨至 60μm 左右
	细磨	将物料粉磨至 5μm 左右

混凝土的原材料加工包括水泥的粉磨、砂及石子的加工等，一般有破碎、筛分、粉磨等。破碎是用机械方法使大块物料分裂成小块物料的过程，筛分是使用机械方法将颗粒分级的处理过程，粉磨则是小块物料分裂成粉状物料的过程。破碎设备包括用于粗碎、中碎的颚式破碎机、辊式破碎机、反击式破碎机；用于细碎的锤式破碎机和笼式破碎机。筛分清洗设备是筛分机上设置喷水设备，筛分机有：① 固定筛；② 可动筛；③ 振动筛；④ 滚筒筛等。破碎、筛分开流系统工艺包括供料、筛分、破碎、贮存，图 3-10 为破碎筛分工艺的开流系统示意图。粉碎程度用破碎比 λ 表示。

$$\lambda = \frac{D_0}{D_1}$$

式中　λ——破碎比；

　　　D_0——破碎前物料的平均粒径，mm；

　　　D_1——破碎后物料的平均粒径，mm。

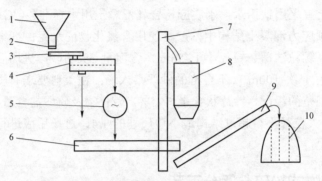

图 3-10　破碎筛分工艺的开流系统示意图

1—受料斗；2—给料器；3、6、9—带式输送机；4—筛分机；5—破碎机；
7—斗式提升机；8—料仓；10—料堆

与开流系统比较，破碎筛分工艺的圈流系统示意图如图 3-11 所示，物料经过粉碎后，经过一次筛分机进行筛分，具有合格粒度的物料被带式输送机运走，粒度大的再经过斗式提升机至粉碎机，进行二次粉碎筛分。二次筛分的圈流系统的优点是效率高、质量好，但设备多、工艺复杂、产量低。砂石原材料的加工处理包括破碎、筛分、粉磨、清洗等，一般在原材料产地进行。物料通过受料斗经给料器到带式输送机上，至筛分机上筛分。物料的粒度够小的、符合要求的漏入下面的带式输送机上，经过输送至堆场或者经过斗式提升机至料仓；粒度大的通过粉碎机粉碎后，合格的落到下面的带式输送机上，可以露天堆放的物料运至露天堆场，不可以露天堆放的物料，经过斗式提升机提升至料仓。

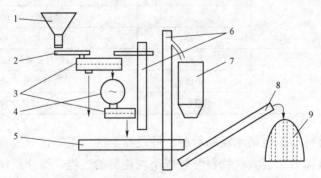

图 3-11　破碎筛分工艺的圈流系统示意图

1—受料斗；2、5、8—带式输送机；3—筛分机；4—破碎机；
6—斗式提升机；7—料仓；9—料堆

粉磨工艺可分为开流系统和闭流系统。粉磨工艺的闭流系统是指物料出磨机后经过分级，不合格的粗物料返回磨机再粉磨；开流系统则是指物料一次性通过磨机，产量大，质量稍差，有干法和湿法。粉磨工艺干法的开流系统示意图如图 3-12 所示，粉状物料通过受料斗，经过给料器，送入球磨机磨后，再经集料斗，用空气提升泵泵送至筒仓中。粉磨工艺湿法的开流系统示意图如图 3-13 所示，物料过给料器，与按合适比例与水箱里出来的水混合，其用水量通过计流器来控制，成为料浆后送入球磨机，磨制后经受料斗，用料浆泵再泵送至料浆罐中。

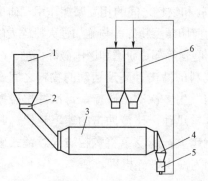

图 3-12　粉磨工艺干法开流系统示意图

1—料仓；2—给料器；3—球磨机；4—粉料斗；
5—空气提升泵；6—分料仓

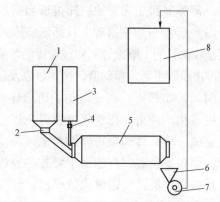

图 3-13　粉磨工艺湿法开流系统示意图

1—料仓；2—给料器；3—水箱；4—控流器；5—球磨机；
6—受料斗；7—料浆泵；8—料浆池

3.3.3　粉碎工艺原理

1. 粉碎方法

粉碎是先靠施加外力在物料表面上产生裂纹，裂纹随之不断扩大而分裂生成新表面。物料在应力场作用下，会产生应力集中。当应力大小超过物料的强度极限时，就会导致物料中形成内裂纹；内裂纹在外加应力场的作用下继续扩展，最终形成新表面的过程就是粉碎过程。粉碎方法因所使用的设备而异，在物料中形成应力集中的机理不完全相同，且又极为复杂。工程上也常以粉碎方法的不同来划分粉碎设备，常用的粉碎方法有 4 种，如图 3-14 所示。

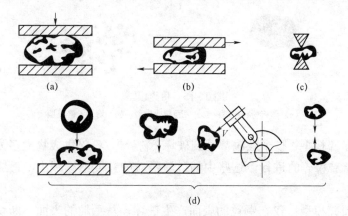

图 3-14　常用的基本粉碎方法

（a）挤压粉碎；（b）挤压—剪切破碎；（c）研磨—磨削破碎；（d）冲击破碎

55

（1）挤压粉碎。粉碎设备的工作部件对物料施加挤压作用力，当物料受到的应力达到强度极限时则破碎。挤压粉碎方法主要用于破碎大块硬质物料，挤压磨、颚式破碎机均属此类粉碎。

（2）挤压—剪切破碎。物料在两个做相对运动的金属平面之间，或物料在各种形状的研磨体之间，受到挤压和剪切力的共同作用，当所受应力达到了它的强度极限时则被磨碎。雷蒙磨和立式磨的破碎机理为挤压—剪切破碎，主要用于研磨小块物料。

（3）研磨—磨削破碎。包括研磨体对物料的粉碎和物料之间的相互摩擦作用，研磨和磨削是靠物料的不断磨蚀而实现粉碎的，实际上均为剪切摩擦粉碎。与施加强大粉碎力的挤压和冲击粉碎不同，振动磨、搅拌磨以及球磨机的细磨仓等都是研磨和磨削破碎机理。

（4）冲击破碎。高速运动的研磨体对被粉碎物料的冲击、高速运动的物料之间或向固定壁或靶的冲击，在粉碎过程可在较短的时间内发生多次冲击碰撞，每次冲击碰撞在瞬间完成，研磨体和被粉碎物料之间的动量交换非常迅速。碰撞冲击的速率越快、时间越短，则在单位时间内施加于颗粒的粉碎能量也就越大，越易于将颗粒破碎。锤式破碎机、反击破碎机、反击锤式破碎机、气流粉碎机均为冲击破碎机理。

2. 粉碎模型

Rosin–Rammler 等学者认为，粉碎产物的粒度分布不是连续单一的，具有粗颗粒和微粒两个主要部分。Hutting 等人提出了三种形式的粉碎模型，球磨机、振动磨、气流喷射机的粉碎模型顺序近似由体积粉碎至表面粉碎，如图 3–15 所示。

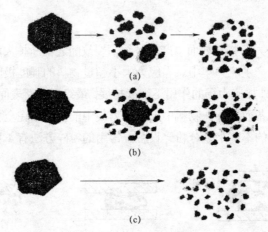

图 3–15　粉碎模型
（a）体积粉碎模型；（b）表面粉碎模型；（c）均一粉碎模型

（1）体积粉碎模型：整个颗粒都受到破坏（粉碎），粉碎生成物大多为粒度稍小的中间过渡颗粒。随着粉碎的进行，这些中间过渡颗粒的粒度继续减小，最终破碎成为微粉成分。

（2）表面粉碎模型：仅在颗粒的表面产生破坏，从颗粒的表面不断切下微粉成分，这一破坏不涉及颗粒的内部。

（3）均一粉碎模型：施加于颗粒的力，使颗粒产生分散性的破坏，直接粉碎成微粉成分。

3. 粉碎理论

（1）裂纹的形成与扩展理论。固体颗粒在机械力作用下的粉碎过程一般为：裂纹形成—裂纹扩展—断裂粉碎。当外力作用在固体颗粒上时，首先形成裂纹，然后裂纹进一步扩展，当外力达到或超过颗粒的拉伸或剪切应力时，颗粒被粉碎。固体材料可分为脆性材料和韧性材料两大类，它们在外力的作用下发生断裂的方式也不同，分别为脆性断裂和韧性断裂，其对应的应力—应变曲线如图 3-16 所示。当应力达到其弹性极限时，脆性材料即被破坏，无塑性变形出现，其破坏所需要的功等于应力应变曲线下所包围的面积或近似等于弹性范围内的变形能。

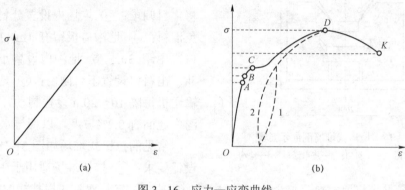

图 3-16　应力—应变曲线
（a）脆性材料；（b）韧性材料

（2）粉碎能耗理论。1952 年，邦德在分析"表面积假说"和"体积假说"适用范围的基础上，从实验出发提出了"裂纹扩展学说"：即粉碎发生之前，外力对颗粒所做的功聚集在颗粒内部的裂纹附近，产生应力集中，使裂纹扩展形成裂缝，当裂缝发展到一定程度时颗粒即破碎。超细粉碎作业中，颗粒在长时间外加的机械能作用下，不仅粒度减小，比表面积增大，还会产生机械化学变化，如位错、表面无定型化、晶格扰动和结构转变等形成新平衡。同时机械传动、研磨介质之间的摩擦、振动等也会产生能耗。因此粉碎能耗与裂纹长度成正比，而颗粒的裂纹长度与颗粒的体积 V 有关，也与颗粒的比表面积 S 有关。

在粉碎的过程中，当物料种类、给料粒度、粉碎设备工艺参数及操作条件等一定时，粉碎能耗与产品粒度大小及粒度分布或比表面积有关，在一定的粉碎设备和粉碎条件下，被粉碎物料存在一个"粉碎极限"（即粉碎速率和产品团聚速率达到平衡时的产品粒度）。存在一个粒度减小和颗粒团聚的平衡点，平衡点粉料的比表面积即为"极限比表面积"。在粉碎设备一定的条件下，阻止或延缓超细颗粒在粉碎过程中的团聚就可以降低物料的粉碎极限或增大比表面积。因此，在粉碎过程中，尤其是超微粉碎过程中，强化分级（使合格的颗粒及时分离以避免过粉碎）和使用分散剂（降低体系的黏度，避免超细颗粒的黏结），可以使物料粉碎得更细。

3.3.4 原材料贮存工艺

堆场的储存工艺组成包含卸料、贮料、上料等三道工序，卸料是指从运输车上将材料卸下来；贮料就是堆场要贮存一定数量的材料；上料指由堆场将材料输送到搅拌楼的料堆中。各种颗粒材料应尽量靠近搅拌楼分仓储存并有明显标识。集料贮存一般不采用露天堆放，应合理配置工艺设备，有足够堆放面积。堆场类型有地沟式堆场、抓斗门式起重机堆场、抓斗桥式起重机堆场、拉铲式堆场等，下面简要介绍两种。

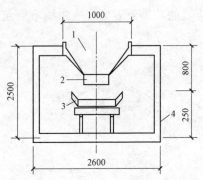

图 3-17 地沟式堆场剖面示意图
1—下料斗；2—下料口；3—皮带送机；4—地沟

地沟式堆场剖面示意图如图 3-17 所示，其特点是：① 适用于地下水位较低的地区；② 汽车进料，采用推土机辅助作业，将集料归堆；③ 堆场内设置分料隔墙，避免混料；④ 地沟盖板留有 1m×1m 的下料口，中距 3m；⑤ 地沟内设置小容量下料斗，出料口设置下料闸门；⑥ 地沟内带式输送机每隔 10～20m 设置制动开关；⑦ 地沟内地面有 0.2%坡度，以便排水。

常见的拉铲式堆场如图 3-18 所示，其设计要求：① 推铲堆场适用于中小型制品厂；② 尽量做到将原材料直接上到搅拌楼的贮料斗；③ 宜与双阶式搅拌楼配合；④ 原材料堆宜采用扇形；⑤ 料堆之间设置隔墙；⑥ 受料斗前设置垫坡。

料仓布置如图 3-19 所示，料仓数量一般不少于 6 仓，有钢结构、钢筋混凝土结构，还有混合结构，即仓体是钢筋混凝土，锥体是钢结构。仓中配置设备有：① 料位指示器：高位低位；② 破拱装置；③ 出口设置闸门和给料装置；④ 加热装置（北方地区）；⑤ 含水率测定装置；⑥ 仓内壁设置爬梯。

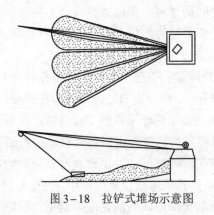

图 3-18 拉铲式堆场示意图

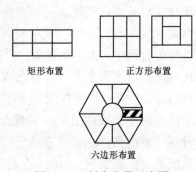

矩形布置   正方形布置

六边形布置

图 3-19 料仓布置示意图

3.3.5 粉体输送

采用专用水泥车运来的水泥类粉体材料，经空气提升泵垂直输送至一定高度，通过膨胀仓使水泥与空气分离，进入水泥筒仓储存。

气力输送是指利用空气的力量输送物料，可分为吸入式和压送式两种方式。压送式气力输送装置示意图如图 3−20 所示。物料经受料斗进入仓式泵，空压机产生压缩空气同时进入仓式泵，空气与物料混合充满仓式泵后，空气与物料混合物具有一定压力，沿输送管道输送提升，物料与空气经分离器分离，物料落入筒仓，空气中还有部分粉尘，不能直接排放入大气中，必须再加一个除尘设备就是除尘器，所以纯净的空气排出，物料落入筒仓。

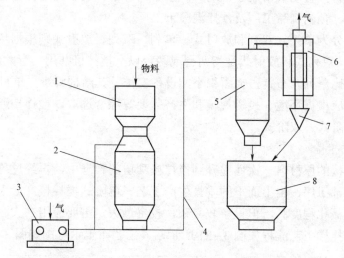

图 3−20 压送式气力输送装置示意图

1—受料斗；2—仓式泵；3—空压机；4—输送管；5—分离器；6—除尘器；7—贮料斗；8—筒仓

3.4 混凝土搅拌工艺

混凝土的搅拌工艺是将水泥胶凝材料、粗细集料和外加剂水溶液等进行均匀拌和及混合的过程，是制作混凝土最重要的第一步。搅拌是指将两种或两种以上不同物料相互分散而达到均匀混合的过程。搅拌对混凝土还起到一定的塑化、强化作用。混凝土搅拌工艺包括称量、配料、搅拌等主要工序，混凝土材料通过搅拌才能达到强化、塑化效果。混凝土生产企业一般由粗、细集料堆场（或贮仓）、胶凝材料贮罐、外加剂贮罐、混凝土搅拌楼（站）、搅拌车（运输车）、废渣处理场、回收水处理装置、试验室及办公、生活辅助部分等共同组成。

3.4.1 搅拌楼类型

搅拌楼的生产产量主要取决于搅拌机的数量、容量及搅拌速度，搅拌机的搅拌速度与上料时间、计量时间、下料时间、搅拌时间及排料时间相关。预制混凝土厂的搅拌楼，按操作方式可分为人工式、半自动式及全自动式等，按生产能力还可分为大、中、小型三类。一般年产10 000m³ 以下的为小型，年产10 000～30 000m³ 的为中型，年产量在30 000m³ 以上的为大型；预拌混凝土工厂，即商品混凝土搅拌站，通常产量在15m³/h 以下的为小型搅拌楼，产量在 15～50m³/h 的为中型搅拌楼，产量在 50m³/h 以上的为大型搅拌楼。

混凝土搅拌楼按操作方式、结构形式、生产能力等进行分类。按结构形式可分为固定式和移动式两种，移动式常用于现场，产量小，易于拆装、搬迁；固定式搅拌楼常用于大型工程施工、预制制品工厂及预拌混凝土工厂。

按平面布置分为单列、双列和放射式。单列、双列、放射式则根据场地大小，结合混凝土用量而定，双列式和放射式是指两台或两台以上搅拌机共用一套贮料仓和计量器。双列式和放射式比单列式布置占地面积小，设备安排及其结构紧凑，单机产量也增加。

搅拌楼类型应根据环境、投资规模和生产需要等综合选取，搅拌楼通常按其竖向布置方式可分为单阶式、双阶式。

1. 单阶式搅拌楼

单阶式搅拌楼的原材料一次性提升到搅拌楼顶层的料仓中，再经过称量，混合搅拌后出料，完成全部工序，由上而下的垂直生产工艺。单阶式搅拌楼产量大、工艺紧凑、占地面积小、机械化程度高，但设备较复杂，投资过大，主要应用在大、中型预制混凝土厂。单阶式搅拌楼工艺流程如图 3-21 所示，其工艺布置示意图如图 3-22 所示。

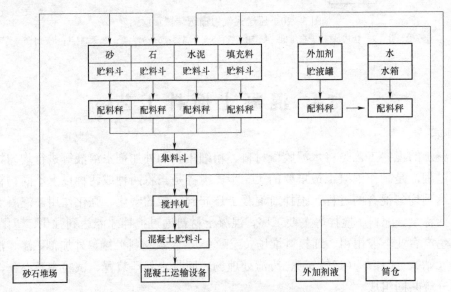

图 3-21 单阶式搅拌楼工艺流程

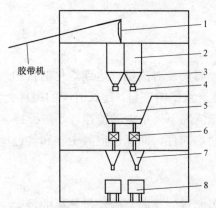

图 3-22　单阶式搅拌楼工艺布置示意图

1—回转分料器；2—料仓；3—给料器；4—回转分料器；5—集料斗（计量）；

6—搅拌机；7—混凝土集料斗；8—混凝土运输车

2. 双阶式搅拌楼

双阶式搅拌楼原材料经过二次提升，第一次提升至料仓，称量后第二次提升进行搅拌和出料，完成全部工序过程，其特点为设备简单，投资少，缺点是工作条件差，占地面积大，主要应用于中、小型预制混凝土厂。双阶式搅拌楼工艺流程如图 3-23 所示，其工艺布置如图 3-24 所示。

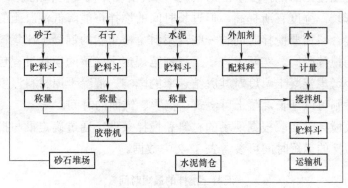

图 3-23　双阶式搅拌楼工艺流程

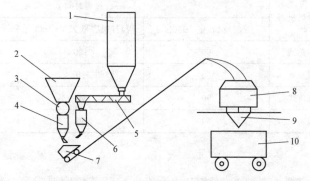

图 3-24　双阶式搅拌楼工艺布置示意图

1—水泥筒仓；2—砂石料斗；3—给料器；4—砂石秤；5—水泥螺旋给料机；

6—水泥秤；7—集料斗；8—搅拌机；9—混凝土料斗；10—混凝土运输车

3.4.2　搅拌工艺

混凝土搅拌通过扩散、剪切及对流机理达到均化的目的，过长的搅拌时间并不能提高混凝土质量，而且还可能严重影响产量，超长时间的搅拌会使集料破碎及含气量减少，实验室为强化搅拌效果特殊情况下采用振动搅拌、超声搅拌、热搅拌等方式。

为确保混凝土拌和物的均匀性，即保证混凝土拌和物性能，必须对搅拌量、搅拌时间、装料等方面进行管理。

1. 搅拌量

根据搅拌机功率、最大容积的不同，确定搅拌机的最大、最小搅拌量。可以通过搅拌机性能检查试验，确定能够保证搅拌性能的最大、最小容积，即可确定搅拌机的最大、最小搅拌量。

2. 搅拌时间

搅拌时间是指从砂、石、水泥和水等全部材料投入搅拌筒开始，到卸料为止所经历的时间，从混凝土搅拌开始与卸料时间之间的最大时间间隔为混凝土的搅拌时间。

最优搅拌时间取决于搅拌机类型、装料量、旋转速度、组成材料的性质和环境温度等。搅拌机一次完全装料最少时间一般规定为 $1min/m^3$，每增加 $1m^3$ 再增加 1/4min。

搅拌时间与混凝土的搅拌质量密切相关，取决于搅拌机类型和混凝土的和易性要求，随搅拌时间的延长，强度有所提高，但过长时间的搅拌可能降低混凝土的和易性。干硬性的或粗涩的混合料需要搅拌时间长一些，集料呈棱角状的混凝土比集料为圆滑状的混凝土需要更长的搅拌时间。实际上许多工程规范规定了完整的搅拌过程包括装料和卸料的时间，但很少考虑混凝土温度对其凝结速率的影响。混凝土原材料温度较高限制了工作时间，低温时则可以延长混凝土可浇筑、捣实、饰面的时间。

最短的有效搅拌时间应根据现场的材料和搅拌条件，通过确定批与批之间的变化来决定，混凝土搅拌的最短时间可参考表 3-2 中数据。

表 3-2　　　　　　　　　　　　混凝土搅拌的最短时间

混凝土坍落度/cm	搅拌机机型	最短时间/s		
		搅拌机容量<250L	搅拌机容量 250~500L	搅拌机容量>500L
≤3	自落式	90	120	150
	强制式	60	90	120
>3	自落式	90	90	120
	强制式	60	60	90

3. 装料

水泥、活性掺合料、外加剂、水的计量值小，对其精度要求高，较小的振动对其精度都会带来影响，因此须考虑搅拌机振动时如何减小对计量精度的影响。搅拌器装料实际是原料预混合的过程，加料顺序可以根据不同情况进行调整，如水溶性外加剂应先溶于水，单独配料，在搅拌过程按一定的顺序加入，可以避免外加剂之间不利的反应。集料加入时加 10%的拌和水与砂石表面改性剂混合液，在矿物外加剂与水泥一起加入后，再加入全部的外加剂水溶液。累计计量允许偏差是指每一次运输车中各盘混凝土的每种材料计量之和的偏差，适用于采用微机控制计量的搅拌楼。

为使搅拌能连续进行，必须保证材料贮藏仓的数量，并且贮藏仓内有一定的贮存量、不空仓，如有可能随时保证仓位处于满仓，计量时通过计量阀门的量为一个常量。根据《预拌混凝土》（GB/T 14902）要求，材料的计量应符合表 3-3 的要求。

表 3-3　　　　　　　　　　混凝土原材料计量允许偏差要求

原材料品种	水泥	集料	水	掺合料	外加剂
每盘计量允许偏差/（%）	±2	±3	±2	±2	±2
累计计量允许偏差/（%）	±1	±2	±1	±1	±1

给料、卸料设备示意图如图 3-25 所示。扇形斗门给料器适用于集料给料、出料，叶轮式给料器适用于细集料、粉料，圆盘给料器适用于集料给料，皮带给料器适用于集料给料、卸料，螺旋给料器适用于粉料给料、出料，电磁振动给料器适用于集料给料。

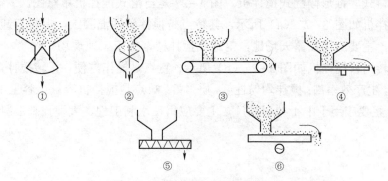

图 3-25　给料、卸料设备示意图

①—扇形斗门给料器；②—叶轮式给料器；③—皮带给料器；④—圆盘给料器；⑤—螺旋给料器；⑥—电磁振动给料器

3.4.3　搅拌工艺原理

1. 重力机理

即物料投入搅拌机后，随搅拌筒转，将物料提升至一定高度，然后物料在自重作用下自由落下，相互翻拌、穿插而相互混合，达到均匀目的。常应用于塑性混凝土的搅拌，如自落式搅拌机（图 3-26）。

2. 剪切机理

即物料投入搅拌机后，其不同位置和不同角度的叶

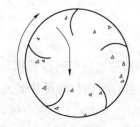

图 3-26　自落式搅拌机原理示意图

片，强制物料产生环向、径向、竖向运动，强制材料滑移面产生相互滑动，使物料产生剪切位移，达到混合均匀。常应用于干硬性混凝土搅拌，设备如强制式搅拌机。

3. 环流原理

即浆体物料投入搅拌机中，料浆在搅拌机叶片作用下，产生环向、径向、竖向对流，达到混合均匀。主要应用于料浆搅拌，设备如料浆搅拌机。

3.4.4　混凝土搅拌机

按搅拌原理混凝土搅拌机分为自落式和强制式两类，见表 3-4。

表 3-4 混凝土搅拌机的类型

自落式			强制式				
鼓筒式	双锥式		立轴式				卧轴式单轴，双轴
	反转出料	倾翻出料	涡浆式	行星式			
				定盘式	盘转式		

自落式搅拌机多用于搅拌塑性混凝土和低流动性混凝土，根据其构造又分为鼓筒式、锥形反转出料式、锥形倾翻式搅拌机。图 3-27 是自落式搅拌机示意图。

鼓筒搅拌机如图 3-27（a）所示，其特点是搅拌塑性混凝土，上料和卸料速度慢，搅拌周期长，主要应用在露天场地，落地式搅拌楼，施工工地现场。

锥形反转出料搅拌机如图 3-27（b）所示，特点是操作方便，正转搅拌，反转出料；搅拌时间短，生产效率高；搅拌均匀性好，质量好。缺点是搅拌机容量小容量 150L、350L、500L 三种，主要应用于中小型制品厂，主要应用在水利工程、大型预制混凝土厂、商品混凝土厂。

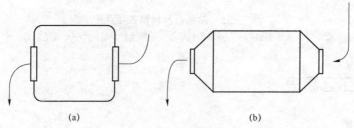

(a)　　　　　　　　　　　(b)

图 3-27　自落式搅拌机示意图

（a）鼓筒搅拌机；（b）锥形反转出料搅拌机

锥形倾翻出料搅拌机，有单端开口和两端开口两种，特点是搅拌时搅拌筒轴线呈水平位置，而出料时搅拌筒向下倾翻 50°～60°，使拌和物迅速卸出；生产能力强，出料容量 0.75～3.0m³；操作方便，工作平稳。

强制式搅拌机多用于搅拌干硬性混凝土和轻集料混凝土，也可以搅拌低流动性混凝土，搅拌机的容量一般为 0.5～4.5m³，强制式搅拌机又分为立轴式和卧轴式两种。卧轴式有单轴、双轴之分，而立轴式又分为涡桨式和行星式，如图 3-28～图 3-30 所示。目前也有少量的大型搅拌机，其单机容量最大已达 6.0m³。

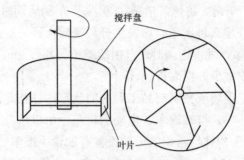

图 3-28　涡桨式搅拌机示意图

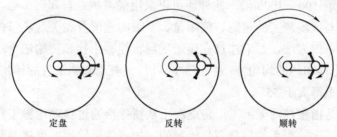

定盘　　　　　　　　反转　　　　　　　　顺转

图 3-29　行星式搅拌机示意图

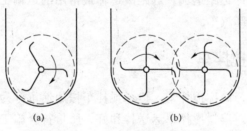

(a)　　　　　　　　　　　(b)

图 3-30　卧轴式搅拌机示意图
（a）单卧轴；（b）双卧轴

涡桨式强制搅拌机出料容量为 150～1000L；行星式搅拌机包括定盘行星式搅拌机、反转盘行星式搅拌机、顺转盘行星式搅拌机；单卧轴强制搅拌机体积小，高度低，布置紧凑，叶片运转速度慢，机械磨损大，装料容量有 500L、1000L 两种；双卧轴强制搅拌机的特点是容量大，出料容量为 500～4500L 等。

3.4.5　新拌混凝土的运输

混凝土的运输是混凝土生产环节中的一个重要组成部分，在符合质量要求的前提下，将搅拌均匀的混凝土提供到施工现场。

新拌混凝土是半成品，在混凝土的整个生产过程中，除了计量、搅拌等一整套设备外，混凝土的运输，视运距和要求不同可分为两大类：现场运输和远距运输。混凝土运输需要注意下列几个方面：① 应以最快的速度将拌和物输送至成型地点并浇灌入模，其时间不得超过混凝土初凝时间；② 在寒冷、炎热或大风等气候条件下，输送拌和物时应采取有效的保温、防热、防雨、防风等措施；③ 采用车辆运输时，应力求道路平坦、行车平稳，以免发生严重分层离析现象。如发生分层离析，则应在浇灌入模前进行二次搅拌；④ 转运次数不宜过多，垂直运输时，自由落差不得超过 2m，否则应加设分级溜管、溜槽，减少落差，避免或减少分层离析。

现场运输是指在施工现场或预制制品工厂内的运输，往往是固定点位之间的运输，有双轮翻斗车、机动翻斗车、自卸汽车、电动运料车、吊机吊斗、滑槽、皮带运输、现场管道泵送等方式。混凝土构件厂常用的运输设备有独轮手推车（适用于运距 30～50m）、双轮架子车（适用于运距 100～300m）、窄轨翻斗车（适用于运距 300～500m）、机动翻斗车（适用于运距 500～1000m），此外还可以采用浇灌机、自卸汽车等。现场运输方式的选择视出料口与现场施工的运距、使用量、要求的速度及相关现场条件而定，但无论选择何种运输设备或方法，都应注意在施工现场将混凝土拌和物输送至成型工地浇灌入模时，保持混凝土拌和物的均匀性，避免分层离析。混凝土卸料溜管的倾角不得大于 60°，卸料斜槽的倾角不得大于 55°。

远距离运输是指预拌混凝土工厂将混凝土从搅拌楼通过移动运输工具，运送至施工现场的运输方式。运输类别的划分不是绝对的，如皮带运输，即可视为现场运输，但也有长距离输送的实例，即远距运输。远距离运输最常用的运输工具是混凝土搅拌车，在某些情况下也可使用自卸汽车。

3.4.6　混凝土运输搅拌车

混凝土运输搅拌车，简称搅拌车。运输搅拌车按用途可分为湿料搅拌车、干料搅拌车、半干料搅拌车三类。湿料搅拌车运送拌和好、质量符合施工要求的混凝土拌和物，搅拌筒低速转动，以防止混凝土离析及其与筒壁黏结；干料搅拌车装运按设计配比配合好的干混合料（水泥、砂、石子混合物），在即将到达施工地点时，在搅拌筒中按要求注入定量拌和水，并以一定速度转动搅拌机，加水后搅拌筒总转数不少于 50 r/min，在路途中完成搅拌全过程，待到达工地后直接卸料浇筑入模，或通过混凝土泵注入模内；半干料搅拌车主要适用于运距大、浇筑作业面分散的工程，即按设计配比在配料站混合好的水泥、砂、石子及部分拌和水的拌和物，以避免由于运输时间过长所带来的不利影响，其构造与前者并无重要差别，只是水箱容量适当增大而已。在运送途中，搅拌筒以低速转动，同时在筒中注入不足的拌和水，搅拌筒总转数为 70～100 r/min 时完成了搅拌全过程。

混凝土搅拌车主体结构分为两大部分，即汽车运输和搅拌筒系统两个部分。汽车运输部分主要由驾驶室、底盘车架、发动机等组成，搅拌筒搅拌系统由搅拌筒、静液驱动系统、加水系统、装料和卸料系统、料槽及操作系统等部分组成，根据混凝土搅拌车的使用功能，要求其不但具有良好的汽车运输性能，而且其搅拌筒搅拌系统应具有良好的搅拌功能。搅拌筒是运输搅拌车的核心,搅拌车的搅拌筒均是倾斜式,其轴线倾角为 15°～18°。筒体中段为圆柱形,两端是圆锥形,分别用厚 4.5～5mm 薄钢板制成,进料斗则用厚 3.5mm 薄钢板制作。筒底端承受轴向力、水平力及扭矩,采用双层拱形结构,以增强刚度,筒内焊装有对数曲线压型螺旋形搅拌叶片,叶片用厚 4.5～5mm 耐磨及耐腐蚀高强度低合金钢板制作。

混凝土搅拌车性能指标主要包括容积、搅拌筒转速、运输时间、装料时间出料时间、进料口和出料口尺寸等。混凝土运输搅拌车按搅拌筒公称容量大小分类,可分为 2.5m³、4m³、5m³、6m³、7m³、8m³、9m³、10m³、12m³、15m³ 等多个档次。2.5m³ 为轻型,4～7m³ 属于中型,8m³ 以上的为重型混凝土运输搅拌车,10m³ 以上的混凝土搅拌车在市场中使用量最大。6m³ 运输搅拌车的装料时间为 40～60s,卸料时间为 90～180s,搅拌筒头端开口宽度应大于 1050mm,卸料溜槽宽度应大于 450mm;在运送途中搅拌筒保持 3～6r/min 的慢速转动。混凝土运输搅拌车的筒壁及叶片须用耐磨、耐腐蚀的优质材料制作,备有安全防护装置,操作简单方便,易清洗维修保养,性能可靠。运输时间按《预拌混凝土》(GB/T 14902)的有关规定执行,即混凝土出机温度在 25～35℃时,运输延续时间为 50～60min;出机温度在 5～25℃时,运输延续时间为 60～90min。

3.5　混凝土成型工艺

3.5.1　密实成型原理

混凝土浇筑要保证浇筑的混凝土均匀密实,要保证结构的尺寸准确和钢筋、预埋件的位置正确,并要保证结构的外观性、整体性和耐久性符合设计的要求。密实是指混凝土拌和物产生内部流动,填充内部空隙和排出气体,得到结构密实和均匀的连续体,成型是指混凝土拌和物产生外部流动,填充模板的空间,达到所需要的形状和尺寸。大多数预制混凝土浇筑入模后呈松散状态,含有占混凝土体积 5%～20%的空隙,只有通过合适的密实成型工艺,排除混凝土内部的空隙或残留的空气,使混凝土填充到模板的各个角落和钢筋的周围,使混凝土密实。

混凝土成型过程中,密实与成型是一对矛盾,密实和成型是同时进行的,密实成型作用是将混凝土拌和物形成具有一定外形和内部结构的制品。混凝土拌和物可以看成由水和分散粒子组成的体系,具有黏性、弹性和塑性,由于拌和物的聚集力和内部阻力大、流动性差,因此经常采取振动密实成型是要借助振动机械外力作用,使混凝土拌和物液化流动,达到密实成型的目的。成型要求混凝土拌和物具有良好的流动性,在模内产生流动填充模板拌和物的加水量要大,加水量大,流动性好,但成型过程易产生分层和泌水,硬化后孔隙率大,密实性和均匀性降低。在振动作用下混凝土拌和物向模板四周流动的同时也向内部空隙流动,振动能保证混凝土达到密实的效果好,可以加速水泥的水化作用，使混凝土的早期强度增长速度加快。

3.5.2 预制混凝土的密实成型方法

混凝土浇筑工艺和混凝土拌和物的和易性、浇筑部位以及工程类型有着很大的关系，混凝土及其制品的密实成型工艺主要有振动密实成型、压制密实成型、离心脱水密实成型、加压密实成型等，其中以振动密实成型应用最为广泛，免振捣自密实混凝土的成型是其中的一种特例。混凝土大都采用机械振捣方式成型，振捣设备应根据混凝土的品种、工作性、预制混凝土的规格和形状等因素确定，应制定振捣成型操作规程；当采用振捣棒时，混凝土振捣过程中不应碰触钢筋骨架、面砖和预埋件，混凝土在振捣过程中模具应无漏浆、变形或预埋件无移位等现象。

密实成型常用方法，包括振动法、挤压法、离心法、自密实法等。

（1）振动法，指用台座法制作构件，使用插入式振动器和表面振动器振捣。插入式振动器振捣时宜呈梅花状插入，间距不宜超过300mm。若预制混凝土要求清水混凝土表面，则插入式振动棒不能紧贴模具表面，否则将留下棒痕。表面振动器振捣的方法分为静态振捣法和动态振捣法。前者用附着式振动器固定在模具上振捣，后者是在压板上加设振动器振捣，适宜不超过200mm的平板混凝土构件。

（2）挤压法，挤压法常用于连续生产空心板、水泥混凝土砌块，尤其是预制轻质内隔墙混凝土时常用。

（3）离心法，将装有混凝土的模板放在离心机上，使模板以一定转速绕自身的纵轴旋转，模板内的混凝土由于离心力作用而远离纵轴，均匀分布于模板内壁，并将混凝土中的部分水分挤出，使混凝土密实。离心法常用于大口径混凝土预制排水管生产中。

（4）自密实法，自密实混凝土是指在自身重力作用下，能够流动、密实，即使存在致密钢筋也能完全填充模板，同时获得很好均质性，并且不需要附加振动的混凝土。由于结构柱截面、梁跨度较大等原因造成柱主筋间距小于100mm，梁主筋出现两排或三排，梁柱节点处钢筋密集的情况，混凝土浇筑必须采用自密实法。由于自密实混凝土设计的触变作用处于最佳工作状态，薄壁混凝土构件浇筑时，采用自密实混凝土可以减少混凝土泵送过程对混凝土流动性的影响，使其和易性能不变。

大型混凝土构件如预应力桥梁的要求等同现场浇筑。在浇筑时有两个非常值得注意的问题：一是正确留置施工缝，混凝土结构多要求整体浇筑，如因技术或组织上的原因不能连续浇筑时，且停顿时间有可能超过混凝土的初凝时间，则应事先确定在适当位置留置施工缝。二是防止离析，为了使混凝土拌和物浇筑后不离析，浇筑时混凝土从料斗内卸出，其自由倾落高度不应超过2m；在浇筑竖向结构混凝土时，其浇筑高度不应超过3m，否则应采用串筒、溜管或振动溜管下料，并保证混凝土出口时的下落方向垂直。在混凝土浇筑前应检查模板和钢筋是否满足设计和施工要求，做好相关的施工记录；在浇筑混凝土过程中应防止混凝土的分层离析，正确地设置施工缝。为保证结构整体性，浇筑混凝土时要求连续浇筑，其间歇时间应尽量缩短，间歇的最长时间应按所用水泥的品种及当时环境下混凝土的凝结时间确定，一般超过 2h 应按施工缝处理。（当混凝土凝结时间小于 2h 时，则应当执行混凝土的初凝时间），如果间歇时间超过混凝土的凝结时间，则应待已浇混凝土层达到一定强度（不小于 1.2MPa）时，才允许继续浇捣。为保证先后浇筑混凝土的可靠黏结，先浇层表面应拉毛或做成沟槽，并将其表面清理干净。由外向内对称顺序地进行浇筑，以防柱子模板连续受侧推力而倾斜。当混凝土较厚时应分层浇筑、分层振捣，并在下层混凝土初凝之前，将上层混凝土浇筑和振捣完毕。分层浇筑是为了使混凝土各部位浇捣密实，混凝土分层浇筑的厚度应符合表 3-5 的规定。

表 3-5　　　　　　　　　　　混凝土浇筑层的厚度

振捣混凝土方法		浇筑层的厚度/mm
插入式振捣		振捣作用部分长度的 1.25 倍
表面振动		200
人工振捣	基础、无筋混凝土或配筋疏松的结构	250
	梁、墙板、柱结构	200
	配筋密列的结构	150
轻集料混凝土	插入式振捣	300
	表面振动（振动时需加荷）	200

3.5.3　振动成型工艺

物体在应力作用下都有不同程度的变形，弹性体的变形被称为应变，塑性体变形称为永久变形，液体变形则被称为流动。流动是在剪切应力不变的条件下材料随时间而产生的连续变形，它包含塑性流动（塑流）和黏性流动（黏流）两种，前者是指物体内部的抗剪应力与流动速度无关的流动，后者指应力随流速而增加的流动。混凝土拌和物的流变特性属宾汉姆体，混凝土拌和物具有流动和变形特性，即在外力作用下要发生弹性变形和流动，当应力小于拌和物屈服应力时，发生弹性变形；当应力大于拌和物屈服应力时则发生流动。

1. 混凝土振动工艺的密实原理

振动密实混凝土是振动设备产生的振动能量通过一定的方式传递给已入模的混凝土，使之内部发生变化以达到密实的方法。混凝土在浇筑后，拌和物主要是由粗细不均的固体颗粒堆积而成，在静止状态下如加以振动，拌和物就开始流动。由于新拌混凝土的水泥水化反应还处于初期，其基本原理如下：

（1）颗粒间黏结力的破坏。拌和物中存在大量连通的微小孔隙，从而组成错综复杂的微小通道，由于部分自由水的存在，在孔隙中的水和空气界面上就产生表面张力，从而使粒子相互靠近，形成一定的塑性强度，产生了颗粒间的黏结力。在振动作用下，颗粒的接触点松开，破坏了微小通道，释放出部分自由水，从而破坏了颗粒间的黏结力，使拌和物易于流动。

（2）水泥胶体的触变作用。胶体粒子扩散层中的弱结合水，由于受到荷电粒子的作用而吸附于胶体粒子的表面，当受到外力干扰时，这部分水解吸附而变成自由水，使拌和物呈现塑性性质，触变作用使胶体由凝胶转变为溶胶。

（3）颗粒间内摩擦力的破坏。由于拌和物中颗粒的直接接触，其机械啮合力和内摩擦力较大，在振动所做功的不断冲击下，颗粒间的接触点松开，从而降低了颗粒间的摩擦力和黏结力，破坏了原先的堆积构架，使混凝土出现"液化"。在振动力作用下，拌和物中的粗集料发生相互滑动，空隙被水泥砂浆填满，气泡被排出，拌和物能流动到模板中各个角落，从而获得较高的密实度和所需的尺寸形状。

2. 内、外分层与二次振捣

在浇筑混凝土时，混凝土在振捣作用下会趋于液化，具有一定的流动性，在振捣成型及其随后的静停过程中，粗骨料在自重作用下仍有下沉，水分和气泡上升，这种物理现象会一直持续到混凝土失去塑性（初凝之前止），其结果会造成粗细颗粒上下分布不均匀的现象。粗大颗粒在混凝土凝结前的下沉，就使得下部的密实度大于上部，所以混凝土的下部强度总是大于上部，习惯称之为混凝土的外分层。粗骨料上部区域的密实度最大的，侧面区域的密实度中等（正常区），下部区域的密实度则最小（充水区），内分层的出现进一步加剧了混凝土内部结构的不均匀。外分层与内分层的共同特点都是在骨料的下部形成充水区，充水区中也含有一部分气体，随着时间增长水分蒸发后，就会成为空穴，严重降低了混凝土的强度。间隔一定时间进行的二次振捣，可以使本来已经接近凝结的混凝土经振捣液化，重新恢复塑性，将由于内分层被封闭在粗骨料下部的水囊内的水和气泡释放出来，进而使得这个充水区被水泥浆体所填塞，由于二次振捣时的混凝土已接近凝结，混凝土拌和物内存在大量晶体和胶凝物，黏滞阻力及抗剪强度较大，骨料和水分相对运动的程度很小，凝结后的混凝土就会达到一种比较理想的状态。

混凝土拌和时，水泥颗粒表面的矿物成分立即与水发生反应，生成相应的水化产物，水化产物很快溶解于水，水泥颗粒又暴露出新的表面再与水反应生成水化产物，这个过程反复进行，就使得水泥颗粒被层层剥落，直至颗粒完全与水发生反应，水化结束。在整个水化期间，水泥水化速度不是均匀的，开始阶段水化速度快，水化产物的生成速度要大于其溶解扩散速度，这样很快会使水泥颗粒周围的溶液达到饱和状态，进而析出以水化硅酸钙凝胶为主的半渗透膜层，包裹在水泥颗粒的表面，一定程度上阻止了外部水分向内的渗透以及内部水分向外的扩散，减缓了水泥的水化速度。膜层内部水分引起的水化反应使膜层向内增厚，经由膜层向外扩散的水化物聚集于膜层外侧，又使膜层向外增厚，使水化反应变慢。二次振捣人为加速了膜层破裂，使得外部低浓度的溶液能够再次进入，与尚未水化的水泥核接触，加速水化反应的速度，直到新生成的凝胶体重新修补破裂的膜层为止。

由于自重引起的下沉，使得其下部形成充水区，同时一部分水分也会沿着粗骨料的侧面向上运动，使得粗骨料的侧面出现水分上迁的通道，这些通道的存在严重降低了混凝土中浆体与粗骨料间的界面强度，同时，由于混凝土中水分和气泡的上升，水泥浆体与钢筋之间也会出现微小间隙或是薄水膜，造成钢筋抗拔力的下降。如果在水泥凝结前给以二次振捣，就会使得粗骨料和钢筋周围的水膜和微孔被黏稠的浆体所填充，随着粗骨料和钢筋周围水泥颗粒浓度的增加,水泥水化生成的水化硅酸钙凝胶的数量也会增多,水化硅酸钙凝胶的比表面积很大,表面能很高,大大加强了界面强度。

3. 振动成型制度

振动作用实质上是使拌和物的内阻大大降低,释放出部分吸附水和自由水,从而使拌和物部分或全部液化,形成密实的堆积结构。采用插入式振捣时,移动间距不应超过振捣棒作用半径的 15 倍,与侧模应保持最少 5cm 距离;采用平板振动器时,移位同距应以使振动器平板能覆盖已振实部分 10cm 左右为宜;采用振动台时,要根据振动台的振幅和频率,通过试验确定最佳振动时间。

拌和物的液化条件主要决定于振动器的振动频率和振幅,并与水泥的细度、水胶比、集料的级配和粒度等有关。根据试验结果可知,拌和物的屈服剪切应力在某个极限速度 V_{lim} 以下为速度的函数,否则屈服剪切应力急剧下降并趋于常数。当混凝土拌和物内某点颗粒的实际运动速度大于低振动极限速度($V_{限}$)时,则此点就被完全液化;当拌和物大部分颗粒的运动速度都大于此速度时,则整个拌和物接近于完全液化。

为解决密实成型问题,常常采取一些工艺措施,如拌和物少加水,解决外部流动(成型)的措施,包括:① 采用振动成型,振动成型可以克服内部阻力,使混凝土液化,产生外部流动;② 采用加压成型借助强大外力,强迫颗粒之间靠近;③ 掺入高效减水剂提高混凝土流动性。若拌和物多加水,解决内部流动(密实)的措施常常用离心脱水密实成型工艺和真空脱水密实成型工艺,即在成型之后脱掉部分自由水,或者采用利用真空方法在成型过程中脱水。

3.5.4　离心脱水成型工艺

成型管状制品时,将混凝土拌和物投入到管模内,在离心和振动作用下,拌和物液化流动,当旋转速度达到一定值时,制品内表面轴心与管模轴心便可重合,形成壁厚均匀的环状截面制品,离心成型设备能迫使管状模旋转,将管内混凝土拌和物在离心力作用下挤向管模内壁,达到成型管状制品目的,此过程即离心脱水成型工艺。

1. 离心成型工艺的密实原理

(1)流体力学原理。如图 3-31 所示,离心脱水成型流体力学的密实原理示意图所示,当无离力作用时,自由表面呈水平面,有离心力作用,离心力增大到一定值,自由表面呈现圆柱面。

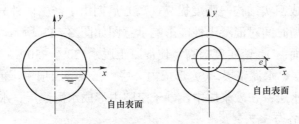

图 3-31　离心脱水成型流体力学的密实原理示意图

截面方程：
$$X^2 + (Y - e)^2 = C \tag{3-1}$$

式中　e—偏心距，自由表面圆心与旋转圆心的距离。

$$e = \frac{g}{\omega^2} \tag{3-2}$$

式中　g——重力加速度；

　　　ω——旋转角速度。

当ω增大，则e变小，当ω很大时e趋近于0，这时两中心会重合，形成环形截面的圆柱体。

（2）离心混凝土结构形成。

1）混凝土拌和物的结构是一种多相悬浮系统。粗分散相系统—粗集料分散在砂浆中；细分散相系统—细集料分散在水泥浆中；微分散相系统—水泥分散在水中。

2）离心力作用下的沉降：沉降速度不同，石子在砂浆中沉降速度v_1，砂在水泥浆中沉降速度v_2，水泥在水中沉降速度v_3，其值$v_1 > v_2 > v_3$。因此，首先粗集料在砂浆中沉降，其次细集料在水泥浆中沉降，最后水泥在水中沉降，并将部分水挤压出混凝土之外。

（3）离心混凝土结构。

1）混凝土的外分层：沉降是有顺序进行的，粗集料首先沉降，形成混凝土层；细集料随后沉降，形成砂浆层，水泥最后沉降，形成水泥浆层同时部分水被挤压出来，形成水层，并被排出，如图3-32所示。

2）混凝土的内分层：当粗集料沉降完成后，石子间空隙中砂浆也会产生沉降，形成水泥浆层和水层，当细集料沉降完之后，砂间空隙水泥浆会产生沉降，形成水泥浆层和水层。

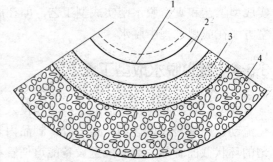

图3-32　混凝土的分层示意图
1—水层；2—水泥砂浆；3—砂浆层；4—混凝土层

（4）离心混凝土的性能。离心过程内部结构形成脱水，密实度随时间增加而提高，在混凝土强度方面由于离心脱水率达到20%，混凝土强度提高系数1.5～2.0；形成水泥浆层的水胶比最小，密实性好，抗渗性好，如果采用二次投料，壁厚中间有水泥浆层，抗渗性更好；离心过程内部结构破坏，产生内外分层，由于密实性好，抗冻性得到提高。

在离心初期形成密实结构，强度提高，离心后期由于产生内外分层，结构被破坏使强度下降。离心成型时间对混凝土性能影响示意图如图3-33所示，离心成型对混凝土性能影响有以下方面：① 密实度提高，使混凝土脱水 20%～30%。② 产生外分层，包括混凝土层、砂浆层、水泥浆层。③ 形成内分层，在混凝土层中，粗集料空隙中形成砂浆层、水泥浆层、水层；在砂浆层中，砂子空隙中形成水泥浆层、水层。

2. 离心成型设备与工艺制度

（1）离心成型设备。一般地，一次成型1～8根，混凝土管内径减小，管长度减短，则一次成型数量增加，转速可调控。离心机如图 3-34 所示，主要种类有：① 托轮式成型机；② 悬辊式成型机；③ 车床式离心机；④ 胶带式离心机。混凝土管内径、管长度与成型数量关系见表 3-6。

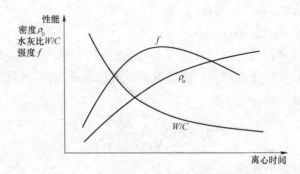

图 3-33　离心成型时间对混凝土性能影响

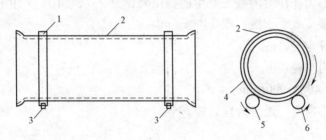

图 3-34　托轮式离心机结构示意图

1—滚圈；2—管模；3—托轮；4—滚圈；5—被动托轮；6—主动托轮

表 3-6　　　　　　　　　　混凝土管内径、管长度与成型数量关系

管内径/mm	100～300	400～600	400～600	600～900	＞1000
管长度/mm	2000	2000	4000	5000	5000
管数/根	8	4～6	3	2	1

（2）离心脱水成型的工艺制度。离心成型工艺的离心过程一般分为三个转速阶段，目的是形成壁厚均匀的管状制品。慢速阶段，布料后混凝土拌和物在离心力作用下均匀分布，并初步形成结构，混凝土并没有发生沉降和脱水。通过中速阶段进行调整，过渡到快速阶段；快速阶段进行离心脱水，达到密实成型。为增加分层数量，减弱分层的不利影响，采用分层投料，第二层投料对第一层物料产生挤压作用，第一层物料密实性提高，同时厚度减薄，减轻内分层影响；管壁中间形成水泥浆层，增加外分层的数量。

离心脱水成型的主要参数有：离心速度和离心时间。离心速度分三档：慢速、中速、快速。

（1）慢速离心速度 n_1：布料阶段转速。原则：一般考虑物料至最高点不落下来即可，否则速度一快拌和物脱水密实，失去流动性，拌和物不能均匀分布管壁，管壁厚度不均匀。

取值

$$n_1 = k\frac{30}{\sqrt{r}}$$

（3-3）

式中　k —— 系数，$k = 1.45 \sim 2.0$；

　　　r —— 管内半径，m。

一般情况 $n_1 = 80 \sim 150 \text{r/min}$。

（2）快速离心速度：成型阶段转速应由制品截面尺寸和密实拌和物所需要压力来决定，n_2 越大，则离心产生压力越大，成型效果越好；但是太快，钢模会产生剧烈跳动，甚至从托轮飞出危险。

$$n_2 = 1.65\sqrt{\frac{PR}{\rho(R^3 - r^3)}}$$

（3-4）

式中　n_2 —— 快速时离心速度，r/min；

　　　P —— 离心力作用对混凝土产生的挤压力，$P = (5 \sim 10) \times 10^4 \text{Pa}$；

　　　ρ —— 混凝土表观密度，取 2400kg/m³；

　　　R —— 管外半径，m；

　　　r —— 管内半径，m。

一般情况 $n_2 = 400 \sim 900 \text{r/min}$。

（3）中速离心速度：过渡阶段转速。

$$n_3 = \frac{n_2}{\sqrt{2}}$$

（3-5）

一般情况下，$n_3 = 250 \sim 400 \text{r/min}$，用于调整工艺过程。

离心持续时间需经试验确定，图 3-35 是离心持续时间与强度关系。离心持续时间增加，则混凝土管强度增加，但如果时间过长，则结构遭到破坏，强度下降。离心持续时间有最佳值。使用二次投料法，一般取值：慢速时间 $t_1 = 2 \sim 5 \text{min}$；快速时间 $t_2 = 15 \sim 25 \text{min}$；中速时间 $t_3 = 5 \sim 15 \text{min}$。第一次投料和第二次投料后，都经过慢速、中速、快速三阶段。第一次投料应埋过纵向钢筋，并使中间水泥浆层完整不间断，

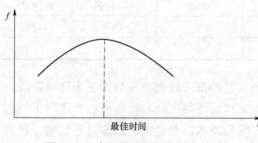

图 3-35　离心持续时间与强度关系

加分层数，减小内分层影响，形成中间水泥浆层。

3.5.5　加压成型工艺

压制成型法是混凝土拌和物在强大的压力作用下，克服颗粒之间的摩擦力和黏结力而相互滑动，把空气和一些多余水分挤压出来，使混凝土密实的方法；振动加压成型是采用压制和振动复合的工艺，通过振动和加压作用使混凝土混合料密实成型的工艺方法。混凝土混合料装满模型后先施加振动，达到初步密实和表面平整，再用加压胶囊、压板

或振动压板进行加压振动，达到最终密实成型。

压制成型工艺可分为静力压制与动力压制，由于压力的大小及拌和物性能不同，压制工艺可以在密实成型的同时还能够起到脱水作用，压制成型与振动作用相配合，集中局部区域内应力，使混凝土内部颗粒产生剪切位移，在外部压力的作用下，拌和物发生排气和体积压缩过程而达到密实成型。静力压制常常用于小型混凝土砌块，工程上大多数应用动力压制，振动压制法包括加压振动、振动冲压、振动辊压和挤压法等，振动密实时的压力随混凝土拌和物干硬度的提高而增大，由于压板压力（或振动压板的振压力）和振动台的振动作用，使制品上下两面均趋于密实，因而整个制品强度均匀，保持表面光洁平整。振动促进颗粒的自由移动，振动加压适用于冲模成型异型制品。

1. 压制过程中拌和物组分的作用与结构变化

混凝土拌和物是由固相–液相–气相组成的三相系统，固相颗粒由大小不均匀、形状不规则、表面致密或多孔的粒状和粉状材料的水泥、砂、石组成，毛细管压力而集结使颗粒之间黏结；水分润湿固体颗粒，使颗粒间发生湿接触，水泥胶材比表面积增加，附着力增大，颗粒表面水化膜提高了拌和物塑性，降低了成型摩擦力；在搅拌过程中混入大量空气，降低颗粒的堆积密度，增加弹性变形。

压制成型时混凝土结构发生变化，颗粒相互接触靠近，多余的水分从颗粒间被挤入气孔中，在卸去外压力后，部分水又重新进入颗粒之间，把颗粒推开，使成型结束的试件发生膨胀，造成制品的弹性变形，因此，在压制成型时适宜的液相量极其重要，拌和物中过多的水分会妨碍颗粒的相互靠近，助长裂纹和层裂。

2. 压制成型的过程与工艺方法

压制开始前，拌和物是一种不密实松散的各向同性宏观均质体，在自身重力作用下发生一定的塑性变形；压制开始后，拌和物处于三向应力状态，拌和物在压力作用下产生压缩变形，大粒径骨料之间楔入小颗粒，受力状态下颗粒互相靠近，重新组合，空气通过颗粒间隙排出，气孔率下降，颗粒接触面积增大，体积减小；继续加大压力，颗粒进一步产生塑性、脆性及弹性变形，颗粒接触表面有可能遭到破坏，内部空气通路堵塞，内部空气受到压缩与液相一起移动，由于水膜的黏滞力和颗粒的机械咬合作用，松散的匀质体转变为连续的有一定塑性强度的整体。压制成型后，由于附加压力和模具侧压力突然消失，制品内部的压缩空气压力及颗粒的弹性变形而膨胀，湿体积密度降低。

压制成型工艺方法有静力压制、压轧、挤压、振动加压、振动压轧、振动挤压及振动模压等密实方法。静力压制的工艺制度包括最大成型压力、压制延续时间及加压方式，加压时间以较缓慢为宜，拌和物中的气体在压力作用下较易排出，故适用于成型小型制品。振动加压工艺是先对拌和物施加振动，使之达到初步密实和表面平整，再进行加压振动，以实现最终密实成型状态。挤压或振动挤压工艺，则是利用螺旋铰刀挤压拌和物，或再辅以振动，达到成型和密实状态。

3. 悬辊成型

悬辊成型的密实原理是靠离心力和辊压力成型，图 3–36 是悬辊成型示意图，悬辊成型实际上是一种振动挤压成型工艺，将管模套在悬轴上，悬辊在转时带动管模旋转管模内的混凝土拌和物在离心力和辊压力作用密实成型。因为承压面宽度ΔS很小，因此辊轴压强相当大，混凝土拌和物在强大压力作用下被压实，主要作用在干硬性混凝土上，混凝土在压力作用下密实，成型中不脱水。离心力有布料作用，使混凝土拌和物均匀分布并黏附管模壁上；辊压力是密实成型后，在辊压力作用下混凝土被压实。

1. 辊压力

$$F = G_1 + G_2 \qquad\qquad (3-6)$$

式中　F——辊压力，kN；

　　　G_1——混凝土管的重量，kN；

　　　G_2——管模的重量，kN。

2. 辊压强度

$$P = \frac{F}{A} = \frac{F}{L\Delta S} \qquad\qquad (3-7)$$

式中　F——辊压力，N；

　　　A——承力面积，m²；

　　　L——混凝土管长度，m；

　　　ΔS——承压面宽度，m。

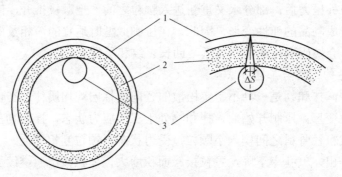

图3-36　悬辊密实成型示意图

1—管模；2—混凝土；3—辊轴

采用辊压法生产混凝土管的质量好。采用干硬性混凝土，水胶比小$W / B = 0.32\sim$ 0.34，密实性好。混凝土管壁没有内外分层现象，匀质密实，抗渗性好。随着混凝土管内径增大，辊轴直径和管内径比例变化的关系见表3-7。混凝土管壁内径增大，则辊轴直径和管内径比例相应增大，管壁内径增加，则辊轴直径增大。

表3-7　　　　　　　　　　　　混土管内径与辊轴：管内径关系

混凝土管内径/mm	<300	300~1500	>1500
辊轴直径:管内径	1:3	1:3~1:4	1:4~1:5

辊轴转速n_2（r/min）的确定原则是能使混凝土拌和物不从管模壁上脱落。混凝土管内径越大，管模转速越小。辊压时间t（min）的影响：①混凝土管直径R增大，辊压

时间 t 相应增加；② 混凝土管长度，管长度 L 增大，辊压时间 t 相应增加；③ 混凝土水胶比，水胶比 W/B 下降，辊压时间 t 相应增加。

$$n_2 = n_1 \frac{R}{r} \tag{3-8}$$

式中　n_1 ——管模转速，r/min；

　　　R ——混凝土管内半径，m；

　　　r ——辊轴内半径，m。

表 3-8 为管模转速 n_1 取值与混凝土管内径关系。悬辊成型主要应用在直径较小的管，适宜直径为 300～500mm。混凝土管直径与辊压时间取值见表 3-9。

表 3-8　　　　　　　管模转速 n_1 取值与混凝土管内径关系

管内径/mm	$\phi 300$	$\phi 600$	$\phi 900$
转速 n_1/（r/min）	110～140	80～110	70～80

表 3-9　　　　　　　　　混凝土管直径与辊压时间取值

混凝土管直径/mm	300	600	1000
辊压时间 t/min	1～2	3	5

3.6　混凝土养护工艺

3.6.1　概述

1. 养护工艺方法

混凝土养护工艺对混凝土的质量影响极大，是整个混凝土生产工艺的一个关键环节。混凝土拌和物经密实成型后，逐步硬化并形成内部结构，为保证水泥与水发生正常的水化反应而形成结构致密的水泥石，将粗细集料胶结在一起成为人工石材，获得所设计的物理力学性能和耐久性能，建立水化或水热合成反应所需要的介质温度及湿度条件，并力求降低能耗，所采取的工艺措施称为混凝土养护工艺。预制混凝土的养护方法有自然养护、标准养护、蒸汽养护、热拌混凝土热模养护、太阳能养护、远红外线养护等，通常以自然养护和蒸汽养护为主。热养护法属于快速养护，可分为湿热养护、干热养护和干湿热养护三种，是利用外界热源加热混凝土，以加速水泥水化反应的方法。

在温度为 20℃±2℃、相对湿度为 90% 以上的潮湿环境或水中的条件下进行的养护称为标准养护，试验室常用用于混凝土强度质量评定。在自然气候条件（平均气温高于5℃）下，在一定时间内采取浇水润湿或防风防干、保温防冻等措施养护，称为自然养护。自然养护主要有覆盖浇水养护和表面密封养护两种，覆盖浇水养护就是在混凝土表面覆盖草垫等遮盖物，并定期浇水以保持湿润。表面密封养护是利用混凝土表面养护剂在混凝土表面形成一层养护膜，或采用塑料薄膜包裹混凝土表面，阻止自由水的蒸发，主要适用于不易浇水养护的高耸构筑物或大面积混凝土结构。浇水养护简单易行、费用少，是现场最普遍采用的养护方法。自然养护和标准养护预制混凝土的质量有所保障，但因混凝土硬化速度缓慢，养护周期长，需要大量的模具、台座，故所占成本相对较高。

将构件放置在有饱和蒸汽或蒸汽与空气混合物的养护室（或窑）内，在较高温度和湿度的环境中进行养护，以加速混凝土的硬化，使之在较短的时间内达到规定的强度标准值，这一过程是蒸汽养护。蒸汽养护属于湿热养护，又有常压及高压湿热养护之分。湿热养护法是以相对湿度 90%以上的热介质加热混凝土，升温过程仅有冷凝而无蒸发过程；但干热养护时制品可不与热介质直接接触，或以低湿介质升温加热，升温过程中以蒸发过程为主。

2. 快速养护

自然养护成本低，简单易行但养护时间长，模板周转率低，占用场地大。我国南方地区的台座法生产多用自然养护，在夏季，如果养护措施不当，混凝土表面的水分不断蒸发就会出现塑性裂缝；在冬季，如过早地停止湿养护和脱模，由于强度不足可能造成混凝土结构破坏，养护不充分可能造成潜在的耐久性问题。为了加速模板周转，提高劳动生产率、增加产量，需采取加速混凝土硬化的养护措施，使已成型的混凝土构件尽快获得脱模强度，预制混凝土在脱模之前应检查强度。热养护已有一百多年的历史，目前和今后一定时期内它仍然是加速混凝土硬化的主要方法。在保证预制混凝土质量的前提下，大多数预制混凝土企业常采取能加速混凝土强度发挥的快速养护工艺，这对于缩短养护周期、加快模具等设施的周转、节约能源以及提高劳动效率都有着重要意义。

化学促硬法是指用化学外加剂或早强水泥来加速混凝土强度发展的过程，是快速养护中最简便的养护方法。

热养护法的加热促硬作用可明显地加速混凝土的硬化，蒸汽养护可缩短养护时间，模板周转率相应提高，占用场地大大减少，热养护法在预制混凝土生产中的应用十分普遍。当温度从 20℃提高到 80℃时，混凝土的硬化速度可增加 8～12 倍，经过约 10h 的热养护，混凝土强度一般可达到设计强度的 70%左右；有些预制混凝土，如灰砂砖、加气混凝土、管桩等建筑制品，必须经过蒸压热养护才能得到性能符合要求的产品；与其他促硬法相比，热养护法在保证制品质量、缩短养护周期、加快模具周转和降低成本等方面更为有效。

常压蒸汽养护的过程可分为静停、升温、恒温、降温等四个阶段，养护制度包括养护前静置时间、升温和降温速度、养护温度、恒温养护时间、相对湿度等。干湿热养护混凝土的强度与升温阶段介质湿度有关，其特点为：① 混凝土内部水分蒸发，没有冷凝水，混凝土的加热速度减慢；② 混凝土加热的最高温度降低；③ 升温过程混凝土损伤程度降低。蒸汽养护时，混凝土表面最高温度不宜高于 65℃，升温幅度不宜高于 20℃/h，否则混凝土表面宜产生细微裂纹。

按养护设施的构造，分为常压蒸汽养护和高压湿热养护。常压蒸汽养护有养护坑、养护窑和隧道窑。养护坑（池）由于构造简单、易于管理、对构件的适应性强，是适用于平模机组流水工艺的加速养护方式，但坑内上下温差大、养护周期长、蒸汽耗量大；立式养护窑具有节省车间面积、便于连续作业、蒸汽耗量少等优点，但设备投资较大，维修不便。通常立窑内分顶升和下降两行，成型后的制品入窑后，在窑内一侧层层顶升，处于顶部的构件通过横移车移至另一侧，层层下降，利用高温蒸汽向上、低温空气向下流动的原理，使窑内自然形成升温、恒温、降温三个区段。

隧道养护窑分为升温带恒温带和降温带，升温带需要用加热设备，一般是用蒸汽排管，排管里通蒸汽进行加热，制品与蒸汽不接触，靠空气传输热量，这样升温速度也减慢。升温阶段介质湿度在 40% 养护 3h，干湿热养护，混凝土强度最高。水平隧道窑常常与平模传送流水工艺配套使用，构件从窑的一端进入，通过升温、恒温、降温三个区段后，从另一端推出。水平隧道窑便于进行连续流水作业，但三个区段不易分隔，温、湿度不易控制，窑门不易封闭，蒸汽有外溢现象；折线形隧道窑。在升温和降温区段是倾斜的，而恒温区段是水平的，折线形隧道窑具有立窑和平窑的优点，可以保证三个养护区段的温度差别，窑的两端开口处也不外溢蒸汽。

高压湿热养护指将制品在温度高于 100℃ 的饱和蒸汽介质中进行加热的方法。高强混凝土管桩采用常温湿热养护和二次高压湿热养护；生产硅酸盐制品，如加气混凝土、灰砂砖、硅酸盐砌块等，由于采用常温湿热养护强度很低，氧化硅和氧化钙反应速度很慢，因此都采用高压湿热养护。

此外，热模养护将底模和侧模做成加热空腔，通入蒸汽或热空气，对构件进行养护。当构件成型后，用聚氯乙烯薄膜或聚酯玻璃钢等材料制成的养护罩将产品罩上，靠太阳的辐射能对构件进行养护。可用于固定或移动的钢模，也可用于长线台座，成组立模也属于热模养护型；太阳能养护用于露天作业的养护方法。养护周期比自然养护可缩短 1/3～2/3，并可节省能源和养护用水，因此可以在日照期较长的地区推广使用。

3.6.2　自然养护方法

1. 自然条件下温湿度对混凝土硬化过程的影响

自然养护混土的强度常常取决于水泥的强度等级、品种以及外界环境的平均温度。在炎热区域，高温下新拌混凝土坍落度的损失增大，初凝提前，易因振捣不良而形成孔隙、麻面与蜂窝；早凝、表面易干燥、用水量的增多，均易导致干缩裂缝；白天浇捣及养护时，以及夜间环境降温后的内外温差，易导致温度裂缝。在寒冷地区，当温度低于 4℃ 时，水的体积膨胀，冻结后其体积增大 9%。解冻后，混凝土孔隙率增加 15%～16%，强度下降 10%。冻结还使集料与水泥石的黏结力受到损害，若黏结力完全丧失，其强度降低 13%。冻结和解冻过程中，混凝土内水分的迁移、体积变化及组分体积膨胀系数的差异，均将导致结构的开裂。同时，温度的降低使混凝土强度的增长速度明显减慢，这是因为混凝土中水的冰点为 $-0.5～-2.5℃$，温度降至 $-3℃$ 时，混凝土中只有 10% 的液相存在，水化反应极为缓慢。

2. 自然养护的措施

自然养护时，通常采取覆盖浇水、保温防冻、喷膜保水等措施。覆盖浇水时，一般采用纤维质吸水保温材料，如麻袋、草垫等，水质应符合拌和水的要求。注意开始覆盖和水的时间，塑性混凝土应不迟于成型后的 6～12h，干硬性混凝土应不迟于 1～2h，炎热及大风时，应不迟于 2～3h。每日浇水次数取决于气候条件及覆盖物的保湿能力。一般气温（约 15℃）时，成型后 3d 内，白天应每隔 2～3h 浇水 1 次，夜间不得少于 2 次，以后随气温的不同，按表 3-10 所示的次数浇水。

表 3-10   自然养护浇水次数

正午温度/℃	10	20	30	40
浇水次数/（次/日）	2～3	4～6	6～9	8～12

高强度等级水泥水化热高，水分蒸发较快，浇水次数应适当增加，干燥气候下同样；气温低于 5℃时，为防止气温骤降而使混凝土受冻，不宜浇水；浇水养护时间取决于水泥品种、用量及混凝土强度。通常普通水泥和矿渣水泥混凝土不少于 7d；掺有缓凝型外加剂或有抗渗要求的混凝土不得少于 14d。喷膜保水就是表面密封养护，适用于不易洒水养护的高耸构筑物和大面积混凝土结构。喷膜保水主要有乳液型和溶剂型两类，乳液型主要有氯偏乳液、石蜡乳液、沥青乳液和高分子乳液，溶剂型主要有过氯乙烯溶液、松香溶液、树脂溶液。将混凝土表面养护剂喷涂在混凝土表面上，溶液挥发后在混凝土表面形成一层塑料薄膜，将混凝土与空气隔绝，阻止内部水分的蒸发以保证水化作用的正常进行。混凝土自然养护的覆盖天数随气温不同而不同，一般不得低于表 3-11 的数值。

表 3-11   自然养护浇水覆盖天数

正午温度/℃	10	20	30	40
普通水泥/d	5	4	3	2
矿渣水泥、火山灰质水泥/d	7	5	4	3

寒冷环境下的养护方法，平均气温连续 5d 低于 5℃时，按冬季施工处理，（寒冷条件）水泥品种一般为硅酸盐水泥、普通水泥，要求水泥强度等级高于或等于 42.5，水泥用量大于或等于 300kg/m³，水胶比小于或等于 0.60。在寒冷环境下，混凝土的养护方法主要有热混凝土法、蓄热法和掺用外加剂法。自然养护中热混凝土法有原料预热、热搅拌、混凝土拌和物在中间料斗的预热等三种方法，目的在于使浇筑成型后的制品仍蓄有一定热量，保持正温，防止冻裂，并增长至所需强度。

混凝土表面养护剂，要求其形成的薄膜有足够的强度、弹性和黏结性，蒸气渗透性应很小；在干热条件下应有较高的抗蒸气压力作用的能力；在炎热条件下宜采用白色薄膜，以增强热反射系数，在冬季宜采用暗色薄膜，以提高吸热能力。养护剂要附着在新浇的混凝土上，并且按规定的速度喷洒，形成连续的薄膜，同时养护剂还应连续性好、柔韧性好、无针状孔眼，其完整性至少要保持 7d，对水泥浆不应有损害作用。薄膜在湿润的混凝土表面要有较好的分散性，不得含有氯化物、硫酸盐和酸等物质。喷洒养护剂在混凝土表面与水泥水化产物发生反应，从而加速水泥水化，并在混凝土表面形成密实、坚硬的面层，阻止混凝土中的水分过早散失，有利于水泥充分水化，从而保证混凝土强度。通常采用蒸汽对原料预热，值得提出的是由于水的比热比集料高 5 倍左右，故应优先考虑水的预热，若仍不能满足要求，则再考虑其他原材料预热。拌和物在中回料斗中的电加热能耗低，时间短，通常混凝土或热混凝土成型后的覆盖保温、防止预加热量和水化热过快损失、减缓混凝土冷却速度、使其保持温并增长至所需强度的方法，称为蓄热法。

在寒冷条件下首先应考虑反应型养护剂，无需养护设备，费用低廉，简便易行。以无机硅酸盐为主体，有机与无机复合，其作用机理为无机组分在渗透剂的作用下渗入混凝土表层，与水泥中的某些物质反应，反应物有效地填塞了混凝土的毛细孔，而有机组分则沉积于混凝土表面，由于空气氧化作用及自身聚合作用，会在混凝土表面形成连续的柔软薄膜，从而有效防止水分的蒸发，达到双重养护的目的。

3.6.3　热养护工艺方法

混凝土在标准养护和自然养护条件下的硬化速度比较缓慢，混凝土强度的增长速度主要取决于水泥的活性及硬化速度。在预制混凝土生产过程中，加速硬化工艺有利于缩短生产周期、提高模具及台座的周转率、提高主要工艺设备的利用率及劳动生产率，并有利于降低产品成本，同时可避免盲目采取超量水泥和提高混凝土强度等级等不经济和不合理的措施。混凝土强度完成一般要经过预养、升温、恒温和降温，蒸压养护的过程实质是建立水热合成反应所需的介质温度、湿度和压强等条件。高压釜是用于蒸压养护的设备，压力不小于 8atm（1atm=101.325kPa），温度高于 174.5℃。在蒸压养护的过程中，混凝土内部发生一系列的物理和化学变化，从而加速了其内部的结构的形成和破坏。

常压湿热养护就是用常压蒸汽对混凝土进行的养护（图 3-37）。常压湿热养护制度的表示方法：Y+S+H+J。

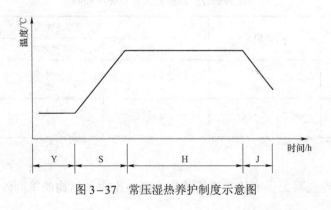

图 3-37　常压湿热养护制度示意图

1. 预养期 Y

恒温温度高，预养时间要长些；恒温温度低，预养时间可短些，一般可在 2～4h 范围内选用。为了缩短预养时间，可采用加速早期强度增长的各项措施，如适当提高预养温度等。不过采用这种方法，矿渣水泥混凝土的预养温度不应高于 45℃，普通水泥混凝土的预养温度不应高于 35℃，脱模养护的预养期应比带模养护的预养期长一些；掺促凝剂的混凝土、干硬性混凝土、闭模养护或需要长时间缓慢升温的热养护，可以取消预养期。预养期的长短最好通过试验确定为宜。在进行热养护之前，使混凝土具有一定的初始结构强度，减少体积变形。合理地预养，一般要求初始结构强度：0.39～0.49MPa。

2. 升温期 S

蒸养混凝土结构的破坏主要发生在升温阶段。升温阶段内，预制混凝土在强度很低的情况下承受剧烈的物理变化，由于制品内外温差产生不均匀膨胀引起温度应力，材料各组分热膨胀系数不同（水泥石 $10 \times 10^{-6} \sim 20 \times 10^{-6} \text{K}^{-1}$，集料 $6 \times 10^{-6} \sim 12 \times 10^{-6} \text{K}^{-1}$，水 $210 \times 10^{-6} \text{K}^{-1}$，混凝土 $7 \times 10^{-6} \sim 14 \times 10^{-6} \text{K}^{-1}$）引起的应力，以及水分蒸发、迁移等，易使预制混凝土产生微裂纹。因此，升温阶段是预制混凝土结构的定型阶段。

升温阶段在整个蒸养过程中最为重要，升温阶段的主要工艺参数是升温速度。升温期混凝土结构破坏的主要表现是气孔体积的增大，内部的气相及液相在较大湿温梯度作用下膨胀和迁移所造成。升温速度是升温期的主要工艺参数，它决定着残余变形的大小及脱模强度。升温越快，所需临界初始结构强度也越高，预养期也越长。有学者认为，干硬性和厚度达 10cm 的预制混凝土，最佳升温速度为 30℃/h；厚度达 25cm 的制品，最佳升温速度为 25℃/h；大型制品为 15～20℃/h；但任何时候都不宜大于 60℃/h。脱模制品和裸露面积大的带模制品，应进行变速升温，如第 1 个小时为 10～16℃/h，第 2 个小时为 15～20℃/h，第 3 个小时为 25～35℃/h，与制品厚度无关。

升温期混凝土的结构形成过程取决于初始结构强度、升温速度、内部气相及液相的含量和养护条件等。按常压湿热养护制度最大升温速度控制表的最大升温速度可以算出升温时间，可见，带模养护、密封养护可以加快升温速度。限制升温速度、带模养护是降低结构损伤措施。变速升温方法，先慢后快；分段升温方法，先升温 30～40℃保温 1～2h，然后快速升温。常压湿热养护制度最大升温速度值见表 3-12。

表 3-12　　　　　　　　　　常压湿热养护制度最大升温速度控制

预养期 Y	升温期 S	最大升温速度/（℃/h）		
		密封养护	带模养护	脱模养护
>4	>30	不限	30	20
	<30		25	—
<4	>30	不限	20	15
	<30		15	—

3. 恒温期 H

恒温期是蒸养混凝土强度的主要增长期，混凝土内部结构的巩固阶段。恒温阶段内主要是加速混凝土中水泥的水化，促进水泥的凝结、硬化，是混凝土强度的主要增长阶段。恒温阶段的主要工艺参数是恒温温度和恒温时间，两者关系互相影响。混凝土在恒温养护时，硬化速度取决于水泥品种、混凝土的水灰比和恒温温度。水灰比越小，混凝土的硬化速度越快，所需的恒温时间也越短。热养护恒温时间随恒温温度变化而变化，恒温温度低，则恒温时间长；恒温温度高，则恒温时间短。对于恒温温度，硅酸盐水泥为 60～85℃，超过这一温度，强度会有所下降；矿渣硅酸盐水泥、火山灰硅酸盐水泥与粉煤灰硅酸盐水泥为 95～100℃；铝酸盐水泥不超过 70℃。

恒温时间与水泥品种有关，还要考虑水灰比、恒温温度等因素。不同的水泥品种有各自的恒温适宜范围，普通水泥 80℃，矿渣水泥、火山灰水泥 95℃，恒温时间以混凝土强度达到设计强度等级的 70% 为准。在恒温温度及水灰比相同的条件下，硅酸盐水泥混凝土的强度增长快。高温养护对混凝土结构的破坏作用较大，硅酸盐水泥混凝土在 100℃时恒温养护的时间过长，则强度将下降。恒温时间的选择见表 9-2。水胶比 0.4 的普通水泥混凝土，当恒温温度分别为 60℃和 80℃时，达到设计强度等级 70%时所需的恒温时间分别为 9h 和 5h。

4. 降温期 J

降温期蒸养混凝土内部的温度、湿度及压力均指向内部，内部水分的急剧汽化，以及制品体积的收缩和拉应力的产生。这些物理变化将导致定向孔、表面龟裂及酥松等结构损伤现象，过速降温将使强度损失，甚至造成质量事故；失水过多还将影响后期水化。在降温期要控制降温速度，热养护制品在降温过程中，体积将收缩，同时由于表面降温快，内部降温慢，会产生一定的温差。过快的降温会使制品表面产生裂缝，强度降低，同时失水过多，还会影响混凝土后期的硬化。对于尺寸大而且厚的构件、低强度等级或配筋少的构件，降温速度要缓慢，以减小温差；而对于小尺寸的构件、高强度等级或配筋多的构件，降温速度可适当加快。最大降温速度与水胶比关系见表 3-13，混凝土的强度越低，降温速度越慢；制品厚度愈大，降温速度减慢；配筋小降温要慢。降温期的主要控制参数是降温速率。

表 3-13　　　　　　　　　　　　最大降温速度与水胶比

水胶比	最大降温速度/（℃/h）	
	厚大制品	细薄制品
≥0.4	30	35
<0.4	40	50

【例 3-1】需蒸养的制品采用维勃稠度为 40s 的 C30 级混凝土。原材料用水泥为硅酸盐水泥，强度等级为 42.5MPa，粗集料为碎石，水灰比为 0.5。养护工艺要求不经预养、带模养护，蒸养后强度要求达到设计强度的 75%。采用坑式养护池，坑内无强迫降温设施，降温速度为 15℃/h，车间温度为 20℃。试拟定热养护制度。

【解】（1）确定升温速度：根据维勃稠度为 40s，不经预养、带模养护，选取升温速度为20℃/h。

（2）确定恒温温度及时间：一般硅酸盐水泥的恒温温度为80～85℃，选取恒温温度80℃，根据水灰比为0.5，选取恒温时间为7h。

（3）确定升温时间：由于车间温度为20℃，恒温温度为80℃，则升温时间为（恒温温度−车间温度）/升温速度=（80℃−20℃）/（20℃/h）=3h。

（4）确定降温时间：设构件在坑内介质冷却至50℃出坑，则降温时间为

恒温温度−出坑介质温度/降温速度=（80℃−50℃）/（15℃/h）=2h

综上所述，初拟养护制度为：3h+7h（80℃）+2h。

（5）根据上述初拟的热养护制度，再拟两个热养护制度（增减恒温时间2h）：

3h+5h（80℃）+2h；3h+9h（80℃）+2h

采用三个拟定的养护制度进行试验，校核后选定满足给定要求的最优养护制度。

3.6.4 热养护工艺原理

1. 成熟度与水化热

水泥与水发生的水化反应是一个放热反应，在热养护过程中放出的水化热是预制混凝土中不可忽视的内部热源，在进行热养护过程的热平衡计算和制品内温度场的计算过程中都应予以考虑。混凝土成熟度为混凝土养护时间（h）和等效养护温度（℃）的乘积，用符号"E"表示。一般用于计算混凝土早期强度，在冬期施工时用于判断是否应该加盖保温；水泥水化热的释放与成熟度直接相关，影响水泥水化热大小及放热速率的因素很多，如水泥的品种与等级、水泥细度、水泥熟料的矿物组成、水泥混合材的种类与掺量、水灰比大小、水化条件等。水泥水化热主要在恒温阶段，为了简化热养护过程的热平衡计算，将全部水化热计入恒温阶段获得的热量中，一般以实际测定值为准；如果无实际测定值，可按照以下两个经验公式来进行粗略的估算。

（1）28d以内水泥的水化热。

根据水泥的强度等级可近似地按下式估算：

$$Q_{ce}=8M \tag{3-9}$$

式中　Q_{ce}——水泥的水化热，kJ/kg；

　　　M——水泥的强度等级，MPa。

（2）苏联A.A沃兹涅辛斯基经验公式。

考虑到水泥水化热 Q_{ce} 与度时积 E、混凝土平均温度 T_m、水灰比 W/C 及硬化时间 t 的关系时，可以按照以下公式来粗略地计算出水泥的水化热：

$$Q_{ce}=EMB/（162+0.96E）（W/C）^{0.5} \tag{3-10}$$

式中　E——度时积，即在不同养护阶段的混凝土平均温度 T_m 与时间 t 的乘积，℃·h；

　　　B——辅助系数，当 $E<293.3$℃·h 时，$B=4.1+0.0025E$；

　　　　　　当 $E>293.3$℃·h 时，$B=10.7+0.0025E$。

　　　W/C——水灰比。

其中 T_m 可以按下式近似地计算：

$$T_m = 0.7T_0 + 0.3T_w \tag{3-11}$$

式中　T_0、T_w——混凝土的中心层温度和表层温度。

当 T_0 与 T_w 未测定时，可以按下式近似地计算度时积 E：

$$E = (T_1 + T_2)t_1/2 + T_2t_2 + (T_2 + T_3)t_3/2 \tag{3-12}$$

式中　T_1、T_2、T_3——升温开始、恒温阶段和降温结束时热养护介质的温度℃；

　　　　t_1、t_2、t_3——升温阶段、恒温阶段和降温阶段所需要的时间，h。

【例 3-2】某预制混凝土所用水泥强度等级为 42.5MPa，水灰比为 0.5；热养护制度为：升温阶段温度从 10℃升到 100℃，时间为 2h；恒温阶段温度为 100℃，时间为 8h；降温阶段温度从 100℃降到 30℃，时间为 2h。试求该热养护过程中的水泥水化热。

【解】（1）用式（3-9）计算

$$Q_{ce} = 8M = (8 \times 42.5)\text{kJ/kg} = 340\text{kJ/kg}$$

（2）用苏联 A.A 沃兹涅辛斯基经验公式

$$E = (T_1 + T_2)t_1/2 + T_2t_2 + (T_1 + T_2)t_3/2$$
$$= [(10+100) \times 2/2 + 100 \times 8 + (100+30) \times 2/2]℃ \cdot \text{h}$$
$$= 1040℃ \cdot \text{h},$$

因为 $E > 293.3℃ \cdot \text{h}$，所以有：

$$B = 10.7 + 0.002\,5E = 10.7 + 0.002\,5 \times 1040 = 13.3$$
$$Q_{ce} = E\,M\,B/(162+0.96E)(W/C)^{0.5}$$
$$= (1040 \times 42.5 \times 13.3)/(162+0.96 \times 1040)0.5^{0.5}\text{kJ/kg} = 358\text{kJ/kg}$$

2. 热养护过程中混凝土的体积变形

混凝土的热养护工艺原理就是研究分析混凝土内部的化学、物理化学及物理变化过程及其影响因素。湿热养护期间的主要矛盾是加速结构形成的作用和引起结构破坏的作用，探讨各养护期内创造有利于混凝土结构形成的条件，制约导致结构破坏的因素，最终达到合理使用材料、缩短养护周期、加快模板周转、降低能耗并获得优质混凝土的目的。

（1）物理变化。在湿热养护过程中，混凝土内产生一系列化学、物理化学和物理变化，这些变化可归结为有利于加速结构形成和引起结构破坏的两类作用。研究表明，在 100℃以下蒸养的硅酸盐水泥的水化产物与其常温下硬化的水化产物并无根本区别。蒸养只是加速了水泥的水化反应速度，促进水泥石和混凝土结构的形成，使其在较短时间内获得所需的物理力学性能。在加速混凝土结构形成的同时，热养护时的化学变化、物理化学变化和物理变化，尤其是物理变化又在一定程度上造成了混凝土结构的破坏。湿热养护引起的水泥水化的物理化学变化主要表现在水泥颗粒屏蔽膜的密实和增厚，晶体颗粒的增大，新生成物细度的减小（即粗化）等方面，这些变化对混凝土结构形成、强度发展及其他物理力学性能均有一定影响。

湿热养护引起混凝土结构破坏的物理变化主要表现在混凝土混合物组分的热膨胀、

热质传输、温差应力等方面。这些物理变化造成的结构破坏主要产生于混凝土初始结构强度很低的升温阶段，所以升温阶段是一个"危险"阶段，应严格加快控制。在工程实践中，热养护混凝土的结构破坏程度可用强度损失、体积变形、总孔隙率和外观特征来表征。通常蒸养硅酸盐水泥混凝土的 28d 抗压强度比标准养护时低 10%～15%，快速升温至 100℃ 的蒸养混凝土 28d 强度可能损失 30%～40%，养护温度越高，升温速度越快，相差越大。蒸养混凝土的弹性模量约比强度相同的标准养护混凝土低 5%～10%，其耐久性也有所降低。常压湿热养护可用残余变形值来评价混凝土的结构破坏程度。表面起酥、起皮是湿热养护混凝土结构破坏的外观表现，标养混凝土的表面则无上述缺陷。

湿热养护时混凝土的体积变形与混凝土结构内部气相及液相含量和硬化骨架的强度有关，预制混凝土湿热养护的实质是使混凝土在湿热介质的作用下，发生一系列的化学、物理及物理化学变化，从而加速混凝土内部结构的形成，获得快硬早强和缩短生产周期的效果。通常混凝土含气量大的变形大，骨架强度低的变形大；湿热养护时的体积变形还与升温速度有关，升温速度越慢，混凝土所需达到的临界初始结构强度也随之降低。

热养护过程的结构形成和结构破坏是贯穿各种养护过程中的一对主要矛盾，也就是在结构形成过程中还产生了结构破坏，主要表现在养护过程中产生的最大体积变化和残余变形，引起其结构破坏的因素有各组分的热膨胀、热质传输过程、混凝土的减缩及干缩等多种，体积变形是这些因素产生的综合表现。热养护过程中混凝土结构形成，同时又产生结构的破坏和损伤。水泥硬化时形成的结构及其物理力学性能，在很大程度上取决于新生物粒子的分散度及其在单位体积中的浓度，以及新生物填充水泥石自由空间的程度。混凝土是多相同时堆积的结构，这些不同的物质因受热要膨胀，但膨胀值相差很大。体积膨胀系数水是固体材料的 10 倍，空气是固体材料的 100 倍，水泥石和集料也有差别，因此热养护在加热时各组分的不均匀膨胀，混凝土内部产生拉应力造成开裂，结构受到损伤。湿热养护过程中凝聚结构初步形成、强度快速增长的同时，部分晶体仍在增长，由此产生的结晶压力将引起结构内部拉应力的出现，这也将使结构削弱。

（2）物理化学变化。混凝土气相及液相含量越高，升温速度越快，养护温度越高，需要的临界初始结构强度也越大。新生物比表面积越大，单位体积浓度越高，则粒子间可能形成的接触点也必然增多，粒子间取决于范德华力及静电引力的结合力就越强，黏结性能就越高，硬化系统的强度也就越高。实验表明，若 80℃ 的热养护比 20℃ 时，水泥水化速度增加 5 倍；若 100℃ 的热养护比 20℃ 时水泥水化速度增加 9 倍，养护温度越高后期强度发展可能性越低。因此，采用合理的养护制度和适合的工艺系数，才能获得优质的湿热养护混凝土。

根据 T.C.Powers 的测定，室温下硬化 28d 的水泥石比表面为（2.1～2.3）$\times 10^6 cm^2/g$；经 60～90℃ 蒸养后，其比表面则减少 20%～40%；而经过 200℃ 下湿热养护 6h，则降至 $0.7\times 10^6 cm^2/g$。这表明，热养护的水化产物颗粒尺寸由数微米增大到数十微米，分散度降低，从而导致硬化体系的强度降低。水泥水化过程中新生物粒子增大的过程称为粗化。

一是新生物从溶液中积聚成较大粒子；二是可能由较小的或结构中有缺陷的粒子再结晶，特别是在原始矿物和水的作用已经完成了的区域。湿热养护过程中，增加水泥的水化程度，并不能完全补偿新生物结构粗化对强度的有害作用。此外，还有其他的物理化学因素也可能造成水泥石的结构缺陷和强度损失，如水化初期生成的亚稳相的解体及变态、水化产物的再结晶、硬化系统中颗粒的重新排列和密实，还有渗透现象等。可见，湿热养护过程中水泥石及混凝土的结构是不断变化着的，其结果是在强度增长的同时，可能造成某些缺陷，使其强度受到损失。

（3）化学变化。蒸汽养护和标准养护时硅酸盐混凝土材料的化学变化均未发生根本变化，矿物成分的水化产物相同，但强度却不同。虽然其水化产物微观结构发生了变化，主要表现在水泥颗粒表面形成屏蔽膜的增厚增密，结晶颗粒粗化，对混凝土结构形成及其物理力学性能均产生一定的影响，湿热养护过程中混凝土强度快速增长的同时，部分晶体仍在增长，晶粒粗化，由此产生结晶压力引起结构内部压应力的出现，使混凝土的结构造成损伤。温度升高时，水泥矿物的溶解度增大，水化反应速度加快，蒸汽养护时水泥水化生成的主要水化产物与标准养护时基本相同，水泥熟料矿物在蒸养时的反应速度和强度增长规律各不相同，C_3S 在 50℃水化时可能出现强度较低的高碱度亚稳中间相。水化硫铝酸钙的稳定性虽较铝酸钙及铁铝酸钙高，但在热养护时也不稳定。低硫型易分解为低强度的 C_3AH_6 及石膏。温度为 70～110℃时，在 CaO 浓度较低的溶液中，AFt 脱水时，无论石膏掺量如何均将分解。

由表 3-14，C_3S 和 C_4AF 是蒸养后获得较高强度的决定性矿物，而 C_2S 对后期度起较大作用。

表 3-14　　　　　水混熟料矿物在蒸养时的反应速度和强度增长规律

矿物成分	标准养护		蒸汽养护	
	7d	28d	3h	28d
C_3S	31.6	45.7	19.4	40.1
C_2S	2.4	4.1	1.9	15.1
C_3A	11.6	12.2	0	0
C_4AF	29.4	37.7	43.1	53.5

蒸压养护过程硅酸盐混凝土材料的化学变化更为复杂。在蒸压养护条件下，混凝土各组成材料之间所进行的一系列物理化学反应（即水热反应）及其所生成的水化产物使混凝土成为不同于厚坯体材料的全新的人工石材。石灰与砂、水泥与砂在高温（一般是174.5～197℃）和高压（0.8～1.4MPa）下的反应，混凝土的强度靠石灰、水泥与砂反应后的水化生成物 CSH（I）和托勃莫来石等将未参与反应的砂粒胶结在一起获得的。因石膏可以显著提高坯体、制品强度，减少干燥收缩和提高碳化系数（见表 3-15），常掺入少量石膏（约为胶凝材料总量的 10%以下）。水泥-石灰-砂在水热条件下的反应过程及最终产物可以用图 3-38 来表示。

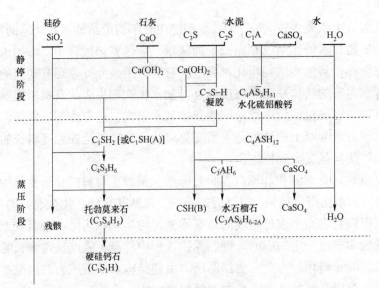

图 3-38　水泥—石灰—砂在养护各阶段的反应示意图

表 3-15　　　　　　　　　　石膏对蒸压粉煤灰加气混凝土性能的影响

配合比/（%）				表观密度/（kg/m³）	强度/MPa	碳化系数	干燥收缩/（mm/m）	
石灰	水泥	粉煤灰	石膏				干燥	自然
20	10	70	0	500	1.91	0.58	0.387	0.31
20	10	67	3	500	3.16	0.91	0.323	0.28

蒸压制品其水化生成物主要是 CSH（I）、托勃莫来石、水石榴子石和 $CaSO_4$。经蒸压养护后，不仅生成了托勃莫来石，而且水化产物总量明显增加（图 3-39）。石膏的加入，对促进 CaO 与 SiO_2 的反应，增加 CSH（I）的生成量，并促进 CSH（I）向托勃莫来石转变，提高水化硅酸钙的结晶度，起到了有益的作用。石膏最终以游离 $CaSO_4$ 继续存在，石膏能够通过促进水化硅酸钙的产生和结晶，改善水化产物结晶结构，从而提高混凝土强度。

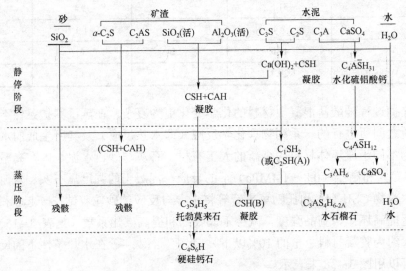

图 3-39　蒸压养护混凝土水化反应示意图

（4）蒸汽养护条件下混凝土的减缩和收缩。硅酸盐水泥蒸养过程中的物理化学变化，主要表现在水泥颗粒屏蔽膜的增厚和增密、晶体颗粒的粗化、新生物细度的减小等方面，蒸汽养护条件下形成的凝胶体的密实度比标养条件下提高。水泥水化生成水化产物，熟料矿物生成水化产物，固相体积增大，但"水泥–水"体系的总体积减小，称之为化学减缩。以 C_3S 为例：$2(3CaO \cdot SiO_2)+6H_2O \Longleftrightarrow 3CaO \cdot 2SiO_2 \cdot 3H_2O+3Ca(OH)_2$，表 3–16 是 C_3S 水化反应的反应物与产物各项指标比较，普通水泥最大减缩量平均值为水泥石的 5%～8%。

表 3–16　　　　　　　　　　C_3S 水化反应的反应物与产物各项指标比较

项目	$2(3CaO \cdot SiO_2)$	$6H_2O$	$3CaO \cdot 2SiO_2 \cdot 3H_2O$	$3Ca(OH)_2$
比密度	3.14	1.00	2.44	2.23
分子量	228.23	18.02	342.48	74.10
摩尔体积	72.71	18.02	140.40	33.23
体系中所占体积	145.42	108.12	140.40	99.63
总体积	反应前总体积 253.54cm²		反应后总体积 240.09cm³	

热养护过程中结构损伤的宏观表现，热养护过程中的体积变化，是混凝土的热膨胀化学减缩、热质传输内应力等引起的结构损伤的一种综合表现。在初始结构强度很低的升温期，结构形成与破坏之间的矛盾十分突出。物理变化造成混凝土结构损伤，集中表现为混凝土在养护过程中产生体积变形或养护后的残余变形，根据混凝土的体积变形大小，可以评价混凝土结构破坏程度。混凝土蒸养过程中的升温期是造成混凝土结构破坏的主要阶段。升温期的体积变形急剧增长，由于升温期混凝土的初始结构强度较低，如不足以抵抗结构破坏所造成的内应力，必将产生大量孔缝，使结构受到损伤，升温末期可能达到最大值；恒温阶段混凝土结构随着水化作用的进行趋于稳定；降温阶段体积膨胀不能完全清除，导致热养护结束时的残余变形。如图 3–40 所示，某常压湿热养护的湿热膨胀变形，其养护制度为预养 40min，加温 2h，恒温 4h（80℃），降温 1h，体积变形情况为：升温阶段体积膨胀，恒温阶段体积基本不变，降温阶段体积收缩。因此，结构破坏最严重的是升温阶段，其次是降温阶段。合理的养护制度非常重要，养护可以采用预养和慢速升温，或带模养护和覆盖养护，用模板的刚性强行抑制混凝土的受热变形或隔绝于介质湿交换，带模养护减小对混凝土结构的损伤。

总之，热养护影响混凝土强度的因素与原材料及形成结构的工艺相关，具体包括：① 水泥品种、混合材成分：矿渣水泥养护效果最好，火山灰水泥效果较好，普通水泥效果较差，硅酸盐水泥效果最差；C_4AF 蒸养时强度最高，C_3S 蒸养强度高而且强度速度快，C_2S 蒸养强度较低，C_3A 蒸养强度大大降低。② 混凝土的含气量：含气量升高，体积变形增大，强度降低。③ 混凝土的含水量：水胶比增大，用水量增多，体积变形增大，结构损伤大，热膨胀和热质传输造成损伤，因此干硬性湿热养护强度好。④ 混凝土的初始结构强度，初始值越高，体积变形则减小。⑤ 升温速度：升温速度增大，体积变形增大。

快速养护工艺的影响有两方面，一方面加速混凝土的硬化速度，促进混凝土结构的形成；另一方面又加速混凝土的体积变形，造成混凝土结构的损伤。

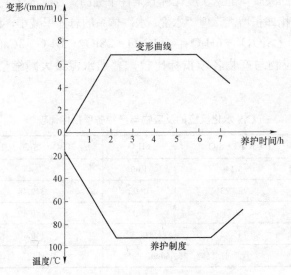

图 3-40　热养护过程中的体积变形

思考题 ....

3-1　预制混凝土与预拌混凝土有何区别？

3-2　请画出破碎筛分工艺的开流系统和破碎筛分工艺圈流系统工艺流程示意图，并说明各自优缺点。

3-3　请分别画出粉磨工艺湿法和干法开流系统示意图，并说明其适用范围。

3-4　请画出混凝土砂石料储存地沟式堆场、抓斗门式起重机堆场、抓斗桥式起重机堆场的示意图，说明其工艺要求。

3-5　请画出粉体原材料输送的机械输送、风动输送示意图，说明其适用性。

3-6　请画出单阶式搅拌楼工艺流程图及工艺布置图，说明单阶式搅拌楼特点。

3-7　请画出双阶式搅拌楼工艺流程图及工艺布置图，说明双阶式搅拌楼特点。

3-8　混凝土搅拌机有哪些类型，其搅拌工艺原理是什么？

3-9　简述混凝土拌和物的振动密实原理。

3-10　画图说明离心混凝土结构。

3-11　真空脱水工艺有哪几种方法？分别应用在哪里？

3-12　悬辊密实成型原理是什么？

3-13　简述混凝土的几种养护方法及有关原理。

3-14　热养护过程中的体积变形因素有哪些？

3-15　简述混凝土在热养护过程中的体积变形特点。

第4章 预制混凝土的生产工艺

本章提要

介绍预制混凝土的生产组织、工厂组成、生产规模及产品大纲等概念，简述台座法、机组流水法、流水传送法、成组立模及预应力构件等预制混凝土的生产工艺。

4.1 概　述

预制混凝土（又称预制构件、PC 构件）广泛应用于道路、铁道、水利、电力、市政、地铁、房建等各行各业，现代预制混凝土综合生产企业一般具备保证产品质量要求的生产工艺设施、试验检测条件和完善的质量管理体系与制度，建有质量可追溯的信息化管理系统。装配式建筑所需要的混凝土构件，还有市政工程用桥梁，铁路工程用的 T 梁、轨枕及高铁工程用箱梁、无砟轨枕道板等，以及水利工程建设所需的管道、地下工程地基加固用管桩与隧道工程用的盾构管片、电力工程用的电杆等混凝土制品，都可以在大型综合类的预制混凝土工厂生产。各种混凝土预制混凝土厂的基本设置大体上是一样的，包括混凝土搅拌站、钢筋加工车间、构件制作车间、构件堆放场地、材料仓库、试验室、模具维修车间、办公室、食堂、蒸汽源、产品展示区等。

预制混凝土的质量评定应根据钢筋、混凝土、预应力、预制混凝土的试验、检验资料等项目进行。在预制混凝土生产前有一整套生产方案，包括生产计划及生产工艺、模具方案及计划、技术质量控制措施、成品存放、运输和保护方案等；预制混凝土的原材料质量、钢筋加工和连接的力学性能、混凝土强度、构件结构性能、装饰材料、保证材料及拉结件的质量等均应根据国家现行有关标准进行检查和检验，并应具有生产操作规程和质量检验记录。预制混凝土生产的质量检验应按模具、钢筋、混凝土、预应力、预制混凝土等检验进行。预制混凝土厂需满足原材料储存、混凝土搅拌、钢筋及预埋件加工、模具维修、制品成型及养护、成品存放及后继加工等工艺环节要求，各工序在不同车间完成，混凝土预制混凝土只有在工厂内按标准化工艺生产，其规格、质量才有保障。

一般地，预制混凝土的生产组织中有台座法、机组流水法、流水传送法等形式。简易台座应用广泛，成型设备主要是平板振动器和插入式振动器，也可采用某些专用成型机，如拉模、挤压机或行模机等，可生产预应力多孔板、墙板及其他配套构件，施工现场制作预制混凝土梁、柱及屋架等，灵活性较大。构件体量、重量都较大，成型工序时间长，成型过程中不易且不宜移动构件及模板，大型构件适宜台座法生产；由于工艺或生产条件限制，中小型构件也可以采用台座法组织生产，但多数中小型构件采用机组流水法或流水传送法组织生产。由构件体积及重量分类，可以分为大型构件及中小型构件。根据产品种类和产能确定产品的生产工艺组织形式，根据工艺选购生产设备，可以选择采用流水传送法或机组流水法组织生产，还可以选用台座法组织生产，或者是组合式生产，即"流水传送法+机组流水法"组织生产。

1. 长线台座工艺

其应用最为广泛，适用于露天生产厚度较小的构件和先张法预应力钢筋混凝土构件（见预应力混凝土结构），如空心楼板、槽形板、T形板、双T板、工形板、小桩、小柱等。台座一般长100～180m，用混凝土或钢筋混凝土灌筑而成。辅助设备有张拉钢丝的卷扬机、龙门式起重机、混凝土输送车、混凝土切割机等。钢丝经张拉后，使用拉模在台座上生产空心楼板、桩、桁条等构件。20世纪70年代中期，长线台座工艺发展了两种新设备——拉模和挤压机，即在台座上传统的做法是，按构件的种类和规格现支模板进行构件的单层或叠层生产，或采用快速脱模的方法生产较大的梁、柱类构件。台座法的工艺特点是制品在台座的一个固定台位上完成成型和养护的全部工序，而工人、材料、工艺设备顺次由一个台位移至下一个台位，制品制成后，由起重运输设备将制品运移至成品堆场堆放。这种生产方法设备简单、投资小、生产率较低，适用于露天预制混凝土厂和施工现场制作。

2. 固定平模工艺

其特点是模板固定不动，在一个位置上完成构件成型的各道工序，适合于外形复杂、工序较多、批量大的大板生产。工艺一般采用上振动成型、热模养护，各种机械如混凝土浇灌机、振捣器、抹面机等，当构件达到起吊强度时脱模，可借助专用机械使模板倾斜，然后用吊车将构件脱模。整条生产线由地上成型作业线、地下平隧道窑及两端的升降顶推机组成。成型作业线分为脱模及成品起吊、模型的清理组装及涂隔离剂、钢筋铺放及张拉、混凝土的浇灌、振动密实、抹光与静停及预养、整修等工序。全线采用模车在轨道上流过，制品及模车由升降顶推机送入窑内，同时从窑的另一端顶出一个已养护完毕的制品，然后由相应的升降顶推机送往地面的生产线上。地下隧道窑可采用干热或干湿热连续式养护，养护周期为8～10h左右，避免了窑体的间歇热损失，生产率高。

3. 平模机组流水工艺

其生产线一般建在厂房内，适合生产板类构件，如民用建筑的楼板、墙板、阳台板、楼梯段，工业建筑的屋面板等。机组流水法生产线划分成若干工位，主要工艺设备组成若干机组并与操作工人分别固定在相应工位上。在模内布筋后，用吊车将模板吊至指定工位，利用浇灌机往模内灌筑混凝土，经振动梁（或振动台）振动成型后，再用吊车将模板连同成型好的构件送去养护。该工艺特点是主要机械设备相对固定，模板借助吊车的吊运，在移动过程中完成构件的成型，模型和制品按工艺流程依次由一个工位移至下一个工位，并在各工位上完成相应的操作。流水方式是非强制性的，可为空间流水或地面流水。制品在各工位上停留的时间即流水节拍，也可各不相等，为使全线生产保持均衡，某些工位应设置中间贮存场地。机组流水法生产建设周期短，投资和耗钢量都较少，适宜产品变化较多的中型永久性混凝土制品厂。

4. 平模传送流水工艺

其生产线一般建在厂房内，适合生产较大型的板类构件，如大楼板、内外墙板等。模板自身装有行走轮或借助辊道传送，不需吊车即可移动，在沿生产线行走过程中完成各道工序，然后将已成型的构件连同钢模送进养护窑。在生产线上按工艺要求依次设置若干操作工位，这种工艺机械化程度较高，生产效率也高，可连续循环作业，便于实现自动化生产。流水传送法生产线是按工艺流程分为若干工位的闭环式流水线，工艺设备及工人均固定在有关工位上，而制品及模型（或模车）则按照规定的流水节拍，强制地由一个工位移至下一工位，并在每一节拍内完成各工位的规定操作。平模传送流水工艺有两种布局，一是将养护窑建在和作业线平行的一侧，构成平面循环；二是将作业线设在养护窑的顶部，形成立体循环。流水传送法机械化、自动化、联动化程度高，适宜连续作业，生产效率高，但设备较复杂，耗钢量大，建厂周期长，生产线调整较困难。流水传送生产线的成型可用振动或压制等专用设备进行，适用于标准化产品的大型或中型永久性混凝土制品厂。

5. 立模工艺

其特点是模板是箱体，腔内可通入蒸汽，侧模装有振动设备。模板垂直使用，一般采用流动性混合料，坍落度为 4～8cm 或更大，应采取措施尽量减小浇灌成型时的混凝土分层现象，从模板上方分层灌筑混凝土、分层振动成型。与平模工艺比较，可节约生产用地、提高生产效率，构件的两个表面同样平整，通常用于生产外形比较简单而又要求两面平整的构件，如内墙板、楼梯段等。

成组立模是立模工艺的代表，由若干个竖直模板组成，相邻模板的空间即为混凝土板材的成型腔，能以上悬或下行方式作水平移动，以满足拆模、清模、布筋、支模等工序的操作需要，通常组合使用可同时生产多块构件的称成组立模。成组立模工艺过程包括清模、安放钢筋及预埋件、混凝土浇灌等工序。① 清模：开启立模吊出制品后，采用压缩空气及金属刷清除模板表面，然后涂上隔离剂，最好采用乳化隔离剂；② 安放钢筋及预埋件：组装模板时放入预制钢筋骨架，骨架上绑有混凝土垫块或塑料圈，使钢筋在模内定位；③ 混凝土浇灌：一般分 3～4 层进行，每层浇灌后应进行振动捣实，相邻腔内混凝土高度差不应超过 30～40cm。成组立模具有占地少、热耗低、周期短、制品尺寸精确、表面质量好、无需工艺性附加钢筋、用钢量低等优点。由于需在短时间内供应大量混凝土，可采用胶带运输机、混凝土泵、浇灌车或吊斗作为运送工具，可采用蒸汽、热水或热油等，将热介质通入其内部预埋管道或空腔内，形成加热腔，对混凝土制品进行一面或两面加热。

4.2 预制混凝土工厂的生产规模与产品方案

4.2.1 生产规模与工厂组成

用于杭州湾大桥主跨的预制梁的跨度达 60m 质量 2200t、高铁建设用的预制双线整体箱梁跨度 32m 质量 900t、普通铁路建设的预制 T 形梁跨度可达 32m，单片重量可达75t 以上，属于大型构件；普通铁路建设的轨枕和高速铁路建设的整体轨枕道板、地铁建设的盾构衬砌管片、装配式房建的梁、板、柱、预制桩，水利电力建设用的管道、电杆等，其重量在数吨甚至 1t 以下，属于中型构件；房屋建设用的混凝土空心砌块、铁路建设的声障墙预制块及高铁电缆沟用的预制盖板等，属于小型构件或制品。

随制品外形和配筋工艺的不同，可采用外墙板机械化台座、内墙板成组立模、屋面板或薄壳胎模及吊车梁台座等，制品多采用自然养护，也可采用太阳能养护罩、蒸汽养护罩或热胎模等加速混凝土的硬化。工厂平面布置根据产品种类、规模及选定的生产工艺综合考虑，把生产区域和办公区域分开，如果工厂有生活区更要与生产区隔离，试验室与混凝土搅拌站划分在一个区域内，若没有集中供气，工厂的锅炉房独立布置。厂址所在地配套条件是重要因素，如水、电、暖、市政蒸汽、天然气管道、雨污管道、电信等配套建设应齐全。如果工厂采用商品混凝土，还要考虑与搅拌站的距离，不宜超过 5km，或者运输时间不超过 30min。在工厂规划阶段一并考虑区域划分、道路布置、地下管网布置。合理流畅的生产工艺布置会减少厂区内材料物品和产品的搬运，减少各工序区间的互相干扰；车间内道路布置要考虑钢筋、模具、混凝土、构件、人员的流动路线和要求，实行人、物分流，避免空间交叉互相干扰，确保作业安全。PC 工厂组成可根据工程项目的性质和工作内容划分为以下几类：

（1）主要生产工程：原材料储存设施、主要生产车间或工段、成品堆场等。

（2）辅助生产工程：机修车间（维修机械设备）、木工车间（加工、维修模板）、实验室、辅助材料仓库（润滑油脂、工具、劳保用具等）。

（3）动力系统工程：锅炉房、水泵房、变电站、空压站及动力输送线路等。

（4）交通运输及通信工程：公路、铁路、轨道、汽车库等。

（5）公用及生活福利设施：办公室、收发室、单身宿舍、食堂、浴室等。

一般混凝土制品工厂的组成见表 4-1。如果生产采用商品混凝土，可省略原材料堆场及混凝土搅拌车间；如生产采用预加工钢筋和模具，预制厂也可不设置钢筋车间和机修车间。

表 4-1 混凝土制品厂的组成

项目		工程名称	工作内容
一、主要生产工程	1	骨料堆场	骨料来料、卸料、堆料
	2	水泥仓库	水泥卸料、存放、向搅拌车间上料
	3	钢筋车间	来料存放、加工、半成品及产品存放
	4	搅拌车间	混凝土拌制
	5	成型车间	制品成型、养护
	6	成品堆场	成品存放、后继加工（终张、灌浆、封锚、防水等）
二、辅助车间	7	机修车间	设备维修
	8	木工车间	模板加工维修
	9	实验室	原材料及混凝土性能检测、制品性能检测
	10	材料库	备件、工具及用品存放
三、动力工程	11	锅炉房	生产、生活蒸汽制备
	12	水泵房、水塔	上水、储水
	13	变电站	
	14	空压站	制备生产所需高压空气（气力输送、气动控制）
四、公共及福利设施	15	汽车库	
	16	办公室	
	17	宿舍	职工住宿、工人倒班宿舍
	18	食堂	
	19	收发室	
	20	浴室	

生产规模是工厂建设的主要指标，产品产量一般按立方米计算，可以按年产制品折合混凝土量表达，如年产××万立方米混凝土（一般房建构件以此表达生产能力），生产规模确定之后才能设计、建设工厂。预制混凝土构件的生产规模，又称为构件厂的生产能力，应根据当地市场需求或实际工程需求确定生产规模。生产规模还可以用年生产的制品件数数量（件数）表达，如年产××万根轨枕，年产××孔（或片）桥梁；板式构件也可以换算成平方米，如叠合楼板年产多少平方米，墙板多少平方米，对于管道、桩基，可用年产制品的延米数表示，如年产××千米预应力混凝土管道。对于混凝土砖或砌块，可以用年产制品的表观体积之和表示，如年产××万立方米混凝土空心砌块。

4.2.2 产品方案与生产系数

混凝土制品工厂建设的全部项目需依据工厂的产品大纲及生产规模确定。工厂的产品大纲又称为产品方案，混凝土制品厂所生产的产品品种、数量，同样需要考虑当地及施工现场的产品需求，以满足工程需要或当地建设需要为准。由于制品生产过程中可能存在扬尘、噪声等污染，混凝土制品厂应远离居民聚集区，混凝土构件预制厂的设置需考虑气候、原材料供应、供电、供水、供热、交通等条件，可将工厂设置于郊区、道路或铁道施工现场，且处于下风向位置。确定铁路预应力混凝土梁厂的产品大纲，可以表达为 32m 梁 400 片、24m 梁 200 片、16m 梁 200 片，或者其产品大纲的表示为年产 800 片 T 形梁，产品种类有 16m、24m、32m 梁等。

在混凝土制品的生产过程中，由于设备、工艺及其他客观因素的影响，使实际产量与设计计算产量不相符合。一般混凝土构件厂产品服务半径在 50 千米以内，但铁路建设所需桥梁、轨枕以及水电建设所需的大型管道等装配式混凝土制品不受此限制。进行 PC 工厂设计时，为使设计更接近生产实际情况，保证正常、连续生产，需采用生产系数加以调整。这些生产系数有日产量不均衡系数、时间利用系数、设备利用系数等设计系数。

1. 日产量不均衡系数

日产量不均衡系数是考虑到生产任务不平衡，影响平均日产量而相应采用的产量提高系数。设计中，日计算产量按下式计算：

$$Q_j = \frac{Q}{T} K \qquad (4-1)$$

式中　Q——年设计产量，m³/a；

　　　Q_j——日计算产量，m³/d；

　　　T——年生产天数，扣除节假日，每年正常生产天数以 250d 计算；

　　　K——日产量不均衡系数，$K=1.0\sim1.6$。

日产量不均衡系数随工厂性质不同而不同，对于一般 PC 工厂，$K=1.2$；对于单一产品工厂，$K=1.0$；对于临时性工厂，$K=1.4\sim1.6$。

2. 设备利用系数

设备利用系数是指机械设备在工作时间内的有效利用率。生产过程中，有些设备是间歇式工作的（如振动台），有些设备不能连续运转，或由于工序间的衔接、维修等原因造成设备达不到额定产量，而采取的修正系数。设备利用系数一般取值 $K_1=0.85$，有些先进的程序控制制品生产线的设备利用系数可适当提高。

3. 时间利用系数

时间利用系数是指工人对每班 8h 工作时间的有效利用率。工人在 8h 工作期间内，除正常的操作时间外还有操作前的准备时间、设备日常的维修保养、上下班交接等辅助工作时间等，由上述因素导致工人不能完全利用工作时间而考虑的系数。设计中，采用的时间利用系数 $K_2=0.90$。有些先进的程序控制制品生产线的时间利用系数可适当提高。

一般情况下，生产系数的确定应根据产品大纲、工作制度、设备特点、机械化自动化水平而确定。机械化、自动化水平越高，时间及设备利用系数越高。每年正常生产天数应扣除法定节假日和周六、日。每年周六、日合计 104d，当前每年法定节假日 11d，这样，正常情况下全年生产天数为 250d。

由于 PC 工厂各工序的工作内容不同，允许全厂或全车间不是同一班制生产。工作制度包括年工作天数、日工作班制、班生产时数。日工作班制可以根据生产规模及拟投入生产的设备数量特点确定。为充分保证工人健康，可采用每天一班（常白班），也可以二班或三班制生产。二或三班制生产可以充分利用场地、设备，在尽可能低的设备土建投入条件下，产生较高效益。但倒班制生产，工人需周期性调整生物钟，对工人身体健康不利。班生产时数，一般确定为 8h。落实周工作时数 40，成型车间的养护工段，可以采用 2 或 3 班制生产，而同一车间的成型工段，只采用单班或 2 班制生产，搅拌车间和成型车间需同步设置生产班制。钢筋车间可以采用单班制生产，在每天单班 8h 的工作时间内，生产出成型车间 2 班或 3 班所用的钢筋或钢筋骨架，成型车间生产暂时用不到的钢筋可储存于钢筋成品或半成品仓库待用。混凝土制品的养护时间较长，一般会超过 8h，这样导致成型车间 8h 工作时间内制造出的构件需要 8h 以上的时间进行蒸汽养护，成型加工和养护不能做到同步。

4.3　台座法生产工艺

台座法是在某一固定台位完成制品的所有加工工序。对于一些大型（体积或重量较大）构件，由于吊运及移动很困难，通常采用台座法组织生产。

台座法组织生产的特点是：

（1）模板及制品不动。生产过程中，从模板支护、钢筋绑扎、混凝土浇筑、成型密实、养护等工艺在固定地点进行，制品及模板不需要因加工工序不同而移动，省去制品移动装置，布置灵活，建设投资较少。

（2）加工设备及生产人员移动。由于在制品加工过程中模板及制品不移动，则需要相应加工设备及生产人员移动。需要支模板时，模板工带着工具或设备进入现场，开始工作，本工种加工任务完成后，工人携工具设备撤离现场，下一工序的生产人员（如钢筋工）携设备进入现场，开始下一工序的操作。依次类推。因而台座法组织生产，前后工序需较好地进行协调，前后工序交接繁琐，所以台座法生产效率较低。

（3）无固定生产节拍，生产灵活。台座法不像流水线生产一样，每个工序紧密衔接，在某工序尚未结束之前，下一工序设备及人员不进入施工现场，因而台座法允许节拍不固定。正是由于其节拍不固定，决定了台座法生产比较灵活，同一台座可生产不同体积、不同形状、不同重量的制品。一些异形构件，更多的是采用台座法组织生产。

4.3.1　台座法设备与工艺计算

工厂生产的制品不同，台座法加工需要的设备不同。以台座法生产预应力混凝土 T 形梁为例，模板支护、成品运输、混凝土浇筑需起重机（桥式或门式）；大型桥梁预制场，需混凝土泵转运混凝土拌和物；混凝土振捣密实设备（附着式、插入式、振动台）；挤压成型设备；预应力钢筋张拉设备（液压千斤顶）；蒸汽养护管道、保温设施（帆布、拼装式养护窑）；台座等。

用于生产的台座，需保证台座基础稳定，不因制品及模板自重导致台座下沉而导致制品变形、开裂。大型制品台座可以和制品底模一体设置，且保证底模有一定的预拱度。长线式制品台座，可以采用预应力混凝土制作，如图4-1所示。其他制品台座，依据制品及模板的重量、模板占地大小、生产加工工艺要求而设置。

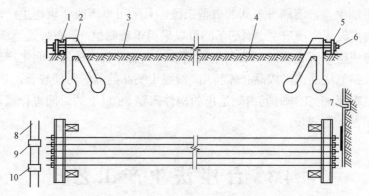

图4-1　长线式台座构造示意

1—横梁；2—承力架；3—钢丝；4—台面；5—定位板；6—夹具；
7—排水沟；8—轨道；9—卷扬机；10—张拉小车

1. 台座数量

应用台座法组织生产时，关键参数是台座数量。以每件制品单一台座计算，可采用式（4-2）。

$$N = \frac{Q}{TK_2 / T_z} \tag{4-2}$$

式中　Q——某期限内所生产的制品数量，件；

　　　N——台座数量，个；

　　　T——生产期限，天；

　　　T_z——台座占用周期，天，可结合生产实际确定，一般指每件制品所有工序的加工时间之和；

　　　K_2——时间利用系数。一般 $K_2=0.9$。

【例4-1】某高铁现场需在280d内生产预应力32m双线整体箱梁800孔，台座占用周期7d（含支模板、绑扎钢筋及预应力管道、混凝土浇筑、蒸汽养护、脱模、初张拉等工序），问需要多少台座？

【解】根据式（4-2）计算。

$$台座数量 N = \frac{800}{280 \times 0.9 / 7} = 22 （个）$$

2. 台座总面积

台座总面积是指理论上为满足生产要求，所需的台座面积总和。台座总面积可依式（4-3）进行计算。

$$F = NfK \tag{4-3}$$

式中　F——台座总面积，m^2；

　　　N——台座数量，个；

　　　f——单个台座面积，m^2；

　　　K——备用系数，$K=1.1 \sim 1.2$。

3. 生产场地面积

对于 PC 工厂的成型车间，制品加工完毕后，考虑到不能及时运输到成品堆场，考虑车间内设置临时存放场地，以堆存制品；同时制品的生产加工也需要一定的操作面积。所以生产场地应有所扩大。生产场地总面积依式 4-4 计算。

$$F' = FK_3K_4 \tag{4-4}$$

式中　F'——台座场地面积，m^2；

　　　F——台座总面积，m^2；

　　　K_3——运输操作增大系数，据表 4-2 选取；

　　　K_4——台座旁存放制品场地增大系数，据表 4-2 选取。

表 4-2　　　　　　　　　　　台座法生产场地面积计算系数

产品名称	过道增大系数 K_3	场地增大系数 K_4
多孔板、砌块	$1.80 \sim 2.0$	1.30
屋面板、槽板	$1.65 \sim 1.80$	1.20
吊车梁	$1.55 \sim 1.65$	1.60
屋架（薄腹）	$1.65 \sim 1.80$	1.20
大型板材	$1.40 \sim 1.50$	$1.20 \sim 1.30$
翻转模制品	$1.40 \sim 1.50$	1.30

4.3.2　台座法成型车间的工艺布置

台座法成型车间的布置需考虑下列因素：

（1）操作面积足够大：台座法组织生产时，设备、材料、人员均集中于正在生产的台座，因而在台座周围需设置足够的操作面积，台座间距要足够大。以后张法 32m 的 T 形梁为例，每个台座周围需考虑下列工序的操作面积：模板支护、钢筋及预应力管道绑扎、混凝土浇筑、混凝土养护、拆模、穿预应力钢丝（或钢绞线）、初张拉、移梁。如穿预应力钢丝时，由于钢丝有一定刚度，且钢丝不能弯折，两个台座间的纵向距离须满足要求，若台座间纵向距离过小，将导致钢丝穿入预应力孔道更为困难。

（2）台座与车间内墙要有足够的安全距离。

（3）在台座周边或底部布设蒸汽养护管道。

（4）大型构件的台座纵向轴线与最好车间纵向一致，以方便大型构件转运。

（5）车间轨顶及柱顶标高应满足转运大型构件的要求。

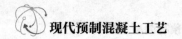

4.4 机组流水法生产工艺

4.4.1 机组流水法的车间布置原则

机组流水法主要适合中小型构件的生产组织，制品及模板的移动以车间内设置的起重机实现。在每个工位周边允许存放待加工的制品，所以生产节拍不固定。相对于台座法而言，机组流水法需专门的起重机辅助操作，设备投入较大，但生产效率较高。与台座法不同，机组流水法成型的组织方式存在下列特点：

（1）每一加工工序的工位固定，制品及模板移动；

（2）操作人员及加工设备位置不动；

（3）流水节拍不固定。

机组流水法生产线可按不同的工序分区进行，如模板清理组装区、成型区（含钢筋入模、先张法预应力张拉、混凝土浇筑、振捣成型等工序）、养护区、拆模区、后张法预应力张拉区等区域，制品及模板在各区域间移动时，通常采用车间内的桥式起重机实现，因而在机组流水法车间中，起重机工作频繁，给车间布置及生产安全造成诸多不利影响。所以在机组流水法车间中，制品及模板的移动，可以采用传送辊道、模板小车等在平面上实现制品及模板移动，仅在制品入窑、出窑及成品装车（将制品运往成品堆场的制品运输车）、模板上辊道等工序采用起重机。图4-2是机组流水法车间布置实例。

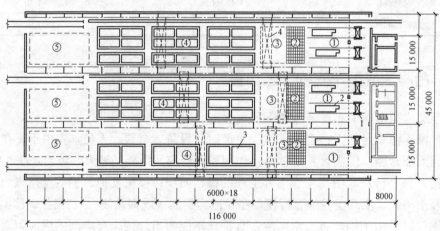

图4-2　PC构件成型车间（机组流水法）

1—浇筑机；2—振动台；3—蒸汽养护坑；4—桥式起重机

①—成型区；②—钢筋存放区；③—模型组装区；④—养护坑；⑤—脱模区

4.4.2 机组流水法的生产设备

以机组流水法组织生产时，车间劳动生产率与下列因素有关：

1. 振动台工作能力

振动台的工作效率，决定了成型车间的生产能力。振动台的生产能力可按式（4-5）计算。

$$Q_B = V_h \times \frac{60}{T_c} \times T_B K_1 K_2 \qquad (4-5)$$

式中　Q_B——振动台生产能力，m³/班或件/班；

　　　V_h——每次成型的混凝土数量，m³ 或件；

　　　T_c——振动周期，min；$T_c = T_a + T_b$，其中 T_a 是净振动时间，T_b 是辅助操作时间，单位，min；

　　　T_B——每班生产时间，h；

　　　K_1——设备利用系数，0.85；

　　　K_2——时间利用系数，0.9。

振动台的班生产能力确定后，可根据成型车间生产要求，计算车间内振动台个数。

2. 起重机工作能力

在机组流水法成型车间内，起重机是衔接各工序制品及模板转移的重要设备。起重机的台数可根据生产任务和起重机生产能力而确定。机组流水法车间布置形式如图 4-2 所示。

起重机在成型车间内的工作，可分解为下列内容：

（1）由脱模区将空模吊上振动台，此工作时间记为 T_1；

（2）从振动台将成型完毕的制品吊至表面修正工位，，此工作时间记为 T_2；

（3）将制品及模板从表面修整工位吊至养护坑，此工作时间记为 T_3；

（4）将养护结束的制品及模型吊至脱模区，此工作时间记为 T_4；

（5）将成品起吊拆模并将成品吊至车间内临时存放区，此工作时间记为 T_5；

（6）由成品临时存放区将制品吊至成品运输车，此工作时间记为 T_6；

（7）将出坑的制品及模板吊至脱模区，此工作时间记为 T_7。

因此，在机组流水法车间内，起重机完成每件制品的制造工作，其工作循环时间 T 可以下式计算：

$$T = T_1 + T_2 + T_3 + T_4 + T_5 + T_6 + T_7 \qquad (4-6)$$

起重机在每个循环的每步起重运输操作中，又有下列工作：挂钩时间（0.25min）及脱钩时间（0.2min）、吊钩起升时间、大车运行时间、小车运行时间、吊钩下降时间。以 T_1 为例：

$$T_1 = 0.25 + \frac{h}{v_1} + \frac{L}{v_2} + \frac{L'}{v_3} + \frac{h'}{v_4} + 0.2 \qquad (4-7)$$

式中　　h、h'——吊钩起升和下降高度，m；

v_1、v_2、v_3、v_4——起重机吊钩升、降和大车及小车运行速度，m/min；

　　　L、L'——起重机大车及小车运行距离，m。

工作循环中其余工作过程，均按式（4-6）计算工作时间，则完成一件制品的工作

循环总时间 T（min）可计算。

起重机台数确定，依式（4-8）计算。

$$N = \frac{mT}{60K_1K_2} \qquad (4-8)$$

$$m = \frac{Q}{8}$$

式中　N——起重机台数，向上取整，台；

　　　m——每小时吊运操作循环次数，次/h；

　　　K_1——设备利用系数，0.85；

　　　K_2——时间利用系数，0.90；

　　　Q——每班生产的制品件数，件/班或模/班。

3. 养护设备（养护坑）工作能力

以机组流水法组织生产时，制品的成型过程可按流水法控制，但制品养护一般为养护坑或间歇式隧道窑养护。

养护坑尺寸确定可参照表4-3。

表4-3　　　　　　　　　　　　确定养护坑尺寸的方法

类型	振动台台面尺寸/mm	相应养护坑净空尺寸/mm		
		长	宽	高（深）
按振动台台面尺寸确定养护坑尺寸	2000×6000	7000	2500	2500
	3000×6000	7000	3750	2500
	3000×12 000	14 500	4000	3000
按单一产品及模板外形尺寸确定养护坑尺寸	1. 养护坑的净高（深）H，是下列参数之和 $H = \sum$模板高 $+ \sum$模板间上下空隙（每层30～50mm） 　　$+$ 坑底垫木高（150～200mm） 　　$+$ 顶部预留间隙（200～300mm）			
	2. 养护坑的净宽 B 是下列参数之和 $B = \sum$模板宽 $+ \sum$模板水平间距（>200mm） 　　$+$ 模板与坑壁或滑轨间隙（200～300mm）			
	3. 养护坑净长 A，是下列参数之和 $A = \sum$模板长 $+ \sum$模板长度方向间隙（>200mm） 　　$+$ 模板端部与坑壁或滑轨间隙（200～300mm）			

养护坑数量可按式（4-9）、式（4-10）计算。

当采用单班制生产时：

$$n = \frac{Q}{q} + C \qquad (4-9)$$

当采用二班或三班制生产时：

$$n = \frac{Q}{qK_1 \dfrac{T_2}{T_1}} + C \qquad\qquad (4-10)$$

式中　n——养护坑数量，个；

　　Q——车间日计算产量，件或模/d；

　　q——每个养护坑内堆放的制品件数或模数，个（模）/坑；

　　T_1——养护周期，h；

　　T_2——全天工作时间；

　　K_1——时间利用系数，0.9；

　　C——备用坑数量，1～2 个。

4.4.3　机组流水法的车间布置

　　混凝土拌和物布料是将混凝土拌和物浇筑入制品模板的加工过程。混凝土布料一般用混凝土布料车，或用吊斗进行布料。根据拌和物来料方式不同，可分为直接接料式和二层平台给料式形式。直接接料式将混凝土布料车直接开到搅拌车间的混凝土搅拌机下料口处直接接料，后返回完成布料工作，车间布置方案如图 4-3 所示。二层平台给料则由搅拌车间设置下料夹层，夹层内有混凝土运料车将混凝土拌和物由搅拌车间运送至成型车间，并将混凝土拌和物由平台下料漏斗送入成型车间的混凝土布料车，由布料车完成混凝土拌和物浇筑，给料方案如图 4-4 所示。此外，设置二层平台需考虑以下问题：

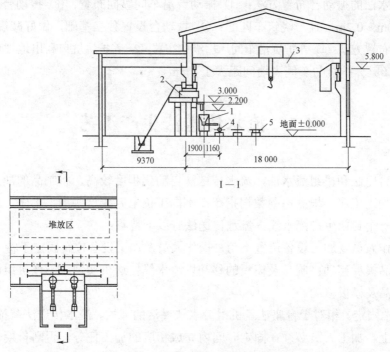

图 4-3　直接接料式车间布置方案

1—混凝土布料车；2—混凝土搅拌机；3—桥式起重机；4—构件模板；5—模板托轮

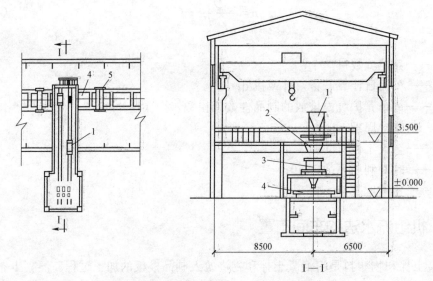

图 4-4 单跨车间的二层平台给料方案
1—混凝土运料小车；2—下料漏斗；3—混凝土布料车；4—模板车；5—振动成型机

① 二层平台标高应与搅拌车间下料层标高一致；② 二层平台宽度取决于供料运输线数量，与搅拌车间下料层的要求一致；③ 二层平台卸料口位置与尺寸要根据运料小车的卸料方式确定，在运料小车卸料位置上设置行程限位开关。

机组流水法的振动台布置方法：① 振动台沿车间纵向布置；② 振动台一般高出地坪（±0.000m）0.2m，且与浇筑车匹配；③ 振动台设置独立基础，做好减震设施。

养护坑布置方法：① 养护坑沿车间厂房纵向布置；② 养护坑坑口高出地坪（±0.000m）0.5m 以上；③ 养护坑与车间内墙间距大于 1.5m。

4.5 流水传送法生产工艺

相对于台座法和机组流水法，流水传送法自动化程度较高，将制品的加工过程分解设置为若干加工工序，根据电脑数据指令在不同工位上完成这些加工工序，然后将这些工位组织在一个封闭生产流水线。流水传送法有以下特点：

（1）操作人员及加工设备位置不动，操作人员及加工设备位置固定于特定工位。

（2）制品模板移动；制品及模板的移动以流水线传送机实现，不像机组流水法以起重机实现制品及模板移动。

（3）节拍固定。相对于台座法及机组流水法灵活的节拍，流水传送法节拍是固定的。在不同工位上，加工人员必须在固定时间内完成相应的加工任务，否则长期占用工位，导致下一件制品不能正常成型。

（4）生产不灵活。流水传送法生产线一旦成型，其能够生产的制品种类就确定了。

一般情况下，一条固定的流水线仅能生产单一产品。

4.5.1 流水传送的节拍

流水节拍是指在流水传送法组织生产时，制品及模板一次移动到下一次移动的时间间隔。包括制品在某工位的加工时间和制品模板在生产线上的移动时间。也就是说，在已确定的节拍内，必须完成制品的相应加工任务，且还要保证制品从本台位到下一个工作台位的移动时间。流水节拍越短，生产线劳动生产率越高，单位时间内生产的制品数量会越多。但短节拍需要更多地工作台位数，生产线会越长。所以，确定节拍需要在生产率和生产线长度两方面平衡。

要想合理确定节拍，需将制品生产过程的个工序进行合理的拆分组合。

可以根据制品的年产量，确定节拍上限。见式（4−11）。

$$R = \frac{8 \times 60}{Q} K_1 K_2 \qquad (4-11)$$

式中 R——流水节拍，min；

Q——生产线台班计算产量，件（块、模）/班；

K_1——设备利用系数，取 0.85；

K_2——时间利用系数，取 0.90。

该节拍计算值可用于校核已设定的生产节拍。如已设定节拍小于该值，可采用设定节拍。设定节拍时，应以耗时最长的工序节拍为准。一般混凝土制品，振动成型及抹面耗时（振动周期+抹面时间）最长，可将该时间设置成节拍。式（4−11）稍加变形，也可以用于已确定节拍的生产线台班生产率计算。一些常见产品生产的节拍，可参考表 4−4。

表 4−4   几种常用制品的流水节拍

产品名称	生产节拍/min	产品名称	生产节拍/min
预应力大型屋面板	6～8	外墙板	20～22
预应力多孔空心板	12～13	内墙板预应力	15～16
预应力实心楼板	20	单槽瓦	5

影响流水生产线生产效率的参数主要有节拍和工作台位数。一般节拍越长，工作台位数越少；反之，节拍越短，工作台位数越多，生产线越长。在流水生产线设计过程中，如已设定节拍大于式（4−11）的计算值，需缩短设定节拍，将每个工作台位上的工作内容进一步分解，减少每个台位上的加工时间，降低节拍。合理的流水传送法生产线是节拍与工作台位数综合平衡的结果，由于工作台位数增加，生产线需延长，设置生产线的成型车间面积需增大。同时，整条生产线需设置预留备用的工作台位数。一般备用 2～3 个工作台位。

4.5.2 流水传送的工艺布置

流水传送工艺自动化、联动化程度较高，某些特殊制品如小型空心砌块甚至可以采用计算机进行程序化控制，生产效率较高，可以实现制品的三班倒连续生产。流水传送法封闭的生产流水线可以是平面循环流水，也可以是立体循环流水。平面流水线主要应用地上贯通式隧道窑或折线窑，立体流水可以采用贯通式的地下隧道窑或立窑养护。平面循环流水传送工艺如图 4-5 所示。

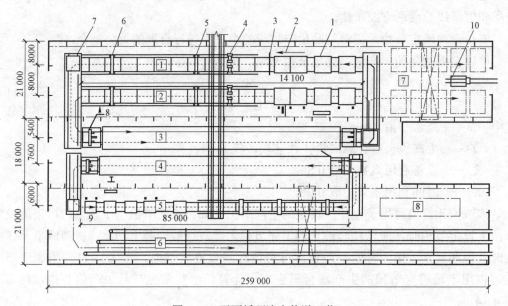

图 4-5　平面循环流水传送工艺

1—楼板生产线；2—内墙板生产线；3—外墙板生产线；4—楼板及内墙板隧道窑；5—外墙板隧道窑；

6—外墙板装修线；7—成品堆放区；8—异形构件生产区

—— 带制品的模车运行线路；········· 模车运行线路；—·—·— 制品运行线路

1—模车；2—横向钢筋张拉机；3—纵向钢筋张拉机；4—浇筑机；5—振动成型机；

6—抹光机；7—摆渡车；8—升降顶推机；9—翻板机；10—成品运输车

流水传送法生产线上，制品和模板的移动分纵向移动和横向移动。所谓纵向移动，是指制品和模板沿制品长度方向上的移动，一般以传送带实现；横向移动是指沿制品及模板宽度方向的移动，横向移动以摆渡车实现。总体上讲，封闭的生产线包括制品及模板的纵向与横向移动。如生产线制品及模板纵向移动与车间纵向一致，生产线好布置，设备安装及操作容易实现，操作空间宽松；而制品的横向移动方向与车间纵向一致时，加工设备与操作空间不好布置，故一般制品生产车间不采用该方式。

流水传送法组织生产时，设备复杂，除必要的加工设备外还需要设置制品及模板的传送机构，如传送带、顶推机构、摆渡小车等，以实现制品和模板的移动，设备投入较高，工厂回收周期较长。

4.6　成 组 立 模 生 产 工 艺

4.6.1　成组立模的工艺特点

成组立模是混凝土制品竖向生产的一种设备。成组立模成型，可在模腔内加热养护混凝土制品，无需另设养护窑。立模成型工艺特点是占地面积小，能源消耗低，生产效率高，制品表面平整光滑；但劳动条件较差，分层浇筑易使得混凝土制品上下强度不均匀及制品两侧表面有气孔。装配式建筑构件中，一般的墙板、楼板等板形构件，由于其外形相对规整，构件某一维（板形构件的厚度）尺度小于其他二维（板形构件的长、宽）尺度，可以将多块构件叠加起来进行制备，所以成组立模更适合转配式建筑构件的生产制备。当前国内成组立模多为悬挂式工艺，每一组立模一次可生产板材 5～9 块。悬挂式成组立模如图 4-6 所示；悬挂式成组立模成型工艺流程如图 4-7 所示。

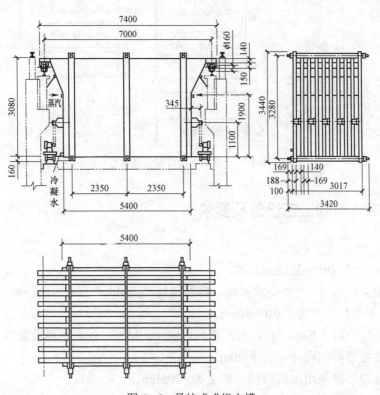

图 4-6　悬挂式成组立模

现代预制混凝土工艺

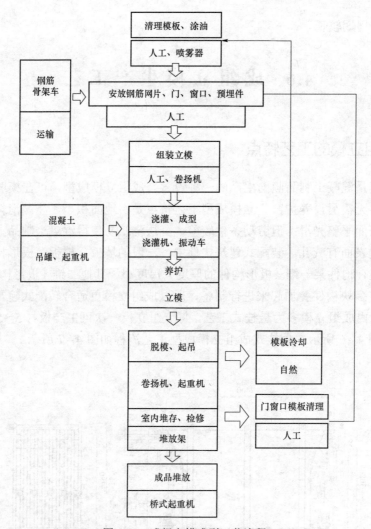

图 4-7 成组立模成型工艺流程

4.6.2 成组立模的工艺设备及要求

1. 浇筑及振捣成型要求

（1）每组立模同时分层浇筑振捣。

（2）每组立模分 6~7 次浇筑振捣，每层浇筑高度 40~50cm，同一制品浇筑高差不大于 20cm，相邻制品不大于 30~40cm。

（3）每浇筑一层，振捣一次，每次振捣时间 1~2min，以每层顶面混凝土泛浆为止。

（4）两次振动时间间隔不大于 20min。

（5）制品最顶部采用加压振动，加压 5~10MPa。

2. 振捣偏心块位置

悬挂式立模振捣器位置如图 4-8 所示。可以在每块模板两侧各安装一个振捣器；可

108

以每隔一块模板，在模板两侧各安装一个振捣器；也可以每块模板只安装一个振捣器，交错布置。当前工程采用较多的是图 4-8（c）所示的安装方式。振捣器的安装高度，可在距模板底部，在模板高 1/3～2/5 的位置安装。

3. 制品养护

由于立模密闭性好，制品（大板）上下两面及周边均有模板限制，故立模制品养护可省略静停阶段，制品成型完毕，立模顶部以槽钢封闭后，直接进入升温阶段。

养护制度的确定：① 升温。升温速度 15～20℃/h，升温时间 2～3h。② 恒温。恒温温度及时间根据材料性质，由实验而确定。如生产硅酸盐混凝土制品（加气混凝土隔墙板），恒温温度不低于 95℃，恒温时间 5～7h；钢筋混凝土制品热容量较大，立模成组后密闭性良好，降温速度慢，一般降温速度 1～3℃/h，所以钢筋混凝土大板制品在升温结束后，采用停气保温来满足生产要求。③ 降温。为保证制品表面不出现收缩裂缝，拆模前需设置降温阶段，降温速度及时间由实验确定。有的采用离缝降温，先将模板离开 1～2cm，停 1～3h 后，再离开 8～10cm 停 1～2h，后起吊拆模。冬季总降温时间 5h 左右，夏季为 1～2h。生产中，立模的温控以制品上端 20cm 处的温度为准。

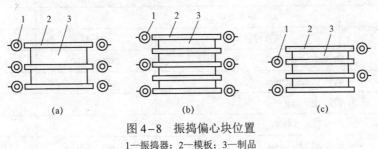

图 4-8　振捣偏心块位置
1—振捣器；2—模板；3—制品

4.6.3　成组立模的工艺计算

1. 成组立模的组数和间隔数选择要求

（1）成组立模的组数和间隔数选择，首先考虑车间产量，并与整个工厂工艺设计取得平衡。

（2）成组立模的组数和间隔数划分，必须最有效地提高设备周转率，当采用连续生产时，可参照式（4-12）进行计算。

$$nt \approx T \qquad\qquad\qquad (4-12)$$

式中　n——立模组数，组；

　　　t——完成一组立模全部工作所需时间，h；

　　　T——制品蒸汽养护持续时间，h。

2. 立模需要量计算

成组立模需要量以式（4-13）进行计算。

$$Q = \frac{Q_{j日}}{\dfrac{24}{T} P K_1 K_2} \qquad\qquad (4-13)$$

式中　Q——需要的立模组数，组，取整数；

　　$Q_{j日}$——日计算产量，块；

　　　T——模板周转需用时间，h；

　　　P——每组立模成型的制品块数，块；

　　　K_1——设备利用系数，取 0.85；

　　　K_2——时间利用系数，取 0.90。

4.6.4　成组立模生产工艺实例

表 4-5 是某厂采用成组立模生产陶粒混凝土墙板的工艺参数。表 4-6 是某厂采用成组立模生产粉煤灰矿渣混凝土楼板的工艺参数。

表 4-5　　　　　　　　　　陶粒混凝土楼板成组立模生产工艺参数

项目名称		参数	备注
立模间隔数		5	
拌和物和易性/cm	矿渣、炉渣混凝土	1～3	
	陶粒混凝土	3～4	
振动频率/（次/min）		2800～3200	
满载平均振幅/mm		0.12～0.23	
偏心动力矩/（kg·cm）		8	
分层浇筑次数/次		6～7	
每层浇筑厚度/mm		400～500	
每层振动时间/s	矿渣、炉渣混凝土	60～120	
	陶粒混凝土	60～120	
成型时间（含浇筑振动）/min		45～60	
两次浇筑成型允许最大间隔时间/min		20	
立模准备时间（包括清模、涂油、安放钢筋、预埋件、组装立模）/min		90	操作人员 5 人
脱模时间（包括卸模、起吊制品）/min		30	操作人员 4 人
养护时间/h	升温	3～4	制品设计强度等级 C10～C15
	恒温	7	
制品蒸汽消耗量/（kg/m²）		500	
蒸汽养护进汽压力/MPa		0.1	
修补制品在车间养护时间/d		2	
每成型工段成组立模车间辅助面积/m²		50	
每块立模耗钢量/t		1.9	
立模周转率/（次/昼夜）		1～1.5	
需消除缺陷制品百分率/（%）		5	

表 4-6　　　　　　　　　　　成组立模生产粉煤灰矿渣楼板工艺参数

项目名称		参数	备注
立模间隔数/个	生产外墙板（24cm）	7	钢筋混凝土立模
	生产内墙板（14cm）	8	钢立模
混凝土拌和物和易性/cm	内墙板	6～9	
	外墙板	5～7	
振动频率/（次/min）		2700	
偏心动力矩/（kg·m）		17.2	
平均振幅（满载）/mm	钢立模	0.4	
	混凝土立模	0.25	
电动机功率/kW		8×2.8	8 模 7 制时
分层浇筑次数/次		6～7	
每层浇筑厚度/mm		400～500	
每次振动时间/s		60～120	操作人员 5 人
混凝土浇筑振捣总时间/min		45～60	
二次浇筑成型允许最大时间间隔/min		20	
制品养护时间/h	外墙板　升温	10～12	设计强度（10MPa）
	恒温	8～9	
	内墙板　升温	6～8	设计强度（15MPa）
	恒温	6～8	
制品恒温要求温度/℃		95～100	可立即脱模
脱模时间（包括拆模、吊出制品）/min	5 间格	30	操作人员 3 人
	7 间格	40	
立模准备时间（包括清理、涂油、安放预埋件及组模、立模）/min	5 间格	60	操作人员 5 人
	7 间格	不大于 90	
冬季脱模后大板在车间内停放时间/h		8	
需要消除缺陷制品百分率/（%）		5	
成型工段中需要配套钢筋网片数量/套		所有立模 1～2	
修补后制品的养护时间/d		2	
制品蒸汽耗量/（kg/m²）		500	
蒸汽进气压力要求/MPa		0.05～0.15	立模分汽包气压
密封加压养护加压值/MPa		5.0～10.0	
制品堆放定额/（m³/m²）		1.0	
每组立模钢耗量/t	钢立模 5～8 制	30	
	混凝土立模 5～8 制	15	
立模投资	钢立模	～4000	外加工～6000/块
	混凝土立模	～2000	

注　根据现有设备情况及车间大小，内墙板是 8 模 7 制，隔墙板 10 模 9 制为宜。

除前述的悬挂立模之外，当前也采用图4-9所示双腔和四腔成组立模。双腔成组立模有两块电热养护装置的转动侧模和一块柔性振动隔板组成。板0～90材成型后，靠两侧电热模板快速加热30～40min，温度80～90℃后，再重复振动一次。当强度达1～2MPa时，进行脱模，然后在室内放置，使强度进一步增长，或进行二次养护。

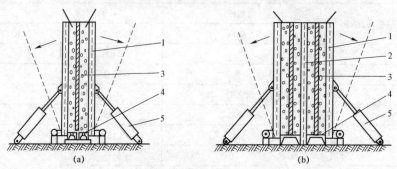

图4-9　双腔和四腔立模示意图
（a）双腔立模；（b）四腔立模
1—可转动的电热模板；2—固定热模板；3—柔性振动隔板；4—底托；5—开模机构

四腔立模与双腔立模工艺相仿，其区别是当制品达到上述脱模强度后，两块板材在一个有共同底托的框架上，连同中间柔性隔板一道，进入养护室进行养护。成组立模的振动成型方法如图4-10所示。

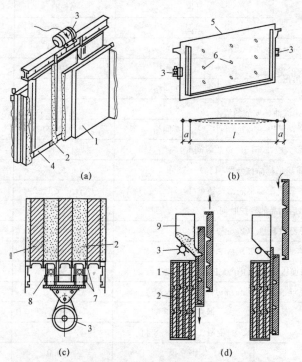

图4-10　成组立模振动成型方法示意
（a）芯模振动；（b）柔性模板振动；（c）底模振动；（d）活动模板振动料斗成型
1—模板；2—混凝土制品；3—振动器；4—振动芯模；5—柔性模板；6—厚度限制器；
7—密封橡胶条；8—减振器；9—振动料斗

4.7　预应力构件生产工艺

4.7.1　概述

1. 预应力混凝土

预应力混凝土是为了弥补混凝土过早出现裂缝的现象，在构件使用（加载）之前，预先给混凝土施加预压应力，使构件受拉区预先受压。这种储存下来的预加压力，可以抵消构件承受由外荷载时产生的拉应力，这就限制了混凝土的伸长，延缓或不使裂缝出现，这就叫作预应力混凝土。根据构件的受力状态及受拉区是否出现裂缝，预应力混凝土分全部预应力混凝土、有限预应力混凝土、部分预应力混凝土。

全预应力混凝土结构指在全部荷载（按荷载效应的标准组合计算）及预应力共同作用下受拉区不出现拉应力的预应力混凝土结构。

部分预应力混凝土结构系指在全部使用荷载作用下受拉区已出现拉应力或裂缝的预应力混凝土结构。其中，在全部使用荷载作用下受拉区出现拉应力，但不出现裂缝的预应力混凝土结构，可称为有限预应力混凝土结构。

（1）预应力混凝土结构特点包括：

1）抗裂性能好。由于全预应力混凝土结构构件所施加的预应力值大，混凝土不开裂，因而构件的刚度大，常用于对抗裂或抗腐蚀性能要求较高的结构构件，如储液罐，吊车梁，核电站安全壳等。

2）抗疲劳性能好。预应力钢筋从张拉完毕直至使用的整个过程中，其应力值的变化幅度小，因而在重复荷载作用下抗疲劳性能好。

3）设计计算简单。由于截面不开裂，因而在荷载作用下，截面应力和构件挠度的计算可应用弹性理论，计算简易。

4）构件反拱值往往过大，由于截面预加应力值高，尤其对永久荷载小、可变荷载大的情况，会使构件的反拱值过大，导致混凝土在垂直于张拉方向产生裂缝，并且，由于混凝土的徐变会使反拱值随时间的增长而发展，影响上部结构件的正常使用。

5）张拉端的局部承压应力较高，需增设钢筋网片加强混凝土的局部承压力。

6）延性较差。由于全预应力混凝土构件的开裂荷载与破坏荷载较为接近，致使构件破坏时的变形能力较差，对结构抗震不利。

（2）部分预应力混凝土结构特点：

1）可合理控制裂缝与变形，节约钢材。因可根据结构件的不同使用要求、可变荷载的作用情况及环境条件等对裂缝和变形进行合理的控制，降低了预加应力值，从而减少了锚具的用量，适量降低了费用。

2）可控制反拱值不致过大。由于预加应力值相对较小，构件的初始反拱值小，徐变变形也减小。

3）延性较好。在部分预应力混凝土构件中，通常配置非预应力钢筋，因而其正截面受弯的延性较好，有利于结构抗震，并可改善裂缝分布，减小裂缝宽度。

4）与全预应力混凝土相比，可简化张拉、锚固等工艺，获得较好的综合效益。

5）计算较为复杂。

根据预应力钢筋与混凝土之间是否存在黏结，又分为有黏结及无黏结预应力混凝土。有黏结预应力混凝土是指预应力钢筋与混凝土本体之间存在黏结应力，预应力可沿预应力钢筋通长分布，结构受力状态较好，对锚具要求较低；无黏结预应力钢筋混凝土是指，在预应力钢筋表面存在阻碍预应力与混凝土黏结的涂层（沥青、油脂，保护预应力钢筋不生锈），预应力完全作用于构件两端的锚具上，对锚具要求较高，但无黏结预应力施工相对较为简便。结合二者优点，当前又有缓黏结预应力钢筋混凝土。在预应力钢筋张拉之前，预应力筋与混凝土之间无黏结，省去后张法施工的孔道预留及压浆工序，在钢筋张拉之后，预应力钢筋与混凝土间逐渐建立黏结应力，降低锚具处的应力集中。但缓黏结预应力钢筋与混凝土之间的黏结材料制备及预应力钢筋表面缓黏结材料的涂层处理较为繁琐。

根据预应力施加时间，分为先张法和后张法预应力混凝土。先张法是在混凝土浇筑前，先张拉预应力钢筋，后浇筑混凝土，当混凝土强度足够高，钢筋与混凝土间黏结应力足够大时，放松预应力钢筋，利用预应力钢筋的弹性收缩，压缩混凝土构件，使构件混凝土内产生预压应力；后张法是在绑扎钢筋同时，设置预应力钢筋孔道（采用波纹管或橡胶管），后浇筑混凝土，当混凝土强度发展到一定程度，在预留孔道内穿预应力钢丝束或钢绞线，再在构件两端利用千斤顶张拉预应力钢筋，对混凝土建立预压应力。

先张法一般适合较低跨度、支座端不需要预应力钢筋增强的构件；后张法适合跨度较大、支座剪力较高、曲线布设预应力钢筋的构件。当采用折线布设预应力钢筋时，较大跨度构件也可采用先张法施工，但此时对设备机具要求较高。

2. 预应力损失及降低预应力损失的措施

由于预应力混凝土生产工艺和材料的固有特性等原因，预应力筋的应力值从张拉、锚固直到构件安装使用的整个过程中不断降低。这种降低的应力值，称为预应力损失。

预应力损失主要有下列几种：

（1）张拉端锚具滑移或螺帽、垫板缝隙的压实引起的预应力损失；

（2）后张法预应力混凝土的预应力钢筋与孔道间的摩擦引起的预应力损失，先张法预应力混凝土中的折线预应力钢筋张拉时，在折点处的摩擦引起的预应力损失；

（3）对先张法预应力混凝土构件，蒸汽养护时引起的预应力损失；

（4）预应力钢筋松弛引起的预应力损失；

（5）混凝土收缩、混凝土徐变引起的预应力损失；

（6）直径不大于 3m 的环形截面构件，由于环向预应力钢筋对混凝土构件的局部挤压引起的预应力损失；预应力钢筋的预应力损失值，可根据《混凝土结构设计规范》（GB 50010—2010，2015 年版）进行计算。在实际施工过程中，有时可采用超张拉的方法降低预应力损失。

1）减小孔道磨阻引起的预应力损失，超张拉程序如下：

$$0 \rightarrow 1.1\sigma_{con}（持荷 2min）\rightarrow 0.85\sigma_{con}（持荷 2min）\rightarrow \sigma_{con}$$

超张拉钢筋中的应力比一次张拉至 σ_{con} 的应力分布均匀，预应力损失要小一些。实际工程中，可现场测试预应力钢筋孔道磨阻应力值，在进行预应力钢筋张拉时，计入该值，以尽可能降低孔道磨阻的影响。

2）减小预应力钢筋松弛引起的预应力损失，超张拉控制程序如下：

$$0 \rightarrow （1.05\sim1.1）\sigma_{con}（持荷 2min）\rightarrow 0 \rightarrow \sigma_{con}$$

因为在较高应力下持荷两分钟所产生的松弛损失与在较低应力下经过较长时间才能完成的松弛损失大体相当，所以经过超张拉后再张拉至 σ_{con} 时，一部分松弛损失已完成，以此降低松弛造成的预应力损失。实际工程中，预应力钢筋松弛值也可实际测试，进行预应力钢筋张拉时，计入该值。

4.7.2　预应力施加方法

根据预应力混凝土结构原理，预应力钢筋在弹性限度内被拉长再放松后，由于预应力钢筋的弹性收缩，（利用钢筋与混凝土间黏结或预应力钢筋端部锚具）使混凝土受到预压应力。因此，在预应力混凝土结构施工时，应首先将预应力钢筋拉长，再利用其收缩产生预压应力。根据拉长方式不同，可分为机械张拉、电热张拉或化学张拉等方式。

1. 机械张拉

机械张拉法是借助于机械或机具张拉预应力钢筋的方法。机械张拉分先张法和后张法施工。根据设计的张拉应力，将钢筋张拉到一定的数值并加以锚固后，再用不同方法与混凝土结合在一起。

（1）先张法台座。

1）先张法台座一般要求。台座是先张法施工的预应力钢筋的承力设备，通常有台面、承力架（台墩）、横梁、定位板等几部分组成，如图 4-11 所示。台座应具有足够的强度及稳定性，以降低预应力损失。

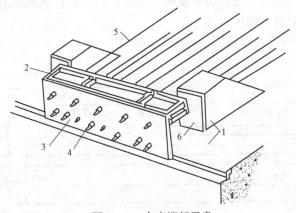

图 4-11　台座端部示意

1—承力架（台墩）；2—横梁；3—定位板；4—夹具；5—钢丝；6—预埋铁板

台面兼作底板应用。各种台座的台面基本相同，台座长度根据制品类型、尺寸和每次成型的件数不同，可设为 50～200m。台座宽度取决于制品的尺寸及操作因素，一般为 0.9～2m。台座平整度，一般在 2m 内的凹凸不平不超过 3mm。台面需设 0.5% 的排水坡度。露天台座每个一定距离应设置伸缩缝。

承力架是台座的受力部分。如采用图 4-11 所示的台墩式承力机构，需保证在最大张拉力作用下台墩不滑移、不倾覆；如采用柱式承力架，需保证承力柱有足够的刚度，在最大张拉力作用下不产生变形，如以钢筋混凝土制作的柱体承力，需混凝土干缩及徐变稳定后，才可以承力。

2）台座类型。

① 墩台式台座。墩台式台座又分为重力式、构架式、桩式、混合式台座，如图 4-12 所示。

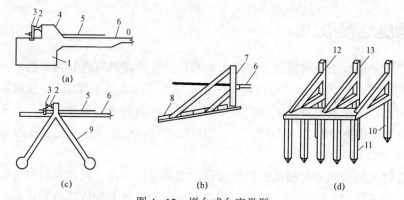

图 4-12　墩台式台座类型
（a）重力式；（b）构架式；（c）桩式；（d）混合式
1—重力墩；2—横梁；3—承力钢板；4—牛腿；5—钢筋；6—台面；7—型钢构架；8—混凝土板；
9—爆扩桩；10—受压桩；11—受拉桩；12—边部构架；13—中间构架

重力式台座依靠墩台的重力及台面承载，可适当延长墩台至 O 点的距离以增大抗倾覆力矩。该台座抗滑移能力主要以台面提供。

构架式、桩式及混合式墩台能承受较大的张拉力，且其承载能力与台面长度无关，因而可制作更长的混凝土构件。

② 槽式台座。槽式台座构造如图 4-13 所示。

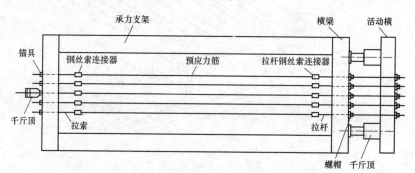

图 4-13　槽式台座

　　槽式台座主要由底板、承力架、横梁、定位板和固定端装置。底板宽度由预应力构件的宽度决定，主要有水磨石底板和钢板底板，长度 50～120m；承力架是台座的主要受力结构，可以钢筋混凝土或型钢加工制作；横梁是将预应力筋的张拉力传给承力架的横向构件；定位板用于固定预应力筋的位置；固定端装置含锚具及放张千斤顶，用于固定预应力筋位置并在预制混凝土完成后放松预应力钢筋，它设在非张拉端，仅用于一端张拉的先张台座。

　　槽式台座既可承受张拉力和倾覆力矩，加盖后又可作为制品的蒸汽养护槽。

　　（2）张拉锚具、夹具与机具。张拉预应力钢筋的机具和设备可以根据生产的具体条件选用液压千斤顶及高压油泵张拉，或采用简单的张拉机具张拉。

　　1）锚具及夹具。锚具是用于后张法制品端部固定预应力钢筋的装置，永远与制品联结在一起共同受力，有时又称为工作锚。夹具是临时锚固预应力钢筋，制品制作完毕，即可取下重复利用，又称为工具锚。先张法施工中的锚具多为工具锚。

　　预应力混凝土工程中所用的锚、夹具及连接器代号见表4-7。

表4-7　　　　　　　　　　　　　　锚具、夹具及连接器代号

分类代号		锚具	夹具	连接器
夹片式	圆形	YJM	YJJ	YJL
	扁形	BJM	BJJ	BJL
支承式	镦头	DTM	DTJ	DTL
	螺母	LMM	LMJ	LML
握裹式	挤压	JYM	—	JYL
	压花	YHM	—	—
组合式	冷铸	LZM	—	—
	热铸	RZM	—	—

　　应用于预应力钢筋混凝土工程的锚具、夹具及连接器代号编制原则见图4-14。

　　锚固 12 根直径 15.2mm 钢绞线的夹片式群锚锚具编号为：YJM15-12；

　　锚固 12 根直径 12.7mm 钢绞线的挤压式锚具编号为：JYM13-12；

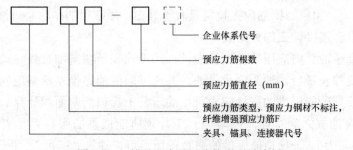

　　　企业体系代号
　　　预应力筋根数
　　　预应力筋直径（mm）
　　　预应力筋类型，预应力钢材不标注，
　　　纤维增强预应力筋F
　　　夹具、锚具、连接器代号

图4-14　锚具、夹具及连接器型号编制

　　工程中常用的锚、夹具如图4-15所示。

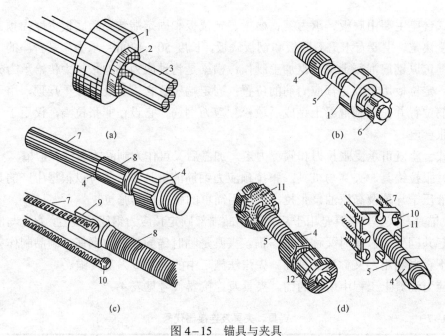

图 4-15　锚具与夹具

（a）YJM12 型锚具；（b）锥形锚具；（c）螺丝端杆夹具；（d）镦粗夹具

1—锚环；2—夹片；3—钢丝束；4—螺帽；5—螺杆；6—锚锥；7—钢筋；8—螺杆端杆；

9—焊接接头；10—镦粗头；11—锚板；12—拉头

连接器是链接预应力钢筋（钢绞线、钢丝束）与张拉传力钢筋或螺杆的装置。也可用于预应力钢筋之间的连接。套筒双拼式连接器构造及应用如图 4-16 所示。

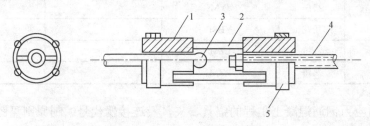

图 4-16　套筒双拼式连接器

1—半圆套筒；2—连接筋；3—钢筋镦头；4—工具式丝杆；5—钢圈

2）张拉机具。预应力钢筋的张拉机具种类较多。最常用的是穿心式液压拉伸机，它由千斤顶、油泵、连接管三部分组成。

工作时，高压油泵向液压千斤顶供油，推动千斤顶活塞向油缸外移动，达到预应力筋的张拉应力及伸长量后，油泵停止供油，并通过回油油路推动活塞退回油缸内。原理上说，液压千斤顶所能提供的张拉应力可由油压及千斤顶活塞面积计算。但实际上，由于千斤顶活塞及油缸之间存在摩擦阻力，千斤顶所能提供的张拉力是"千斤顶活塞面积×油压－摩擦阻力"。千斤顶能提供的张拉作用力可以通过"标顶"（即千斤顶校验）获得。工程中，"标顶"工作可按相关规范操作。

（3）张拉机具的选用。

1）张拉机最大张拉力。张拉机的最大张拉力应略大于预应力筋要求的张拉力。预应力筋要求最大张拉力可根据式（4-14）计算。

$$N_y = \sigma_{con} A_y n \qquad (4-14)$$

式中　N_y——预应力筋要求的最大张拉力，N；

　　　σ_{con}——张拉控制应力，MPa；

　　　A_y——预应力筋截面积，mm²；

　　　n——同时张拉的钢筋根数，根。

张拉机的最大张拉力应为预应力筋要求的最大张拉力的 1.5 倍。

2）张拉机的行程。油压千斤顶所需的行程，应大于预应力钢筋的张拉伸长量，见式（4-15）。

$$l_s > \Delta l = \frac{\sigma_{con}}{E_g} l \qquad (4-15)$$

式中　l_s——油压千斤顶等所需的行程，mm；

　　　Δl——预应力钢筋的张拉伸长值，mm；

　　　σ_{con}——张拉控制应力，MPa；

　　　E_g——预应力钢筋的弹性模量，MPa；

　　　l——预应力钢筋张拉时的有效长度，mm。

3）压力表的选用。压力表显示张拉过程中液压系统的油压，在最大张拉力作用下，压力表的理论油压（或压力表读数计算值）可由式（4-16）计算。

$$P_u = \frac{N_y}{A_y} \qquad (4-16)$$

式中　P_u——压力表油压计算值，MPa；

　　　N_y——预应力筋最大张拉力，N；

　　　A_y——预应力筋截面积，mm²。

为保证压力表的安全使用，压力表计算油压应为压力表量程的 1/3～1/2。

2. 电热张拉

（1）电热张拉原理及特点。电热张拉利用电阻生热和热胀冷缩原理，以低电压的强电流通过钢筋，强电流作用下，钢筋发热伸长，待伸长到规定值时即断电锚固，冷却后使钢筋获得预应力。电热法适合冷拉钢筋作预应力筋的先张及后张的一般制品，不适合用于抗裂度要求严，用金属作预留孔道及长线台座法的制品。

电热张拉法具有设备简单、张拉速度快、生产率高、操作方便、无摩擦损失和断筋现象、便于曲线张拉和高空作业等优点；但也有耗电量大，受钢材匀质性、环境气温及风速影响，用伸长值难以精确控制张拉力等弊端。正常生产前，需以千斤顶抽样校核，以确定伸长值与张拉力的关系。

（2）电热张拉法工艺计算。电热张拉法的工艺计算包括钢筋伸长值、温度、热量、电阻、电流、电压和电能耗等的计算，以确定钢筋伸长值和选择电热设备。

1）预应力钢筋伸长值计算。电热法钢筋伸长值的计算目的是通过钢筋伸长值控制其预应力，因而施工过程中对钢筋伸长值的计算是必要的。当前国内多数预应力混凝土结构中的预应力施加，以机械张拉为最多，电热张拉较少。更多的情况是按机械张拉设计后改为电热张拉施工，此时，应进行电热张拉的应力等效换算。

① 制品按电热张拉设计。设计过程中已考虑的预应力损失，在此不再计入。与生产工艺有关，设计中未予考虑的预应力损失，在伸长值计算时应计入。此时伸长值计算依式（4-17）进行。

$$\Delta L = \frac{\sigma_{con} + 30}{E_g} L \qquad (4-17)$$

式中　σ_{con}——张拉控制应力，MPa；

　　　L——电热前钢筋总长，mm；

　　　E_g——电热后（经电热时效），钢筋的弹性模量，MPa；由实验确定，或取值
　　　　　　2.0×10^5MPa；

　　　30——由于钢筋不直或钢筋产生热塑变形而导致的预应力损失，MPa；

　　　ΔL——电热钢筋伸长值，mm。

② 由机械后张改为电热张拉时钢筋的伸长量计算。电热张拉的伸长值包括基本伸长值和附加伸长值。有机械后张改为电热张拉时，需保证两种方法最终所建立的预应力值相等。由于两种方法在混凝土预压后产生的预应力损失相同，所以预压前钢筋中建立的应力值也应一致。一般设计规定的张拉控制应力 σ_{con} 已包括锚具变形引起的预应力损失 σ_{s1} 和孔道摩擦引起的预应力损失 σ_{s2}，所以预压前钢筋中建立的应力应予以扣除。此时钢筋伸长量（Δl）按式（4-18）计算。

$$\Delta l = \frac{\sigma_{con} - \sigma_{s1} - \sigma_{s2}}{E_g} L \qquad (4-18)$$

附加伸长值记为 $\Sigma \lambda$（mm），可按表4-8选用。

表 4-8　　　　　　　　　　　　电热张拉的附加伸长值　　　　　　　　　　　　（mm）

项次	预应力损失的原因		电热先张法	电热后张法
1		每一帮条锚具和螺杆锚具	1	
2		张拉前所每块垫板	1	
3	锚具变形	每个镦头锚具　光圆钢筋	1	
4		每个镦头锚具　螺纹钢筋	2	
5		块体间每条竖缝	—	2
6		锚具与混凝土直接接触	—	1
7		台座、钢模和制品的弹性压缩	实测	$n\sigma_{h1}L/E_g$
8		钢筋不直和热塑变形	0.000 15L 或 30L/E_g	
9		曲线钢筋弯曲和位置误差	0.000 1L	
10		钢筋长度不等，挡板和锚具倾斜	实测	
		环向预应力筋分批张拉造成的预应力损失	—	$0.5n\mu\sigma_{v1}$

注　σ_{h1} 为预应力使混凝土产生的正应力；$n = E_g/E_h$；$\sigma_{v1} = \sigma_{con} - \sigma_{s1} - \sigma_{s2}$ 为后张法的控制应力。

由机械后张法改为电热张拉时，钢筋的伸长总量（ΔL）以式（4-19）计算。

$$\Delta L = \Delta l + \Sigma\lambda = \frac{\sigma_{con} - \sigma_{s1} - \sigma_{s2}}{E_g}L + \Sigma\lambda \qquad (4-19)$$

2）温度计算。电热张拉过程中，可认为钢筋随温度升高线性膨胀。因而钢筋电热前后的温差按式（4-20）计算。

$$\Delta T = T - T_0 = \frac{\Delta L}{\alpha L} \qquad (4-20)$$

式中　α——钢筋的线膨胀系数，按 0.000 012 取值，1/℃；

　　　T_0、T——电热前后钢筋的温度，℃。

电热后钢筋温度需适当。温度过高，可能会造成冷拉钢筋退火，温度过低，可能会达不到张拉伸长值要求。一般情况下，冷拉Ⅱ级钢筋 250℃以下；冷拉Ⅲ级钢筋，300℃以下；冷拉Ⅳ级钢筋，400℃以下，钢丝 500℃以下。

3）热量计算。加热钢筋的总热量 Q 可由钢筋温升所需热量 Q_1（kJ）和在升温过程中的热量散失 Q_2（kJ）组成。

$$Q = Q_1 + Q_2 = cm\Delta T + KAT_p t \qquad (4-21)$$

式中　Q——加热钢筋总热量，kJ；

　　　c——钢筋比热，0.46kJ/（kg·℃）；

　　　m——钢筋质量，kg；

　　　K——散热系数，预留孔道中，$K = (8.8\sim10)\times10^{-4}$J/（cm^2·℃·s），空气中 $K = 13.4\times10^{-4}$J/（cm^2·℃·s）；

　　　A——钢筋散热表面积，cm^2；

　　　T_p——钢筋与周围介质温差，℃；孔道中 $T_p = T - T_0/3$，空气中 $T_p = T - T_0$；

　　　t——加热时间，s。

4）电阻计算。在明确钢筋电热消耗量后，需明确电阻及加热时间，以便于下一步确定加热电流强度。

钢筋电阻可按式（4-22）计算。

$$R_H = \rho\frac{L}{A} \qquad (4-22)$$

式中　R_H——电阻，Ω；

　　　ρ——电阻率，Ω·m；

　　　A——钢筋截面积，m^2；

　　　L——钢筋长度，m。

交流电通过钢筋时，表层电流密度大于中心，使钢筋电阻比直流时增大。其增加系数 ξ 与钢筋直径 d、交流电频率 f、电导率 γ（7.7×10^6S/m）及磁导率 μ（$2.6\times10^{-4}\sim3.5\times10^{-4}$H/m）有关。可由式（4-23）计算。

$$\xi = d\sqrt{f\gamma\mu} \qquad (4-23)$$

此时，钢筋的平均电阻由式（6-24）计算。

$$\bar{R} = \rho\xi\frac{L}{A}\left[1 + \frac{\alpha'}{2}(T' - T_{\mathrm{H}})\right] \qquad (4-24)$$

式中　T'——钢筋加热最高温度，℃；

　　　T_{H}——标准温度，20℃；

　　　α'——钢筋电阻的温度系数，0.006 3 ℃⁻¹；

　　　$\bar{R}$——平均电阻。

5）电流计算。用于电热张拉时，次级电流可由式（4-25）计算。

$$I = \sqrt{\frac{Q}{Rt}} \qquad (4-25)$$

一般要求，通过钢筋的电流密度 1.5～4A/m²，电流密度小，加热时间长。

6）电压计算。次级电压 U（V）与钢筋长度、直径、次级导线长短、接头情况有关。理论上，可按式（4-26）计算。

$$U = IZ = I\sqrt{(\Sigma R)^2 + (\omega L)^2} \qquad (4-26)$$

式中　Z——电路总阻抗；

　　　ΣR——电路总电阻，Ω；

　　　ωL——电路总感抗。

电路总电阻由钢筋平均电阻（$\bar{R}$）、导线电阻（R'）及夹头电阻（nr）组成，n 为夹头个数。即 $\Sigma R = \bar{R} + R' + nr$。

（3）电热张拉机具选型。

1）变压器或弧焊机。电热张拉要求采用低电压、高电流短时间对钢筋进行加热。所以电热张拉设备须有变压器或弧焊机将 220V 或 380V 的初级电压降压至 30～60V 的次级电压。

前述计算过程已计算得电压（U）和电流强度（I），所以，变压器功率（P）可依式（4-27）、式（4-28）计算。

直流电加热： $\qquad\qquad\qquad P = UI \qquad\qquad\qquad (4-27)$

交流电加热： $\qquad\qquad\qquad P = UI/\cos\varphi \qquad\qquad (4-28)$

式中　$\cos\varphi$——采用交流电时的功率因数。一般变压器的功率因数为 0.85～0.95。

电加热时，次级额定电流应使冷拉Ⅱ、Ⅲ、Ⅳ级钢筋内电流密度分别不小于 120A/cm²、150A/cm²、200A/cm²。变压器或弧焊机功率一般不小于 75kVA。如一台弧焊机不满足使用要求，可多台联用。电流不足，可并联；电压不足，可串联。其接线形式如图 4-17 所示。

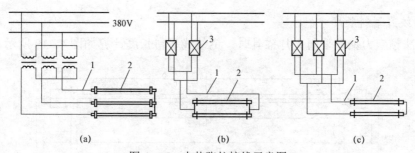

图 4-17 电热张拉接线示意图

（a）三相变压器，钢筋并联；（b）二台弧焊机并联，钢筋并联；（c）三台弧焊机并联，钢筋串联

1—一次级导线；2—钢筋；3—弧焊机

当未计算加热电流与加热电压时，变压器功率可由式（4-29）计算。

$$P = \frac{mc\Delta T}{380t} \tag{4-29}$$

式中　P ——变压器功率，kVA；

　　　m ——同时加热的钢筋质量，kg；

　　　ΔT ——钢筋升温温度，℃；

　　　t ——加热时间，s；

　　　c ——钢筋比热，0.46kJ/（kg·℃）。

2）导线及导电夹具。初级导线普通绝缘硬钢线，次级导线可采用单根绝缘软铜丝绞线。接线时采取必要措施以降低接头电阻。导线温度不应超过50℃，导线选用见表4-9。

表 4-9 铜 导 线 截 面 选 用 表

导线截面/mm²	1000	850	750	500	400	325	250	200	150	125	100
电流/A	1540	1340	1050	900	700	670	570	470	430	340	280
钢筋直径/mm	30~40	28~30	25~32	22~28	20~25	20~25	18~24	16~22	16~20	14~18	12~16
电流密度/（A/mm²）	2.18~1.23	2.08~1.32	2.14~1.31	2.37~1.38	2.32~1.43	2.13~1.38	2.24~1.24	2.34~1.24	2.14~1.37	2.21~1.34	2.47~1.39

注　电流相同，采用铝线时，截面积应增大1.5倍。

导线夹具是连接次级导线和钢筋的工具。一般应满足下列要求：① 电性良好，接头电阻小；② 与钢筋连接紧密，接触面积不小于钢筋截面积的1.2倍；③ 构造简单，拆装方便。

常用夹具有夹板式和夹钳式。夹板式夹具如图4-18所示。

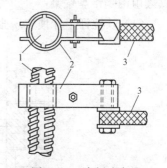

图 4-18 夹板式夹具

1—钢筋；2—紫铜夹板；3—次级导线

4.7.3 预应力钢筋下料计算

预应力钢筋的下料长度计算，应考虑以下因素：构件孔道长度或台座长度、锚（夹）具厚度、千斤顶工作长度、镦头预留量、预应力筋外露长度等。预应力筋呈曲线或折线布设时，还应考虑曲线或折线长度。

1. 钢绞线下料长度

后张法预应力钢筋采用夹片锚具时，钢绞线下料长度计算如图4-19所示。

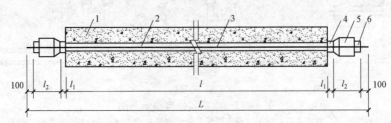

图4-19　钢绞线下料长度计算简图

1—混凝土构件；2—孔道；3—钢绞线；4—夹片式工作锚；5—穿心式千斤顶；6—夹片式工具锚

钢绞线下料长度按式（6-30）及式（6-31）计算。

（1）两端张拉：

$$L = l + 2(l_1 + l_2 + 100) \qquad (4\text{-}30)$$

（2）一端张拉：

$$L = l + 2(l_1 + 100) + l_2 \qquad (4\text{-}31)$$

式中　l——构件孔道长度，mm；

　　　l_1——夹片式工作锚厚度，mm；

　　　l_2——张拉千斤顶长度（含工具锚），mm。

如预应力筋孔道为抛物线形时，孔道长度 L_p 为：

$$L_p = \left(1 + \frac{8h^2}{3l_0^2}\right)l_0$$

式中　h——抛物线矢高；

　　　l_0——抛物线水平投影长度。

2. 钢丝束下料长度

预应力钢丝束的钢丝端部可以镦头，因而可以用镦头锚具，不进行镦头加工时，可以采用钢制锥型锚具。

（1）以拉杆千斤顶实现张拉时，钢丝束下料长度 L（mm）计算简图如图4-20所示。

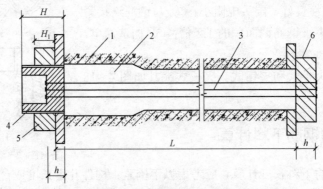

图4-20　采用墩头锚具时钢丝束下料长度计算简图

1—混凝土构件；2—孔道；3—钢丝束；4—锚杯；5—螺母；6—锚板

钢丝束下料长度计算见式（4-32）。

$$L = l + 2(h+s) - K(H - H_1) - \Delta L - c \tag{4-32}$$

式中　l——构件孔道长度（实际测量），mm；

　　　h——锚杯底部厚度或锚板厚度，mm；

　　　s——钢丝镦头预留量，对 ϕ_5^P 取 10mm；

　　　K——系数，一端张拉时取 0.5，两端张拉时取 1.0；

　　　H——锚杯高度，mm；

　　　H_1——螺母高度，mm；

　　　ΔL——钢丝束伸长值，mm；

　　　c——张拉时构件混凝土的弹性压缩值，mm。

（2）采用钢制锥形锚具，以锥锚式千斤顶张拉时，钢丝束下料长度计算简图如图 4-21 所示，计算式见式（4-33）、式（6-34）。

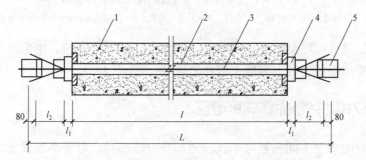

图 4-21　采用钢制锥锚时钢丝束下料长度计算简图

1—混凝土构件；2—孔道；3—钢丝束；4—钢制锥形锚具；5—千斤顶

两端张拉时：

$$L = l + 2(l_1 + l_2 + 80) \tag{4-33}$$

一端张拉时：

$$L = l + 2(l_1 + 80) + l_2 \tag{4-34}$$

式中　L——预应力钢丝的下料长度，mm；

　　　l——构件孔道长度，mm；

　　　l_1——锚环厚度，mm；

　　　l_2——千斤顶分丝头距卡盘外端距离，YZ85 千斤顶为 470mm。

3. 长线式台座预应力钢筋下料长度

长线台座适用于先张法制品的生产。如长线台座制品采用冷拔低碳钢丝或钢绞线做预应力钢筋，可通长下料，不需要钢筋连接器；如采用冷拉钢筋做预应力筋，可依据单个构件长度对每个构件的预应力筋进行下料，然后采用钢筋连接器连接各段钢筋，通长张拉。

采用钢绞线或钢丝时，其下料长度计算如图 4-22 所示，下料长度 L（mm）计算见式（4-35）。

$$L=l_1+l_2+l_3-l_4-l_5 \tag{4-35}$$

式中　l_1——长线台座长度，mm；

　　　l_2——张拉装置长度（含外露钢筋长度），mm；

　　　l_3——固定端长度，mm；

　　　l_4——张拉端工具拉杆长度，mm；

　　　l_5——固定端工具拉杆长度，mm。

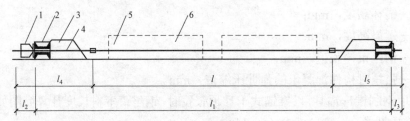

图 4-22　长线台座预应力钢筋下料长度计算简图

1—张拉装置；2—钢横梁；3—台座；4—工具式拉杆；5—预应力筋；6—待浇筑混凝土

如预应力钢筋直接在钢横梁张拉与锚固，可取消 l_4，l_5。此时，由于没有安装钢筋连接器工序，可提高张拉工效，但增大钢筋消耗量。

4.7.4　预应力构件的成型车间布置

预应力构件的成型车间布置与非预应力制品方法相同。对于小型预应力混凝土制品（轨枕、屋面板），可以采用流水传送法或机组流水法；对于大型制品（体积较大或重量较大），由于制品与模板移动困难，可采用台座法组织生产。进行预应力混凝土制品成型车间布置时，需考虑下列因素，以保证操作面积：

（1）保证钢筋张拉操作场地面积。

（2）对于后张法制品，需考虑预应力钢筋孔道预留方法。一般后张法孔道预留可以采用波纹管成孔。波纹管一般由薄钢板卷制，卷制过程中需保证接口处不漏浆，在波纹管布设时，保证波纹管接头不漏浆。也可以采用橡胶管预留孔道。此时橡胶管在混凝土初步硬化后需拔出。拔出橡胶管的时机一般需经试验。之所以采用橡胶管预留孔道，是因为大跨度制品的预应力钢筋一般是曲线布设的，以钢管预留孔道难以实现。橡胶管拔出时，由于在拔出力作用下，橡胶管径缩，橡胶管只需克服局部黏结应力，在较低作用力下容易拔出；而钢管需克服通长孔道黏结应力，拔出力较大。

（3）先张法预应力钢筋放张，需考虑放张操作场地面积。

（4）张拉保护。先张法施工时，在预应力钢筋两端及上部需设置保护设施；防止张拉过程中钢筋拉断造成事故；后张法张拉时，预应力钢筋两端不得站人，张拉操作需在制品侧面完成。

（5）考虑后张法施工中的压浆、封锚及其他操作的场地面积。一般情况下，为保证台座利用效率，后张法制品的压浆、封锚及其他操作（如后张法预应力混凝土桥梁的铺装、防水层施工）可以在移梁后于制品堆场进行，但此时需保证上述操作时的环境温度。

思考题 ···

4-1　名词解释：工厂基本组成、生产规模、产品大纲、生产组织形式、生产系数、工作制度、工厂平面布置、车间工艺布置。

4-2　简述台座法生产工艺。

4-3　简述机组流水法车间布置的一般原则与工艺要求。

4-4　流水传送法车间的工艺布置特点。

4-5　请画出悬挂式成组立模成型工艺流程示意图，如何确定其养护制度？

4-6　预应力混凝土结构特点是什么，怎样布置预应力混凝土制品的成型车间？

4-7　请说明预应力张拉方法及其原理。

第 5 章　钢筋制作工艺

本章提要

预制混凝土的钢筋工艺，包括钢筋分类、钢筋加工工艺方式、钢筋连接方式、钢筋网加工、钢筋骨架焊接加工，以及钢筋加工质量要求与验收方法等。

5.1　概　　述

5.1.1　钢筋的种类

土木工程中常用的钢材品种有钢筋、钢丝和钢绞线三大类。按直径大小，可分为钢丝（直径 3～6mm）、细钢筋（直径 6～10mm）、中钢筋（直径 10～20mm）和粗钢筋（直径大于 20mm）。常用钢丝有刻痕钢丝、碳素钢丝和冷拔低碳钢丝三类。冷拔低碳钢丝又分为甲级和乙级。钢绞线由不同数量的钢丝组成，所用钢丝为高强钢丝，钢绞线常用于预应力结构。

按生产工艺可分为热轧钢筋、热处理钢筋、冷拉钢筋等。热轧钢筋是利用钢材在高温时的塑形，在钢材再结晶温度（500～700℃）以上经轧制成型并自然冷却的成品钢筋。热处理钢筋是用热轧中碳低合金钢钢筋经淬火、回火调质等工艺处理而成的钢筋；冷拉钢筋是在常温条件下，以超过钢材屈服强度而低于钢材抗拉强度的外力拉伸钢筋，以达到节约钢材、对钢筋增强或调直的目的。

按化学成分可分为碳素钢和普通低合金钢，碳素钢按含碳量的多少，可分为低碳钢、中碳钢和高碳钢三种。随着含碳量的提高，钢筋的强度上升，韧性下降。普通低合金钢是在低碳钢和中碳钢中加入少量 Ti、Ni、Mn 等合金元素，从而获得高强度和综合性能良好的钢材；按外形可分为光圆钢筋和变形钢筋。

光圆钢筋（Plain Round Bars，简称 PRB）是经热轧成型，表面光滑、横截面为圆形的钢筋，由钢材在高温状态下轧制而成，主要用于钢筋混凝土和预应力混凝土结构的配筋。工程中采用的 HPB300（牌号命名原则 HPB＋屈服强度，HPB 指 Hot rolled Plain Bars）钢筋为光圆钢筋。其公称直径一般为 6mm、8mm、10mm、12mm、14mm、16mm、18mm、20mm、22mm。直径 6.5～12mm 的钢筋，多数以盘条形式供货；直径 12～22mm 的钢筋一般以直条形式供货，长度 6～12m。

变形钢筋是指钢筋表面有变形，变形形式为横肋和纵肋，又称带肋钢筋（Ribbed Bars），带肋钢筋的横肋为不平行于钢筋轴线方向的表面凸起变形，其形式有月牙形、人字形和螺旋形；纵肋为位于钢筋两侧，平行于钢筋轴线方向上的连续凸起变形。月牙肋钢筋见图 5－1。变形钢筋一般以直条形式供货。带肋钢筋的命名原则为：HRB（Hot rolled Ribbed Bars）＋屈服强度。另有细晶粒热轧带肋钢筋 HRBF（Hot rolled Ribbed Bars of Fine grains），如 HRBF400，HRBF500；此外还有用于抗震结构工程的钢筋 HRB400E、HRB500E（HRB＋屈服特征值＋E，E 代表地震，Earthquake）及 HRBF400E、HRBF500E。

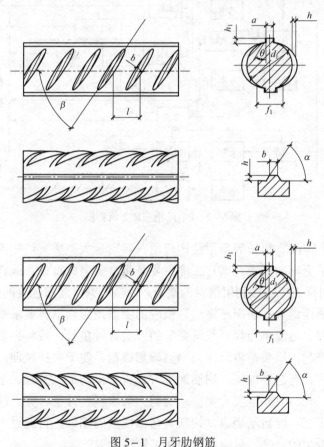

图 5－1　月牙肋钢筋

d_1—钢筋内径；α—横肋斜角；β—横肋与轴线夹角；θ—纵肋斜角；h—横肋高度

按力学性能可分为 HPB300、HRB400、HRB500、HRB600 钢筋，其分级依据是钢筋的屈服强度或屈服特征值。HPB300 钢筋屈服强度 300MPa，表面光圆。HRB400、HRB500 为普通低碳合金钢，强度和硬度逐级提高，塑性逐级下降，表面有月牙形、人字形等变形。HRB600 也是普通低碳合金钢，表面为螺旋形。

5.1.2 钢筋加工方式

钢筋加工是 PC 构件制作流程中必不可少的重要环节，也是影响制作效率和质量的关键环节。钢筋加工工序包括钢筋调直、切断、对焊、弯曲、弯弧、冷拉、墩头、焊网、桁架焊接、套丝等。钢筋加工有全自动、半自动和人工加工三种工艺，全自动钢筋加工主要体现在钢筋调直、切断、弯曲成型环节，包括叠合楼板、双面叠合剪力墙的钢筋网片、桁架筋、箍筋等生产环节。混凝土预制混凝土厂（PC 工厂）钢筋车间钢筋加工工艺流程如图 5-2 所示。

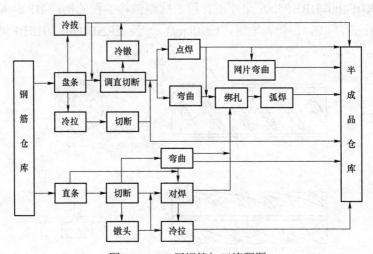

图 5-2　PC 厂钢筋加工流程图

当前，随着大跨度、超长等新型结构应用，特别是大型桥梁结构的出现，对钢材品种和性能也提出了更高的要求。调直工序主要是将盘条调成直条，或将直条钢筋的死弯调直，钢筋的调制直工序一般利用钢材的塑形，以超出钢材屈服强度的外力作用于钢筋，使之发生塑形变形而调直；切断是将钢厂供应的钢筋按图纸下料要求截断；焊接是将钢筋通过对焊、弧焊、电渣压力焊、气压焊等的方式进行接长，或将钢筋交叉点以电阻点焊的方式结合在一起；墩头是将预应力钢筋端部墩粗，便于夹持拉伸；弯曲是将钢筋按图纸要求进行弯钩、弯起等加工。钢筋加工方式有全自动加工方式、半自动加工方式、手工加工方式等三种。对于钢筋骨架复杂的剪力墙墙板、柱子、梁、楼梯、阳台板等，只能采用半自动工艺，经自动调直、切断、弯曲成型的钢筋，再通过人工绑扎或焊接的方式来完成钢筋骨架的组装，只能半自动加工钢筋骨架。

1. 全自动钢筋加工

钢筋的全自动加工方式是将钢筋调直、切断、弯曲成型、焊接等环节自动化，且能够将各种规格型号及形状的钢筋按图纸规定组合，自动组装、焊接成网片或钢筋骨架。但是，能够实现全自动化加工的构件钢筋骨架种类少，范围比较窄。对于配筋规则，钢筋种类较少的构件钢筋骨架，更容易实现全自动化生产。通常全自动钢筋加工与全自动化生产线配套使用，欧洲全自动智能化的构件工厂，钢筋加工设备和混凝土构件生产流水线通过计算机程序能实现无缝对接，只需将构件图纸输入流水线计算机控制系统，钢筋加工设备会自动识别钢筋信息，通过钢筋自动调直、切断、焊接等设备，完成钢筋调直、切断、焊接及运输、入模等各道工序，全过程不需要人工。用于完成一些特殊构件如叠合楼板、双面叠合剪力墙的钢筋加工。钢筋加工设备宜选用自动化智能化设备，如钢筋网片抓取机械手，最大的特点是能够避免错误，保证质量，还可以减少操作人员，提高加工效率，降低损耗。日本、欧洲的 PC 工厂，社会分工更细，混凝土拌和物及钢筋骨架，有专门厂家生产。PC 工厂的钢筋加工通常采用对外委托加工的方式，混凝土制品厂本身不加工钢筋。尤其是日本，钢筋加工配送中心已经非常普遍（类似国内混凝土搅拌站）。钢筋加工配送中心是专业加工配送钢筋的企业，根据 PC 构件工厂或者施工现场的要求，用自动化设备完成各种规格型号的钢筋加工，然后打包配送到工厂或施工现场。

2. 半自动钢筋加工工艺

半自动化加工钢筋是指钢筋的调直、切断、成型等环节实现自动化，但组装成钢筋骨架仍然需要人工完成。目前半自动化加工方式是钢筋加工工艺中应用最多的，半自动加工方式适合大部分预制混凝土所用的单根钢筋的加工。半自动钢筋加工是将各个单体的钢筋通过自动设备加工出来，然后再通过人工组装完成的钢筋骨架，通过人工搬运到模具内。半自动钢筋制作适合所有的产品，也是当前国内众多 PC 工厂采用的钢筋加工工艺。常用钢筋加工运输设备，分别有钢筋网片入模机械手、调直切断机（细钢筋）、棒材切断机、钢筋弯曲机、自动箍筋加工机、自动桁架钢筋加工机、大直径箍筋加工机等。就目前国内建筑结构体系而言，钢筋加工可以采用全自动化的 PC 构件有叠合楼板、双面叠合剪力墙板；尚无法做到钢筋加工全自动化的构件包括女儿墙、非承重内隔墙、夹芯保温板、非承重外挂墙板、楼梯、阳台板、柱、梁、三明治外墙板以及其他造型复杂的构件等。

钢筋加工设备的选择应当符合生产线的需要，如果是全自动叠合楼板生产线，建议配全自动的钢筋加工设备。如果是机组流水或流水传送生产线或台座法生产线，则选择半自动钢筋加工工艺。手工加工方式像大多数现浇工地加工钢筋一样，钢筋调直、剪切、成型等环节，通过独立的加工设备分别完成，然后由人工通过绑扎或焊接的方式进行钢筋骨架的组装。手工加工方式适合所有预制混凝土钢筋加工工艺。但是存在加工效率低，精度不高等缺点。

5.2　钢　筋　连　接

常用钢筋连接的方法有焊接、机械连接和绑扎连接等，可改善结构的受力性能，节约钢筋用量，提高工作效率，保证工程质量，故获得了广泛应用。钢筋焊接和机械连接均应进行工艺检验，应符合现行行业标准《钢筋机械连接技术规程》（JGJ 107）、《钢筋焊接及验收规程》（JGJ 18）的有关规定，抽取钢筋机械连接接头、焊接接头试件做力学性能检验。试验结果合格后方可进行预制混凝土生产。钢筋焊接接头和机械连接接头应全数检查外观质量，混凝土保护层厚度应满足设计要求。保护层垫块宜与钢筋骨架或网片绑扎牢固，按梅花装布置，间距满足构件限位及控制变形要求，钢筋扎丝甩扣应弯向构件内侧。

PC 构件内的钢筋连接方式包括与全灌浆套筒连接、与半灌浆半机械套筒连接、焊接和搭接。① 与全灌浆套筒连接　钢筋端头平齐，插入套筒时要注意保护好密封圈，钢筋插到套筒挡片位置，由套筒注浆孔及出浆孔要用泡沫棒填充，防止混凝土浆料进入。② 与半灌浆半机械套筒连接　螺纹接头和半灌浆套筒连接接头应使用专用扭力扳手拧紧至规定扭力值，钢筋接头的加工采用半灌浆套筒连接钢筋时，钢筋螺纹加工应符合以下要求：钢筋端头平齐，钢筋螺纹加工与灌浆套筒螺纹参数配套，螺纹牙形要饱满，牙顶宽度大于 0.3P（P 为钢筋螺纹螺距）的不完整螺纹累计长度不得超过两个螺纹周长，通端钢筋丝头应能顺利旋入，止端丝头旋入量不能超过 3P。③ 焊接连接 PC 构件钢筋焊接要符合图样设计要求，主要有自动化焊接和人工焊接。自动化焊接必须检验首件，合格后才能批量生产，焊接网交叉点开焊数量不应超过整张焊接网交叉点总数的 1%，且任一钢筋开焊点数不得超过该钢筋上交叉点总数的 50%，焊接网表面最外边钢筋上的交叉点不应开焊。人工焊接则由从事钢筋焊接施工的焊工按照规定范围上岗操作。④ 搭接连接钢筋的绑扎搭接接头应在接头中心和两端用钢丝扎牢，同一截面受力钢肋的接头百分率、钢筋的搭接长度及锚固长度等应符合设计要求或国家现行有关标准的规定，墙、柱、梁钢筋骨架中各竖向面钢筋网交叉点应全数绑扎，受力钢筋接头不宜位于构件最大弯矩处，搭接长度的末端距钢筋弯折处不得小于钢筋直径的 10 倍。

5.2.1　焊接工艺

钢筋焊接质量与钢筋的可焊性以及焊接制度密切相关。钢筋的可焊性与钢筋中的碳元素以及合金元素含量相关。碳、锰含量的提高会降低钢筋可焊性，而适量的钛元素会提高可焊性。可焊性还与钢筋级别有关，一般来说 HPB300（原Ⅰ级）钢筋可焊性较好，HRB335、HRB400（原Ⅱ、Ⅲ级）钢筋可焊性一般，HRB500（原Ⅳ级）及以上钢筋可焊性极差。

焊接种类和制度也会对焊接效果产生影响。工程中常用的焊接方法有闪光对焊、电弧焊、电渣压力焊、埋弧压力焊、电阻点焊、气压焊等。一般钢筋网片焊接采用数控自动焊接设备及半自动焊接设备。焊接网片一般采用钢筋直径 4～14mm 的钢筋制作，考虑运输条件，焊接网片钢筋长度不宜超过 12m，宽度不宜超过 3.4m。钢筋焊接网片与传统手绑扎相比有以下特点：钢筋规格、间距等质量要求可得到有效控制；焊接网刚度大、弹性好、焊点强度高、抗剪性能好且成型后网片不易变形，荷载可均匀分布于整个混凝土结构上，再辅以马镫筋、垫块能有效抵抗施工踩踏变形的影响，容易保证钢筋的位置和混凝土保护层的厚度，有效保证钢筋的到位率。

5.2.2　机械连接

机械连接主要用于大直径钢筋的现场连接。常用的机械连接方法有：冷压连接、螺纹套筒连接和套筒灌浆连接等，与传统的焊接方式相比，机械连接具有工艺简单、节约钢材、改善工作环境、工作效率高等优点。

1. 冷压连接

冷压连接是将需要连接的钢筋插入钢套筒中，利用挤压设备进行轴向或径向挤压，使套筒产生塑性变形，从而套筒和钢筋紧密咬合，实现钢筋的连接（图 5-3）。冷压工艺是利用金属材料的冷态塑性变形，无需高温熔化过程，避免由于加热而引起金属材料内部组织的变化的影响。对钢筋化学成分要求也不像焊接钢筋严格，同时受人为操作影响也较小。

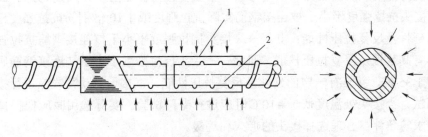

图 5-3　钢筋冷压连接工艺示意图
1—钢套筒；2—被连接钢筋

冷压连接的工艺参数主要是：压接顺序、压接力和压接道数。压接顺序应从中间向两边压接。压接力要保证套筒和钢筋紧密咬合。压接力和压接道数取决于钢筋直径、套筒型号和挤压机型号。

2. 螺纹套筒连接

螺纹套筒连接是一种较普通的机械连接方式，它是将需要连接的钢筋端部加工出螺纹，然后通过一个内壁加工有螺纹的套筒将钢筋连接在～起。螺纹套筒连接依据螺纹的不同分为锥螺纹连接和直螺纹连接。螺纹接头可以承受拉、压两种作用力。螺纹连接可用于多种场合，例如直钢筋连接，直、弯钢筋连接以及钢筋与钢板的连接。由于钢筋端部加工有螺纹，截面削弱，为保证连接头与钢筋有相同的强度，需要进行处理。目前处理方法有两种：一是将钢筋端头先镦粗再加工螺纹，使截面不削弱；另一方法是采用冷轧的方法轧制螺纹，接头经过冷轧后，强度会提高，也可达到等强的目的。

直螺纹灌浆套筒的连接方法就是将待连接钢筋端部的纵肋和横肋用滚丝机采用切削的方法剥掉一部分，然后直接滚轧成普通直螺纹，用特制的直螺纹套筒连接起来，形成钢筋的连接。钢筋剥肋滚压直螺纹连接技术属国内外首创技术发明，剥肋滚压直螺纹连接技术因高效、便捷、快速的施工方法和节能降耗、提高效益、连接质量稳定可靠等优点得到了广大施工单位和业主的青睐，是直螺纹连接技术的一种新型产品。例如在香港会展中心、青马大桥等著名工程中已广泛应用镦粗钢筋直螺纹连接技术。

3. 套筒灌浆连接

目前市场上常见的直螺纹灌浆套筒很多种，不同厂家生产的直螺纹灌浆套筒尺寸规格也不同，但均应满足《钢筋套筒灌浆连接应用技术规程》（JGJ 355—2015）中的规定。套筒灌浆连接是近年来新发展的一种连接方式。它是将需要连接的钢筋插入内表面有凹凸的套筒，然后向套筒内灌入无收缩的灌浆材料，等灌浆材料硬化后，便可以将钢筋连接在一起。这种方法不对套筒和钢筋施加外力和热量，钢筋不会产生变形和应力，使用范围极广，可以用于不同种类、不同直径和不同外形的钢筋连接。不受环境条件影响，安全可靠，对操作人员无特殊要求。

《钢筋机械连接技术规程》（JGJ 107—2016）对用上述三种机械连接做出统一要求。机械连接的接头必须满足强度和变形性能要求；接头连接件的屈服承载力和抗拉承载力的标准值应不小于被连接钢筋的屈服承载力和抗拉承载力标准值 1.10 倍。

根据抗拉强度以及高应力和大变形条件下反复拉压性能的差异，接头分为三个等级：Ⅰ级——接头抗拉强度不小于被连接钢筋实际抗拉强度或 1.10 倍钢筋抗拉强度标准值，并具有高延性及反复拉压性能；Ⅱ级——接头抗拉强度不小于被连接钢筋抗拉强度标准值，并具有高延性及反复拉压性能；Ⅲ级——接头抗拉强度不小于被连接钢筋屈服强度标准值的 1.35 倍，并具有一定的延性及反复拉压性能。直接承受动荷载应进行接头疲劳性能的测试，当接头处温度低于 −10℃ 时应进行专门试验。实际选用时应根据接头所处位置、要求等条件，合理选择接头的形式和等级。

5.2.3 绑扎连接

从广义上讲，绑扎连接也是一种机械的连接方式。但绑扎连接具有独特的特点，它是钢筋连接的一种主要手段，起连接和固定钢筋位置的作用。绑扎钢筋工艺的主要参数为搭接位置和搭接长度。搭接位置和搭接长度均需要满足施工验收规范要求。

绑扎连接的特点：工艺简单、工效高、不需要连接设备，钢筋较粗时，需要增加接头钢筋的长度，浪费钢材，且绑扎接头的刚度不如焊接接头和机械接头。绑扎连接是利用钢筋与混凝土之间的黏结应力来实现钢筋接长的目的。

同一构件中相邻纵向受力钢筋的绑扎搭接接头宜相互错开。绑扎搭接接头中钢筋的横向净距 s 不应小于钢筋直径，且不应小于 25mm。纵向受力钢筋绑扎搭接接头的最小搭接长度应符合相应规定。当纵向受拉钢筋的绑扎搭接接头面积百分率为 25% 时，其最小搭接长度应符合表 5−1 的规定。

表 5−1　　　　　　　　　　纵向受拉钢筋的最小搭接长度

钢筋类型		混凝土强度等级								
		C20	C25	C30	C35	C40	C45	C50	C55	≥C60
光面钢筋	235 级	37d	33d	29d	27d	25d	23d	23d	—	—
	300 级	49d	41d	37d	35d	31d	29d	29d	—	—

续表

钢筋类型		混凝土强度等级								
		C20	C25	C30	C35	C40	C45	C50	C55	≥C60
带肋钢筋	335 级	47d	41d	37d	33d	31d	29d	27d	27d	25d
	400 级	55d	49d	43d	39d	37d	35d	33d	31d	31d
	500 级	67d	59d	53d	47d	43d	41d	39d	39d	37d

注 两根直径不同钢筋的搭接长度，以较细钢筋的直径计算。

当纵向受拉钢筋搭接接头面积百分率大于 25%，但不大于 50%时，其最小搭接长度应按表 5-1 中的数值乘以系数 1.2 取用；当接头面积百分率大于 50%时，应按表 5-1 中的数值乘以系数 1.35 取用。

纵向受拉钢筋的最小搭接长度根据表 5-1 确定后，可按下列规定进行修正：

（1）当带肋钢筋的直径大于 25mm 时，其最小搭接长度应按相应数值乘以系数 1.1 取用。

（2）对环氧树脂涂层的带肋钢筋，其最小搭接长度应按相应数值乘以系数 1.25 取用。

（3）当在混凝土凝固硬化过程中受力钢筋易受扰动时（如滑模施工），其最小搭接长度应按相应数值乘以系数 1.1 取用。

（4）对末端采用机械锚固措施的带肋钢筋，其最小搭接长度可按相应数值乘以系数 0.6 取用。

（5）当带肋钢筋的混凝土保护层厚度大于搭接钢筋直径的 3 倍，且配有箍筋时，其最小搭接长度可按相应数值乘以系数 0.8 取用。

（6）对有抗震要求的受力钢筋的最小搭接长度，对一、二级抗震等级应按相应数值乘以系数 1.15 采用；对三级抗震等级应按相应数 3 值乘以系数 1.05 采用。

（7）第（4）条、第（5）条不应同时考虑。在任何情况下，受拉钢筋的搭接长度不应小于 300mm。

纵向受压钢筋绑扎搭接时，其最小搭接长度应根据表 5-1 及相关修正的规定确定相应数值后，乘以系数 0.7 取用。在任何情况下，受压钢筋的搭接长度不应小于 200mm。

5.3 钢筋下料长度计算

钢筋因弯曲或弯钩，会使其长度发生变化，在配料中不能直接根据图纸中尺寸下料，必须了解混凝土保护层、钢筋弯曲、弯钩等规定，再根据图纸中尺寸计算下料长度。

各种钢筋下料长度计算如下：

直钢筋下料长度＝构件长度－保护层厚度＋弯钩增加长度

弯起钢筋下料长度＝直段长度＋斜段长度－弯曲调整值＋弯钩增加长度

箍筋下料长度=箍筋周长+箍筋调整值

上述钢筋如需搭接，应增加钢筋搭接长度。

5.3.1 弯曲调整值

1. 钢筋弯曲特点

钢筋弯曲后，沿钢筋轴线方向发生变形，表现为长度的增加或减小。以轴线为界，外凸部分（钢筋外皮）受拉，长度增加，里凹部分（内皮）受压长度减小；另外，钢筋弯曲处，形成圆弧，如图5-4所示。

钢筋的量度方法一般是沿直线量外包尺寸（见图5-5），因此弯曲钢筋的量度尺寸大于下料尺寸，两者之间的差值，称弯曲调整值。

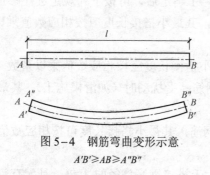

图5-4　钢筋弯曲变形示意
$A'B' \geqslant AB \geqslant A''B''$

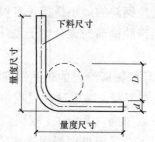

图5-5　钢筋弯曲时量度方法

2. 弯曲调整值相关数值

对钢筋进行弯折时，图5-5中D为弯折处圆弧所属圆的直径，通常称为"弯弧内直径"。钢筋弯曲调整值与钢筋弯弧内直径和钢筋直径有关。

3. 钢筋末端弯钩的弯曲调整值

为增大钢筋与混凝土间的锚固力，直钢筋端部需做弯钩。一般光圆钢筋末端做180°弯钩，其弯弧内直径不应小于钢筋直径的2.5倍；当设计要求钢筋末端做135°弯钩时，HRB335、HRB400、HRB500钢筋的弯弧内直径不应小于钢筋直径的4倍；钢筋做不大于90°弯折时，弯折处的弯弧内直径不应小于钢筋直径的5倍。常见的钢筋弯曲调整值见表5-2。

表5-2　　　　　　　　　　　　　钢筋弯曲调整值

钢筋弯曲角度	30°	45°	60°	90°	135°
光圆钢筋弯曲调整值	0.3d	0.54d	0.9d	1.75d	0.38d
热轧带肋钢筋调整值	0.3d	0.54d	0.9d	2.08d	0.11d

4. 弯起钢筋的弯曲调整值

对于弯起钢筋，中间部位弯折处的弯曲直径D不应小于$5d$，以弯弧内直径$D=5d$计算，结合实践经验，常见弯起钢筋的弯曲调整值见表 5-3。

表 5-3　　　　　　　　常见弯起钢筋的弯曲调整值

弯起角度	30°	45°	60°
弯曲调整值	0.34d	0.67d	1.22d

5.3.2　弯钩增加长度

钢筋弯钩形式有三种：半圆弯钩，直弯钩，斜弯钩（见图 5-6）。

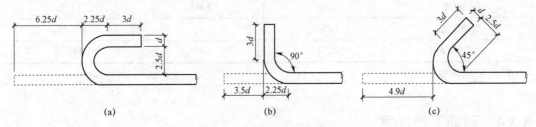

图 5-6　钢筋弯钩计算简图
(a) 半圆弯钩；(b) 直弯钩；(c) 斜弯钩

光圆钢筋的弯钩增加长度，按图 5-6 所示，（弯弧内直径 2.5d，平直部分为 3d）计算；半圆弯钩为 6.25d，直弯钩为 3.5d，斜弯钩为 4.9d。

实际生产过程中，由于弯弧内直径与理论值有一定差异，钢筋的粗细及机具条件不同等影响平直部分长度（手工弯钩时平直部分可适当加长，机械弯钩时可适当缩短），所以在实际配料计算中，对于弯钩增加长度可根据实际条件，采用经验数据，见表 5-4。

表 5-4　　　　　　　半圆弯钩增加长度参考值（机械弯钩）

钢筋直径/mm	≤6	8~10	12~18	20~28	32~36
一个弯钩长度	40mm	6d	5.5d	5d	4.5d

5.3.3　钢筋弯起斜长

为抵抗支座附近较高的剪切应力，工程中需在构件（主要是梁）端部设置弯起钢筋。有时弯起钢筋弯起后的水平段可以承受支座处负弯矩引起的拉应力。弯起钢筋斜长计算简图见图 5-7，弯起钢筋斜长计算采用的斜长系数见表 5-5。

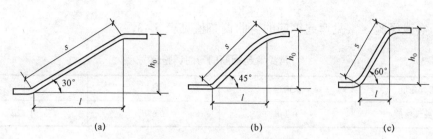

图 5-7　弯起钢筋斜长计算简图

（a）30°弯起；（b）45°弯起；（c）60°弯起

表 5-5　　　　　　　　　　　弯 起 钢 筋 斜 长 系 数

弯起角度	30°	45°	60°
斜边长度 s	$2h_0$	$1.41h_0$	$1.15h_0$
底边长度 l	$1.732h_0$	h_0	$0.575h_0$
增加长度 $s-l$	$0.268h_0$	$0.41h_0$	$0.575h_0$

注　h_0 为弯起高度。

5.3.4　箍筋下料长度

箍筋的量度方法有量外包尺寸和量内皮尺寸两种。一般情况下是量度箍筋内皮尺寸以记值，箍筋采用与其他钢筋不同的弯钩大小。

1. 箍筋形式

一般情况下，箍筋做成"闭式"，即四面都为封闭。箍筋末端一般有半圆弯钩、直弯钩、斜弯钩三种形式（见图 5-8）。用热轧光圆钢筋或冷拔低碳钢丝制作的箍筋，其弯钩的弯曲直径应大于受力钢筋的直径，且不小于箍筋直径的 2.5 倍；弯钩平直部分长度：一般结构不宜小于箍筋直径的 5 倍，对于有抗震要求的结构，不应小于箍筋直径的 10 倍且不小于 75mm。

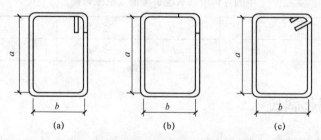

图 5-8　箍筋的弯钩形式

（a）180°/90°；（b）90°/90°；（c）135°/135°

2. 箍筋的下料长度

按内皮尺寸计算，并结合实践经验，常见箍筋的下料长度见表 5-6。

表 5-6			箍 筋 下 料 长 度

箍筋试样（图 5-8）	钢筋种类	下料长度
（a）180°/90° 半圆钩＋直钩	光圆钢筋	$2a+2b+16.5d$
	热轧带肋钢筋	$2a+2b+17.5d$
（b）90°/90° 直钩＋直钩	光圆钢筋	$2a+2b+14d$
	热轧带肋钢筋	
（c）135°/135° 斜钩＋斜钩	光圆钢筋	有抗震要求：$2a+2b+27d$ 无抗震要求：$2a+2b+17d$
	热轧带肋钢筋	有抗震要求：$2a+2b+28d$ 无抗震要求：$2a+2b+19d$

注　d—箍筋直径，mm。

桁架筋主要应用于叠合板、阳台板生产，由专用桁架自动加工设备加工制作。桁架自动加工设备最早在国外开始使用，目前国内也开始逐渐自主生产桁架加工设备。桁架上下弦钢筋一般采用 HRB400 三级钢筋，钢筋直径在 8～12mm，腹杆钢筋为 HPB300 一级钢筋，钢筋直径为 6.5mm。桁架筋在加工时，要严格控制桁架的高度、长度以及保证腹杆钢筋尽量与上下弦钢筋平齐。一般桁架长度、宽度控制在 ±5mm 内，高度控制在 ±2mm 内。桁架的高度一般为 80～90mm，宽度一般在 70～80mm。

5.4　钢筋加工工艺的质量要求与验收

在土木工程中，钢筋以及钢筋加工质量对结构质量起着决定性作用。同时钢筋工程属于隐蔽性工程，一旦混凝土浇筑后，钢筋质量难以检测。因而从钢筋原材料进场、加工、绑扎、安装等一系列工序，都必须加强质量控制，以确保工程质量。

5.4.1　钢筋加工的基本要求

（1）钢筋的加工应按图样要求加工，钢筋加工要有质检员对加工质量进行检查，现场检查包括绑扎的搭接位置和搭接长度等，符合现行国家标准及规范。

（2）钢筋加工前应将表面清理干净，表面有颗粒状片状老锈或有损伤的钢筋不得使用。钢筋加工宜在常温状态下进行，加工过程中不应对钢筋进行加热。钢筋应一次折弯到位。

（3）钢筋焊接网符合《钢筋焊接网混凝土结构技术规程》（JGJ 114）的规定。焊接网交叉点开焊数量不应超过整张焊接网交叉点总数的 1%，任一根钢筋上开焊点数不得超过该钢筋上交叉点总数的 50%。焊接网表面最外边钢筋上的交叉点不应开焊；焊接网几何尺寸的允许偏差应符合要求，且在一张焊接网中纵横向钢筋的根数要符合设计要求，焊接网表面不得有影响使用的缺陷，有空缺的地方必须采用相应的钢筋补上。

（4）宜采用机械设备进行钢筋调直，也可采用冷拉法调直。机械调直设备不应有延伸功能。当采用冷法调直时，HPB300光圆钢筋的冷拉率不宜大于4%；HRB335、HRB400、HRB500、HRBF335、HRBF400、HRBF500及RRB400带肋钢筋的冷拉率不大于1%。钢筋调直过程中不应损伤带肋钢筋的横肋，调直后的钢筋应平直，不应有局部弯折。

（5）钢筋弯折的弯弧内径应符合《混凝土结构工程施工规范》（GB 50666）中的要求。光圆钢筋不应小于钢筋直径的2.5倍；335MPa级、400MPa级带肋钢筋不应小于钢筋直径的4倍；当直径28mm以下时500MPa级，不应小于钢筋直径的6倍，当直径28mm以上时不应小于钢筋直径的7倍；箍筋弯折处尚不应小于纵向受力钢筋直径；向受力钢筋的弯折后平直段长度应符合设计要求；箍筋、拉筋的末端应按照设计要求做弯钩；钢筋弯折可采用专用设备一次弯折到位。

（6）钢筋桁架尺寸、钢筋网片及钢筋骨架尺寸允许偏差应符合《装配式混凝土建筑技术标准》（GB/T 51231）中的规定。

5.4.2　钢筋原材质量检验

钢筋应有出厂质量证明书和试验报告单，钢筋端头或每捆（盘）钢筋均应有标志。进场后钢筋应按炉罐（批）号及直径堆放，按批检验。检验内容包括：核对标志、外观检查和按规定取试样做力学性能试验。试验合格方能使用。每批钢材应由同一牌号、同一炉罐号、同一交货状态的钢材组成。其验收批质量、取样数量和方法见表5-7。

表5-7　　　　　　　　　　　钢 筋 原 材 检 验

钢材品种	验收批质量/t	取样数量	取样方法
热轧带肋钢筋	60	拉伸：两根 冷弯：两根	任取两根，每根端头截去500mm左右后各取一根拉伸和冷弯试件
热轧光圆钢筋	60		
低碳热轧圆盘条	60	拉伸：一根 冷弯：两根	任取两盘，端头截去500mm左右后，一盘各取一根拉伸和冷弯试件，另一盘取一根冷弯试件
冷轧带肋钢筋	50	拉伸：一根 冷弯：一根	每一盘（捆）的任一端截去500mm左右后，各截取一根拉伸和冷弯试件

注　当钢材不足以上验收批数量时，仍按一验收批验收。

在做钢筋力学试验时如抗拉强度、延伸率和抗弯性能中的任一指标不满足要求，应另取双倍数量的试样重做试验，如还不合格，则判定该批钢筋不合格。钢筋在加工过程中如发现脆断、焊接性能不良或力学性能显著不正常，需按国家相关标准对该批次钢筋进行化学成分分析或其他专项检验。钢筋在运输和堆放时，要注意妥善保管，防止油污和锈蚀。

5.4.3　钢筋连接质量验收

1. 闪光对焊

（1）外观检查：对闪光对焊进行外观检查时，每批抽查10%的闪光对焊接头。以同一台班、同一焊工完成的 300 个同牌号、同直径焊接接头为一批，且时间不超过 1 周。外观检查的内容有：对焊接头表面应呈圆滑、带毛刺状，不得有肉眼可见的裂纹；与电极接触的钢筋表面不得有严重的烧伤；接头处弯折应不大于 4°；接头处两根钢筋偏移不得超过钢筋直径的 1/10，且不得大于 1mm。

（2）机械性能试验：钢筋闪光对焊接头的机械性能试验包括拉力试验和弯曲试验，应从每批接头中抽取 6 个试件进行试验，其中 3 个做拉力试验，3 个做弯曲试验，异径钢筋接头只做拉伸试验。对焊接头做拉力试验时，应满足：3 个试件的抗拉强度均不低于该强度等级钢筋的抗拉强度标准值；3 个试件中至少有两个试件的断口位于焊接影响区外，并表现为塑性断裂。若试验结果有一个试件的抗拉强度低于要求，有两个试件在焊缝附近发生断裂，就应该取双倍数量的试样进行检验，若仍有不符合要求的现象出现，则判定该批对焊接头不合格。做弯曲试验时，需先清除受压面的金属毛刺和镦粗变形部分，使其与对焊筋的外表齐平。弯曲时，焊缝应处在弯曲圆弧段的中心点，弯心直径取值见表 5－8，弯曲到 90° 时，要求对焊接头外侧不得出现宽度超过 0.15mm 的横向裂缝。3 个试件中如果有两个试件的试验结果超过上述要求，则应取双倍数量的试件重新试验，如有 3 个试件不符合要求，则判定该批对焊接头为不合格。

表 5－8　　　　　　　　　　　　　　钢筋对焊接头弯曲试验指标

项次	钢筋级别	弯心直径/mm	弯曲角度/（°）
1	Ⅰ 级	2d	90
2	Ⅱ 级	4d	90
3	Ⅲ 级	5d	90
4	Ⅳ 级	7d	90

注　直径大于 25mm 的钢筋对焊接头，弯曲试验用弯心直径比表中相应数据增加一个钢筋直径。
　　d—钢筋直径。

2. 电弧焊

钢筋电弧焊接接头应做外观检验和拉力试验。外观检查时，应在接头清渣后逐个进行目测或量测。要求表面平整不得有较大的凹陷、焊瘤；接头处不得有裂纹；咬边深度、气孔、夹渣等数量与大小以及接头尺寸偏差，不得超过有关施工规则的规定。拉力试验时，应从每批成品中取 3 个接头进行拉伸试验。要求 3 个试件的拉伸强度均不得低于该级别钢筋的抗拉强度标准值；且至少有两个试件出现塑性断裂。当检验结果有一个试件的抗拉强度低于规定指标，或有两个试件发生脆性断裂时，应取双倍数量的试件进行复检。复检结果如仍有一个试件的抗拉强度低于规定指标，或有 3 个试件呈脆性断裂时，则该批接头为不合格。

3. 电渣压力焊

质量检验包括外观检查和拉力试验两方面的内容。外观检查时应逐个检查焊接接头，要求接头焊包均匀，不得有裂纹，钢筋表面无明显烧伤等缺陷；接头处钢筋轴线的偏移不得超过钢筋的 10%，同时不得大于 2mm；接头处弯折不大于 4°。对外观检查不合格的焊接接头，应将接头切除重焊。进行拉力试验时，应从每批成品中取 3 个试件进行拉力试验，试验结果要求 3 个试件均不低于该级别钢筋的抗拉强度标准值。如有 1 个试件的抗拉强度低于标准值，应取双倍数量的试件进行复检。复检结果如仍有 1 个试件的强度达不到上述要求，则判定该批接头为不合格。

4. 埋弧压力焊

焊接接头的质量检验包括外观检查和强度检验两部分内容。

预埋件钢筋 T 形接头的外观检查应从同一台班内完成的同一类型成品中抽取 10%，并不得少于 5 件。要求接头焊包均匀，钢筋咬边深度不超过 0.5mm，与钳口接触处的钢筋表面无明显烧伤，钢板无焊穿、凹陷现象，钢筋相对钢板的直角偏差不大于 4°，钢筋间距偏差不大于 +10mm。检验结果如有一个接头不符合上述要求时，应逐个检查，剔出不合格品。不合格接头经补焊后可进行二次检验。

强度检验时，每 300 件同类型产品为一验收批。一周内连续焊接时，可以累积计算，一周内累计成品不足 300 件时，也按一批计算。检验时，从每批成品中切取 3 个试件进行拉伸试验，强度检验结果应满足下列要求：Ⅰ 级钢筋接头不得低于 360MPa；Ⅱ 级钢筋接头不得低于 500MPa。若检验结果中有一个试件不能满足上述要求，则应取双倍数量的试件进行复检。复检结果如仍有一个试件低于上述规定数值，则判定该批预埋件为不合格。对不合格件采取加强焊接后，可进行第二次验收。

5. 电阻焊

焊接接头质量检查包括外观检查和强度检验两部分。取样时，外观检查应按同一类型制品分批抽查，一般制品每批抽查 5%；梁、柱、桁架等重要制品每批抽查 10%，且均不能少于 3 件。要求焊点处金属熔化均匀，压入深度符合规定，焊点无脱落、漏焊、裂纹、多孔等缺陷及明显的烧伤现象，制品尺寸、网格间距偏差应满足有关规定。强度检验时，从每批成品中切取试件。热轧钢筋焊点除应做抗剪试验外，还应做拉力试验。强度指标应符合《钢筋焊接及验收规程》（JGJ 18）的规定。试验结果如有一个试件达不到上述要求，则应取双倍数量的试件进行复检。复检结果如仍有一个试件达不到上述要求，则该批制品为不合格。采用加固处理后，可进行二次验收。

6. 气压焊

焊接接头质量检查包括外观检查和强度检验两部分。外观检查：钢筋结合区外形均匀，镦粗段的过渡区要平缓，钢筋表面不得有横向裂纹，无明显烧伤。接头处钢筋轴线偏移不得超过钢筋公称直径的 0.15 倍，同时不得大于 4mm。当不同钢筋焊接时，按较小钢筋直径计算。镦粗段最大直径为钢筋公称直径的 1.4～1.6 倍，接头弯折度不得大于 4°。机械性能以拉伸试验为准，必要时可以以弯曲试验代替。

7. 钢筋套筒挤压连接

同一施工条件下采用同一批材料的同等级、同形式、同规格接头，以 500 个为一个验收批进行检验与验收，不足 500 个也作为一个验收批。每一验收批随机抽取 3 个试件做单向拉伸试验。

8. 钢筋锥螺纹接头

同一施工条件下的同一批材料的同等级、同规格接头，以 500 个为一个验收批进行检验与验收，不足 500 个也作为一个验收批。每一验收批随机抽取 3 个试件做单向拉伸试验。

5.5　钢　筋　网　加　工

焊接钢筋网是纵向钢筋和横向钢筋分别以一定间距排列且成直角，全部交焊点均焊接在一起的钢筋网片。钢筋混凝土用焊接钢筋网在工厂制造，用冷轧带肋钢筋或冷轧光圆钢筋焊接而成的钢筋网钢筋混凝土用焊接钢筋网，对提高建筑施工效率、结构质量及安全可靠性、改变传统的建筑施工方法都具有十分重要的意义，可用于钢筋混凝土结构的配筋和预应力混凝土结构的普通钢筋。焊接网宜采用 CRB550 级冷轧带肋钢筋制作，也可采用 CRB510 级冷拔光面钢筋制作。一片焊接网宜采用同一类型的钢筋焊成。焊接网按形状、规格分为定型和定制两种。定型焊接网在两个方向上的钢筋间距和直径可以不同，但在同一个方向上的钢筋应具有相同的直径、间距和长度；定制焊接网的形状、尺寸根据设计和施工要求确定。焊接网钢筋直径为 4～14mm，焊接网长度不宜超过 12m，宽度不宜超过 3.4m。焊接网制作方向的钢筋（或称纵筋）间距宜为 100mm、150mm、200mm，另一方向的钢筋间距一般为 100mm、150mm、200mm、300mm，有时可达 400mm。当焊接网纵横向钢筋均为单根钢筋时，较细钢筋的公称直径应不小于较粗钢筋公称直径的 0.6 倍，即 $d_{min} \geq 0.6 d_{max}$。焊接网焊点的抗剪力（单位为 N）应不小于 150 与较粗钢筋公称横截面积（单位为 mm²）的乘积。

钢筋网采用《冷轧带肋钢筋》（GB/T 13788）规定的直径为 4～12mm 的 LL 550 级冷轧带肋钢筋，也可采用符合表 5-9 规定的直径为 4～12mm 的 LG550 级冷轧光面钢筋。冷轧带肋钢筋的代号为 LL550（两个 L 分别为"冷轧"和"带肋"的汉语拼音字头，550 为钢筋抗拉强度的标准值 550MPa）；冷轧光面钢筋的代号为 LG550（L、G 分别为"冷轧"和"光面"的汉语拼音字头，550 为钢筋抗拉强度的标准值 550MPa）。钢筋网纵向钢筋间距为 50mm 的整倍数，横向钢筋间距应为 25mm 的整倍数，最小间距均宜采用 100mm，钢筋的伸出长度应不小于 25mm。

表 5-9　　　　　　　　　冷轧光面钢筋力学性能

钢筋公称直径/mm	屈服强度 $\sigma_{0.2}$/MPa	抗拉强度 σ_b/MPa	伸长度 δ_{10}/（%）	冷弯 180°
≤5	≥00	≥550	≥8	$D=3d$
5<d<10				

注　D—弯芯直径/钢筋公称直径。

钢筋网应采用机械制造，纵、横向钢筋交叉点采用电阻焊焊接；钢筋交叉点开焊数量不得超过整个网片交叉点总数的 1%，并且任一根钢筋上开焊点数不得超过该根钢筋上交叉点总数的一半，钢筋网最外边钢筋上的交叉点不得开焊。

5.6　钢筋骨架加工

由于材料特性限制，混凝土一般不直接应用于受弯拉工程部位的构件，在混凝土内需钢筋增强，利用钢筋与混凝土共同承载，其中混凝土主要用于受压部位，钢筋主要用于受拉部位，以提高构件或结构的承载能力。用于增强的各种规格及型号的钢筋，首先需加工成结构需要的各种形状，后根据结构设计要求，按一定间距进行固定、绑扎。由各种型号及规格的钢筋（纵向钢筋、架立钢筋、箍筋等）及必要的预埋件组合在一起，经绑扎或焊接加工形成的网架，称钢筋骨架。其中二维网架一般称为钢筋网片，一般用于墙板、楼板等生产；三维网架简称为钢筋骨架，一般用于梁、柱等构件生产；还有一种特殊的网架，其横断面为圆形，骨架成圆柱状，一般用于桩基或圆形墩柱生产。一般二维的钢筋网片通过焊接方式成型，圆柱状钢筋骨架（又称钢筋笼）采用滚焊机焊接成型，如图 5-9 所示。一般钢筋骨架通过绑扎方式成型，如图 5-10 所示。

图 5-9　数控滚焊机　　　　　　　　　　　图 5-10　绑扎好的钢筋骨架

5.6.1　钢筋骨架加工所用的定位台架

加工组装钢筋骨架时，不同规格及形状的钢筋需按结构设计要求安装在特定位置，一旦位置偏移，钢筋将丧失设计要求的增强作用。为保证在钢筋骨架加工制作时各种钢筋准确定位，在绑扎钢筋骨架前需制作定位台架（又称胎架）。

图 5-11 为即将完成的某小型空心梁板的钢筋定位台架。

图 5-11　某小型空心梁板钢筋骨架定位台架

钢筋定位台架由整体框架及钢筋定位器组成。整体框架保证定位台架的刚度，可采用角钢或粗钢筋加工焊接而成。钢筋定位器又称钢筋定位槽，随构件配筋及台架形式不同而不同。现以某高速公路施工现场预制空心梁板为例，简介钢筋定位台架的制作过程。

1. 调研

查阅图纸，统计记录整片梁板钢筋骨架的最外围轮廓尺寸及每种类型钢筋的型号、尺寸、间距、数量。

2. 制作台架框架

空心梁板的钢筋定位台架框架由底板框架及腹板框架焊接在一起而成。以直径20mm 的带肋钢筋焊接腹板钢筋三角支撑。三角支撑的斜边坡度严格与空心梁板腹板坡度一致或与腹板钢筋最外围轮廓坡度一致，下部统一留出 15cm 的支脚，三角形略高于腹板环形筋，为确保胎架的刚度，三角支撑设置间距沿梁板长度方向为 2m，并注意避开横隔板位置，以某 20m 空心梁板为例，共制作了 22 个三角支撑，按空心梁板钢筋骨架最外围底宽尺寸，截取 11 根等长的、直径为 22mm 的带肋钢筋作为底撑，首先将底撑钢筋与三角形腹板钢筋支撑焊接在一起，焊接时严格保证底板支撑与腹板三角形支撑在同一平面；然后采用直径 22mm 的带肋钢筋作为纵向连接筋将三角支撑和底撑钢筋精确拼焊起来形成胎架框架，焊接工程中严格保证纵向连接筋与腹板-底板支撑垂直。焊接成型时，框架尺寸控制的精确度直接关系到钢筋定位台架最终制作的成败及下一步施工时钢筋骨架制作的规范性，因此必须安排专人严格按照图纸控制各个部位的拼焊尺寸，由技术过硬的焊工负责焊接。

3. 制作安装钢筋定位器

台架框架制作完毕，采用内径 16mm 的钢管截取制作若干长度为 10cm 的短套筒，采用 ϕ14 的带肋钢筋截取长度为 1m 左右的短钢筋，数量同套筒，根据腹板纵向钢筋设计竖向间距在每个三角支撑的斜边和竖直的直角边上做好标记，安排焊工仔细按标记将套筒一一焊上，焊接时一定控制相对应位置的内外两个套筒水平且处于同一轴线，套筒焊接完毕，将短钢筋一一穿入套筒即可用于腹板水平钢筋定位，同时在台架内侧纵向钢筋及底撑钢筋上按严格按照腹板环形筋及底板纵向钢筋间距焊上永久性标记（可用直径

8mm 的光圆钢筋截取若干短钢筋柱做标记），至此台架全部制作完毕。

4. 检查

将制作完成的台架尺寸对照设计图纸，全方位检测一遍，确保每一部位的尺寸均与
设计图纸吻合。

5.6.2　钢筋骨架加工工艺

1. 骨架加工工艺流程

钢筋骨架加工组装工艺流程如图 5-12 所示。工程中一些构件钢筋骨架比较复杂，
在骨架制作安装过程中需注意一些预埋件或预应力预留管道的设置，其位置应与设计图
纸完全一致。

实际工程中，复杂构件的钢筋骨架的安装绑扎工艺流程如图 5-13 所示。

2. 骨架组装绑扎

选择平整场地，进行适当硬化，一般以片石混凝土浇筑厚度 150mm 的底板，用于台
架底板。将按设计长度剪切好的腹板外层纵向筋摆放到台架套筒水平定位筋上；再将加
工好的腹板环形筋和底板环形筋按刻度一一摆放好并与纵向筋绑扎，然后再穿入底板纵
向筋并按刻度放置、绑扎，最后绑扎腹板内侧纵向筋；按要求绑扎钢筋保护层垫块。

上述工作全部进行完毕，经主管工程师及监理工程师验收后，将台架两侧水平定位
筋由套筒向外抽出，采用龙门吊即可将骨架吊装至空心板梁底模，接着进行下一道工序。

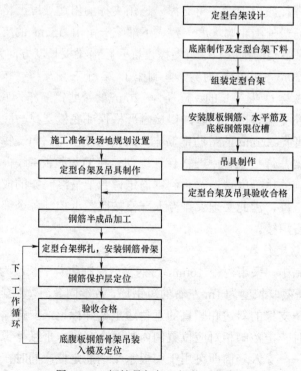

图 5-12　钢筋骨架加工组装工艺流程

5.6.3　钢筋骨架吊具

加工组装好的钢筋骨架，刚度较低。将骨架转运到构件预制场地时，在运输过程中可能导致骨架形状及钢筋间距发成变化。为防止这一情况发生，需专门设计制作骨架吊具。吊具可由型钢焊制而成。一般由上弦杆、下弦杆及腹杆组成桁架。吊具桁架焊接时，不得使用药皮脱落或焊芯生锈的焊条焊接桁架构件，应先进行定位焊，定位焊所用的焊接材料及焊缝质量要求与正式焊接相同。定位焊焊缝厚度不宜超过设计焊缝厚度的 2/3，定位焊缝的长度宜为 40mm，间距宜为 500～600mm。桁架结构主要受力焊缝，应通过受力验算，验算其受力情况。

钢筋定位台架、安装绑扎好的钢筋骨架、波纹管（预应力钢筋预留孔道）、骨架起吊吊具如图 5-14 所示。

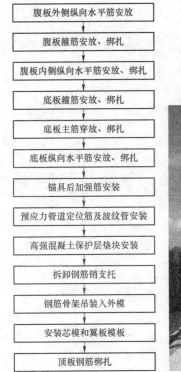

腹板外侧纵向水平筋安放

腹板箍筋安放、绑扎

腹板内侧纵向水平筋安放、绑扎

底板箍筋安放、绑扎

底板主筋穿放、绑扎

底板纵向水平筋安放、绑扎

锚具后加强筋安装

预应力管道定位筋及波纹管安装

高强混凝土保护层垫块安装

拆卸钢筋销支托

钢筋骨架吊装入外模

安装芯模和翼板模板

顶板钢筋绑扎

图 5-13　钢筋安放、绑扎工艺流程　　　　图 5-14　钢筋定位台架、钢筋骨架与起吊吊具

思考题 ··

5-1　简述钢筋不同加工方式及其特点。

5-2　简述钢筋定型台架的组成。

**现代预制混凝土工艺**

5-3　请说明钢筋焊接方法及其特点。

5-4　简述钢筋不同机械连接区别与联系。

5-5　为什么钢筋绑扎搭接时必须规定其最小搭接长度？

5-6　钢筋下料长度计算对钢筋骨架加工有何指导意义？

5-7　如何理解钢筋加工工艺的质量要求与验收方法？

第 6 章 预制混凝土的模具工艺

本章提要

概述预制混凝土模具的分类、材质、基本构造、设计方法以及模具工艺。

6.1 概 述

预制混凝土模具，是以特定的结构形式通过一定方式使材料成型的一种工业产品，同时也是能成批生产出具有一定形状和尺寸要求的工业产品零部件的一种生产工具。用预制混凝土模具生产的构件所具备的高精度、高一致性、高生产率，是任何其他加工方法所不能比拟的。预制混凝土模具在很大程度上决定着产品的质量、效益和新产品开发能力。

6.1.1 模具分类

（1）模具按生产工艺分类：生产线流转模台与板边模、固定模台与构件模具、立模模具、预应力台模与边模（集约式）等四种，成组立模模具如图 6-1 所示，预应力台模如图 6-2 所示。

图 6-1 成组立模模具

图 6-2 预应力台模

（2）按材质分类：钢材、铝材、混凝土、GRC（玻璃纤维增强混凝土）、玻璃钢、塑料、硅胶、橡胶、木材、聚苯乙烯、石膏模具及不同材料组合的模具。常见的钢模具如图6-3所示。

图6-3　钢模具

（3）按构件类别分类：柱、梁、柱梁组合、柱板组合、梁板组合、楼板、剪力墙外墙板、剪力墙内墙板、内墙隔板、外墙挂板、转角墙板、楼梯、阳台、飘窗、空调板、挑檐板等模具。预制柱模具如图6-4所示，预制楼梯模具如图6-5所示。

图6-4　预制柱模具　　　　　　　　　图6-5　预制楼梯模具

（4）按构件是否出筋分类：不出筋模具（封闭模具，图6-6）、出筋模具（半封闭模具，图6-7）。出筋模具包括：一面出筋、两面出筋、三面出筋和四面出筋模具。

图6-6　不出筋模具　　　　　　　　　图6-7　出筋模具

（5）按构件是否有装饰面层分类：无装饰面层模具、有装饰面层模具。有装饰面层模具包括反打石材、反打墙砖和水泥基装饰面层一体化模具。

（6）按构件是否有保温层分类：无保温层模具、有保温层模具。

（7）按模具周转次数分类：长期模具（永久性，如台模）、正常周转次数模具（50～300 次）、较少周转次数模具（2～50 次）、一次性模具。

不同材质模具适用范围表见表 6-1。

表 6-1　　　　　　　　　　　　　不同材质模具适用范围表

模具材质	流水线工艺		固定模台工艺					立模工艺		预应力工艺		表面质感	优劣分析
	流转模台	板边模	固定模台	板边模	柱模	梁模	异性构件	板面	边模	模台	边模		
钢材	◇	◇	◇	◇	◇	◇	◇	◇	◇	◇	◇		不变形、周转次数多、精度高；成本高、加工周期长
磁性边模		◇											灵活、方便组模脱模、适应自动化；造价高、磁性易衰减
铝材		◇		◇				◇	◇		◇		质量轻、表面精度高；加工周期长，易损坏，造价高
水泥基材			◇	◇	◇		◇			◇			价格便宜、制作方便；不适合复杂构件、质量大
塑料									○				光洁度高、周转次数高；不易拼接、加工性差
玻璃钢							○		○			好	可实现比钢模复杂的造型、脱模容易、造价便宜；周转次数低、承载力不够
硅胶												好	可以实现丰富的质感及造型、易脱模；价格昂贵、周转次数低、易损坏
木材		○		○	○	○		○			○	好	加工快捷精度高；不能实现复杂造型和质感、周转次数低
聚苯乙烯												好	加工方便、脱模容易；周转次数低、易损坏
石膏												好	一次性使用

注　◇正常周转次数；○较少或一次性周转次数。

6.1.2　模具制作材料

1. 钢材

钢材是预制混凝土模具最常用的材料，包括钢板、型板等。模具最常用的是 5～10mm

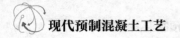

厚的钢板，一般选用 Q235、Q335 等级钢板。由于模具对变形及表面光洁度要求较高，与混凝土接触面的钢板不用卷板，而用原平板。对于清水混凝土模具，钢板还要求表面氧化层致密、均匀、不返锈。

2. 铝材

多用于模具的边模、立模等，不出筋的墙板或者叠合楼板侧模，铝材制作的模具具有重量轻、组模方便，减少起重设备使用频率等优点。

3. 水泥基材料

可用做模具材料的水泥基材料有钢筋混凝土、超高性能混凝土、GRC 等，具有制作周期短、造价低的特点。超高性能混凝土和 GRC（玻璃纤维增强混凝土）都可以与角钢配合制作模具，混凝土材料的模具须做成自身具有稳定性的形体。常见水泥基材料的模具有：预应力先张法长线台座，GRC 薄壁型模具等。

4. 硅胶、橡胶

硅胶、橡胶模具多铺装在底模上作为衬膜使用，生产外表面有造型或者有图案的预制混凝土产品，硅胶、橡胶模具应选用无收缩、耐高温的模具专用硅橡胶，一般由专业厂家根据图样定做。

5. 玻璃钢、塑料

常用于造型复杂、质感复杂的构件模具；塑料模具多用在端部尺寸小且不出筋的部位，或者是窗洞口部位；常用树脂有环氧树脂、不饱和 196 号树脂、191 号树脂等，玻璃钢模具中应当添加玻璃纤维来增强模具的抗拉强度。

6. 木材

木材模具使用于周转次数少、不进行蒸汽养护的预制混凝土生产，或者用于窗洞口部位。一般使用周期为 2～3 次。常用木材有实木板、胶合板、细工木板、竹胶板等。木板模具应做防水处理，刷清漆、树脂等。

7. 一次性模具材料

聚苯乙烯、石膏适用于复杂造型与质感，可以计算机数控机床加工质感，表面做处理。聚苯乙烯一般作为一次性模具适用，要满足质感和造型的要求，同时也要有一定的强度。

6.1.3 预制混凝土模具组成

1. 固定模台工艺模具的组成

固定模台工艺的模具包括固定模台、各种构件的边模和内模，如图 6-8 所示。固定模台作为构件的底模，边模为构件侧边和端部模具，内模为构件内的肋或飘窗的模具。固定模台由工字钢与钢板焊接而成，边模通过螺栓与固定模台连接，内模通过模具架与固定平台连接。

图 6-8　固定模台工艺模具

2. 流动模台工艺模具的组成

流动模台工艺生产板式构件，模具主要是流动模台和板的边模，如图 6-9 所示。常用流动模台尺寸有 4m×9m、3.8m×12m、3.5m×12m 等规格，由 U 型钢、H 型钢或其他型钢和钢板焊接组成。自动化程度高的流动模台生产线的边模多采用磁性边模或磁力盒固定边模，自动化程度低的流动模台生产线多采用螺栓固定边模或与磁力盒边模组合。

图 6-9　流动模台工艺模具

3. 自动生产线工艺模具

自动化生产线使用的模具包含基于数据进行操作的流动模台和条形的磁性边模，如图 6-10 所示。目前在世界范围内全自动生产线能够生产的有三种板式构件：不出筋的叠合楼板、不出筋的双面叠合剪力墙和不出筋的梁、柱、板一体化板式构件。磁性边模非常适合全自动化作业，由自动控制的机械手组模，但不适用于边侧出筋较多且没有规律性的楼板与剪力墙板。

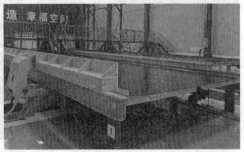

图 6-10　自动生产线工艺模具

4. 立模工艺模具

立模工艺的模具组成有独立立模和组合立模。一个立着浇筑柱子或一个侧立的楼梯板的模具属于独立立模（图6-11），成组浇筑的墙板模具属于组合立模（图6-12）。

独立模具的组成既不用固定模台也不用在流水线上进行构件制作，适用具有特殊要求的构件，立面具有一样光洁度的墙或者柱，其特点是模具自身包括5个面，一般由底边模、片式边模和封边模组成，具有安全可靠、易操作、易脱模的特点。

组合立模的模具可以在轨道上平行移动，在安装钢筋、套筒、预埋件时，模具离开一定距离，需留出足够的作业空间钢筋安装等工序结束后，模具移动到墙板宽度所要求的位置，然后再封堵侧模。

图6-11　单独立模模具　　　　　　　　　图6-12　组合立模模具

5. 预应力构件模具

预应力 PC 楼板在长线台座上制作，钢制台座为底模，钢制边模通过螺栓与台座固定。板肋模具即内模也是钢制，用龙门架固定。预应力楼板为定型产品，模具在工艺设计和生产线制作时就已经定型，构件制作过程不再需要进行模具设计。长线法预应力楼板模具如图6-13所示。

图6-13　长线法预应力楼板模具

6.2　模　具　设　计　与　计　算

6.2.1　模具设计的工艺流程

模具设计应根据预制混凝土的生产工艺确定，其设计寿命应满足工厂生产构件使用要求。预制混凝土构件的模具必须具有足够的承载能力、刚度、稳定性和良好的密封性能，应满足构件的尺寸和形状要求。

1. 模具设计要求

形状与尺寸准确，模具尺寸允许误差满足标准规范要求，特殊构件要求及工程特殊精度的要求。

（1）有足够的承载力、刚度和稳定性，能承受生产过程中的外力。

（2）设计出模具各片的连接方式，边模与固定平台的连接方式等。连接可靠、整体性好、不漏浆；构造简单、支拆方便、便于组装调整、成型、脱模和拆卸；便于清理模具、涂刷脱模剂；钢筋、预埋件安置方便，混凝土入模方便。

（3）预埋件、套筒等应设置准确定位的装置；当构件有穿孔时，应设置孔眼内模及其定位设置；出筋定位准确。

（4）模具表面不吸水，构件表面有质感要求时，模具的质感符合设计要求，清晰逼真。

（5）在保证强度和刚度的前提下，尽量能减轻质量；较重模具应设置吊点，便于组装；模具结构和形式应符合改变构件型号的要求，通用性强。

（6）模具符合安全生产、环保要求。

2. 模具设计内容

（1）设计应考虑生产构件的方便性、整体美观性和实用性，脱模便利，满足生产周转次数要求。优先考虑零件、部件的通用性和互换性。

（2）根据构件类型和设计要求，确定模具类型与材质；设计计算模具强度与刚度，确定模具厚度、肋的位置、模具数量及周转率，确定模具分缝位置和连接方式；立式模具应验算模具稳定性。

（3）对预埋件、套筒、孔眼内模等应进行定位构造设计，保证振捣混凝土时不位移；对出筋模具的出筋方式和避免漏浆进行设计。

（4）对有质感表面的模具应选择表面质感模具材料，考虑与衬托模具的连接方式；外表面反打装饰层模具应考虑装饰层下铺设保护隔垫材料的厚度尺寸。

（5）钢结构模具焊缝有定量要求，既要避免焊缝不足导致强度不够，又要避免焊缝过多导致变形。

3. 模具利用系数

模具趋于通用化，就导致必须在生产过程中不打破流水节拍的情况下系统改制模具，而较复杂的改制工作就需要在工艺流水线以外进行。此时，工艺流水线上必须保留连续生产所需的最低数量的模具，其余的模具则在车间的模板专用堆场进行改制，需要时再投入流水线。

一个工程中模具数量的确定受到繁忙程度的影响，模具数量的配置影响到制作成本、节能环保等方面，所以尤为重要。根据工程中预制混凝土种类、供应工期，确定模具数量，用模具的利用系数来计算。模具利用系数等于实际使用值与最大可能使用值的比值。

为生产计划规定的成套构件所需的模具数量可按下列公式计算：

$$N = \frac{Q}{Q_{max}} = \frac{Q}{TCQ_{cm}}$$

式中　　Q——生产计划规定的成套构件所需的模具周转数；

Q_{max}——生产成套构件的时间内，模具的最大可能周转次数；

T——生产成套构件的持续时间，d；

C——一天的工作班制；

Q_{cm}——一班内的模具周转次数。

预制混凝土的型号尺寸发生改变，在模具的繁忙程度较低时，模具经过改制以后，可以将之用于生产两种不同型号的构件。

4. 模具的周转率

模具的使用时间取决于生产过程中模具的周转次数，即参加制品成型的循环次数。正常养护的钢模额定使用次数可以达到千次，模具的结构设计优化和正确使用，能大大提高模具周转率。模具周转率越高，其占预制混凝土总成本的比例越低。

6.2.2　模具设计的荷载计算

作用于模具系统的荷载主要有水平荷载和垂直荷载，在这些荷载中有恒荷载和活荷载之分，在进行一般模具体系设计计算时，应根据规范的规定进行选用和组合。对于特殊的模具系统，应根据施工过程中的实际情况选用设计荷载值并进行荷载组合。生产预制混凝土，在混凝土浇筑时，模具所受到的荷载有模具系统的自重、新浇筑混凝土自重、钢筋自重、振捣混凝土时产生的荷载、新浇筑混凝土对模具的侧压力等。现浇混凝土除了上述荷载外，还有施工人员及设备生产的荷载，混凝土下料产生的水平荷载、泵送混凝土或不均匀堆载等因素产生的附加水平荷载等。

1. 模具系统的自重（G_1）标准值

模具系统的自重标准值，主要包括模具、支撑体系的自重。自重标准值应根据模具设计图纸确定，一般的带肋楼板和无梁楼板的模具及支架自重标准值见表6-2。

表 6-2　　　　　　　　木、组合钢模具系统的自重（G_1）标准值

项次	模具构件名称	木模具	组合钢模具
1	无梁楼板的模具及小楞	0.30	0.50
2	带肋楼板	0.50	0.75
3	楼板模具及支架（楼层高度 4m 以下）	0.75	1.10

2. 新浇筑混凝土自重（G_2）标准值

新浇筑混凝土自重标准值，对于普通水泥混凝土可采用 24.0～24.5kN/m³，其他混凝土根据实际测量的重力密度而确定。

3. 钢筋自重（G_3）标准值

钢筋自重标准值可根据施工图纸进行确定，对一般梁板结构每立方米钢筋混凝土的钢筋自重标准值为：楼板为 1.1kN/m³，梁为 1.5kN/m³。

4. 新浇筑混凝土对模具的侧压力（G_4）标准值

影响新浇筑混凝土对模具侧面压力标准值的因素很多，如施工气温、混凝土密度、凝结时间、浇筑速度、混凝土坍落度、骨料种类、掺外加剂种类等。当采用内部振捣器且浇筑速度不超过 10m/h，混凝土坍落度不大于 180mm 时，新浇筑混凝土作用于模具的最大侧压力，可按下面两式计算，并取两式计算结果的较小值作为侧压力的最大值，即

$$F = 0.28\gamma_c t_0 \beta V^{1/2}$$
$$F = \gamma_c H$$

式中　F——新浇筑混凝土对模具的最大侧压力，kN/m²；

　　　γ_c——混凝土的重力密度，kN/m²；

　　　t_0——新浇筑混凝土的初凝时间，h，可以按照实测数据确定，当缺乏试验资料时，可采用 $t = 200/(T+15)$ 进行计算，T 为混凝土的温度，℃；

　　　β——混凝土坍落度影响修正系数，当 50mm＜坍落度≤90mm 时，取 0.85；当 90mm＜坍落度≤130mm 时，取 0.90；当 130mm＜坍落度≤180mm 时，取 1.0；

　　　V——混凝土的浇筑速度，m/h；

　　　H——混凝土侧压力计算位置处至新浇筑混凝土顶面的总高度，m。

6.2.3　模具及支架承载力验算

1. 荷载组合

采用最不利的荷载基本组合进行设计，参与模具及支架承载力计算的各项荷载按表 6-3 确定。

表 6-3   模具及支架承载力计算的各项荷载

计算内容		参与荷载项
模具	底面模具的承载力	$G_1 + G_2 + G_3 + Q_1$
	侧面模具的承载力	$G_4 + Q_2$
支架	支架水平杆及节点承载力	$G_1 + G_2 + G_3 + Q_1$
	立杆的承载力	$G_1 + G_2 + G_3 + Q_1 + Q_4$
	支架结构的整体稳定性	$G_1 + G_2 + G_3 + Q_1 + Q_3$ $G_1 + G_2 + G_3 + Q_1 + Q_4$

2. 荷载效应计算

模具及支架的荷载基本组合的效应设计值，可按下式计算：

永久荷载分项系数 1.35，可变荷载分项系数 1.4。

$$S = 1.35\alpha \sum_{i \geqslant 1} S_{G_i k} + 1.4\psi_{cj} \sum_{j \geqslant 1} S_{G_j k}$$

式中　　$S_{G_i k}$——第 i 个永久荷载标准值产生的荷载效应值；

　　α——模具支架类型系数，侧模具取 0.9；底模具和支架取 1.0；

　　$S_{G_j k}$——第 j 个可变荷载标准值产生的荷载效应值；

　　ψ_{c_j}——第 j 个可变荷载的组合值系数，宜取 $\psi_{c_j} \geqslant 0.9$。

3. 承载能力计算

模具及支架结构构件应按短暂设计状况下极限状态进行设计，承载能力计算应符合下式要求：

$$\gamma_0 S \leqslant R/\gamma_r$$

式中　　γ_0——结构重要性系数。对重要的模具及支架（包括高大模具支架、跨度较大、承载力较大各体形复杂的模具和支架）宜取 $\gamma_0 \geqslant 0.9$；

　　S——模具及支架的荷载基本组合的效应设计值；

　　R——模具及支架结构构件的承载力设计值，应按国家现行有关标准计算；

　　γ_r——承载力设计值调整系数，应根据模具及支架重复使用情况取用，不应大于 1.0。

模具因刚度不够，造成模具变形的，影响混凝土浇筑质量，影响预制混凝土产品的质量，甚至不能使用，模具结构除必须有足够的承载能力外，还应保证具有足够的刚度。

在验算模具结构的刚度要求时，其最大变形值应符合下列要求：① 对结构表面不做装修的外露模具，其最大变形值为模具构件计算跨度的 1/400；② 对结构表面进行装修的隐蔽模具，其最大变形值为模具构件计算跨度的 1/250；③ 支架体系的压缩变形或弹性挠度，应小于相应结构跨度的 1/1000；④ 当梁板跨度等于或小于 4m 时，模具应根据设计要求进行起拱；当设计中无具体要求时，起拱的高度宜为全长跨度的 1/1000～3/1000。钢模具可取偏小值，即 1/1000～2/1000；木模具可取偏大值，即 1.5/1000～3/1000。

6.3　模 具 加 工 工 艺

6.3.1　加工工艺流程

　　常见模具的基本构造包括：预埋件、铝窗、套筒、孔眼等定位构造；出筋模具构造；构件外轮廓的倒角和圆角构造；伸出钢筋的架立定位构造，脱模便性构造；脱模的吊环与吊孔构造；模具拼缝处理构造等七种类型，主要使用定位钢板、定位孔、造型钢板（硅胶橡胶等材质）和模具分割等部件，通过螺栓、销钉固定、定位或焊接、胶粘等连接方式来完成这些基本构造。用集约式立模工艺制作两侧出筋的建立墙板，最主要的技术问题是出筋板侧的封边模具，须根据不同出筋情况进行调整，出筋板侧封边模具可用钢板、型钢制作。水泥基模具、玻璃钢模具、木模具、硅胶模具、橡胶模具和一次性模具或由专业厂家设计制作，模具加工工艺流程包括模具设计、原材料采购、翻样下料与配件加工、拼接组装、调试检验、喷漆标记、入库等过程，如图 6-14 所示。

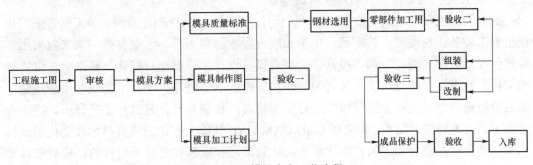

图 6-14　模具生产工艺流程

6.3.2　模具制作工艺

　　预制混凝土构件制作厂家具备一定的修改、"微整形"模具的能力，以避免在模具不符合预制混凝土生产时只能返回模具厂修改的弊端，模具最终是为构件厂生产服务，按构件生产工艺设计模具，符合构件生产工艺的模具使用寿命直接影响构件的制造成本，实现模具的通用性可以增大模具周转次数。模具制作应当具备以下基本条件：

　　（1）模具设计人员需要熟练使用 CAD 等制图软件，具备一定的识图能力，应具有一定的预制混凝土制作经验。

　　（2）拥有加工金属模具主要的精细设备，包括激光裁板机、线切割、剪板机、铣边机、冲床、台钻、摇臂钻、车床、焊机、组装平台等。

（3）技术人员掌握模具加工制作质量标准和验收标准。

（4）企业具有可靠的质量管理体系和规范的安全环境管理体系。在生产定型的规格化墙板时，模具是制品工艺的一个部分，不需要另外设计模具。

模具影响生产效率主要体现在组模和拆模两道工序，保证模具刚度、精度的前提下，降低模具重量，减少模具组装时间，方便拆卸，避免拆模过程损坏构件，以免二次追加模具或增大模具维修费用。模具制作工艺如下：

（1）模具和支（拱）架构件进场后应进行验收，符合相关标准后方可使用。

（2）模具及其预埋件、预留孔应符合设计和工艺要求。

（3）当设计有要求或施工需要时，可在模具的隔角部位加设三角棱条。

（4）为消除支（拱）架非弹性变形，确定模具立模高程，现浇混凝土结构的支（拱）架在正式使用前应预压。后张法预应力混凝土简支梁底模和侧模应根据设计要求和实际张拉力、混凝土弹性模量及上拱度数据，预设反拱及预留压缩量。

（5）模具在使用过程中应定期进行检查。

6.4　模具的拆装与维护

1. 模具拆装技术与现代制造技术的结合

目前国内大多数模具制造厂家，设计仍停留在使用CAD制图阶段，加工制造采用传统机加工设备，精度差，效率低。由于预制混凝土品种多样、造型复杂，未来应采用三维软件设计装配式混凝土构件模具，使整套模具设计体系更加直观化、精准化，可直接对应构件建模进行检查纠错，又可为数控加工提供NC程序，提高了加工效率和质量。用数值模拟软件对混凝土浇筑过程进行模拟仿真，在模具设计时进行工艺分析，提出合理的工艺方案和模具结构，建立在CAD/CAM/CAE基础上的先进模具技术和现代制造技术相结合，提高模具加工的自动化水平，达到工艺和模具优化设计的目的，提高模具设计效率和质量。

预制混凝土大型化是美国、日本、欧洲等发达国家在建筑工业化过程中总结出来的经验，大型化的预制混凝土会导致模具质量很大，生产中模具的组装、拆模都比较困难，严重影响生产效率。随着我国人力资源成本不断增加以及科学技术水平的不断发展，自动化智能化的模具拆装技术必然成为现代预制混凝土生产的一个重要发展方向。

装配式建筑的标准化、模数化程度低，直接导致模具标准化程度低，通用性差，造成模具成本居高不下，严重影响装配式建筑的发展。智能模具代表着国内装配式建筑模具技术新的发展方向，采用分析软件优化模具结构，提高模具的周转率和通用性，方便使用，节约成本。

2. 模具的保养维护

如果模具在使用过程中，因某些原因造成模具质量问题而得不到及时维修、保养，继续使用则会使制品表面光泽度明显下降，严重时造成脱模困难，保养维护模具前，必须全面清理模具周边、连接紧固件、结构件、定位装置等部位残剩的固化胶结料，用清洁柔软的毛巾、绒布、棉纱等物，将擦洗溶液抹擦在需要清洁的表面上，经反复抹擦，去除模具表面的积垢，恢复清洁光亮的工作表面。此外，预制混凝土模具的尺寸大而重，使用不便，迫切需要采用高强度的新模具钢替代现有模具钢，减轻重量。预制混凝土外观质量与模具表面光洁度密切相关，研发新型涂层材料，可以对模具进行保养维护，防止模具锈蚀，减少模具磨损，提高模具寿命，增加模具表面光洁度，有利于提高预制混凝土外观质量。

 思考题 ··

6-1　简述混凝土构件模具的分类。

6-2　简述不同模具的特点。

6-3　预制混凝土的模具组成有何特点?

6-4　模具设计的内容有哪些，如何计算模具的荷载?

6-5　常见模具的基本构造有哪些类型? 简述模具的加工工艺流程。

6-6　模具制作应当具备怎样的基本条件，制作工艺如何?

6-7　简述模具制作工艺的发展特点。

第7章　典型预制混凝土的
生产技术

本章提要

介绍常用建筑构件、管状制品、混凝土桥梁等生产工艺。其中，混凝土建筑构件生产工艺包括模板组装、钢筋制作、混凝土制备、构件的浇筑成型与养护工艺等过程；水泥混凝土制管工艺包括离心法、悬辊法、内外模振动法、芯模振动液压成型法、立式径向挤压法等管状制品生产工艺方法；混凝土桥梁采用预应力生产工艺等。

7.1　概　　述

预拌混凝土行业包括从材料设计、原材料制备、混凝土生产、物流运输及工程服务的产业，而行业预制混凝土因构件的外形与用途不同，采用不同的生产工艺，各种典型预制混凝土生产工艺遵循预制混凝土结构形成基本的工艺原理。市政工程用大型构件主要体现在预制管廊、预制桥梁、预制管片等，预制混凝土桩则是应用于各类建筑、高铁、桥梁、港工等桩基础有关的重要产品，预应力混凝土梁和板等可以采用传统的预应力生产工艺（图7-1）。

装配式建筑通常用叠合楼板方式，高层住宅用的预制墙板、预制楼板、预制梁、预制柱、预制楼梯、预制阳台、预制空调板等构件是装配式建筑的基础，由预制混凝土半成品和现浇钢筋混凝土层叠合而成，此种高层建筑叠合楼板兼有预制和现浇楼板的特点。叠合板跨度一般为4～6m，最大跨度可达9m，其上下表面平整，现浇叠合层内可敷设水平管线设备，整体性好，便于饰面层装修，适用于对整体刚度要求较高的高层建筑和大开间建筑。叠合板、阳台板、空调板、内墙板、楼梯、梁、柱等混凝土建筑构件生产可

以采用一次浇筑成型工艺，而夹心保温外墙板（保温装饰一体化外墙板）、女儿墙、PCF
板、夹心保温阳台板、饰面装配式预制混凝土等复合外墙构件生产均采用二次浇筑成型
工艺。

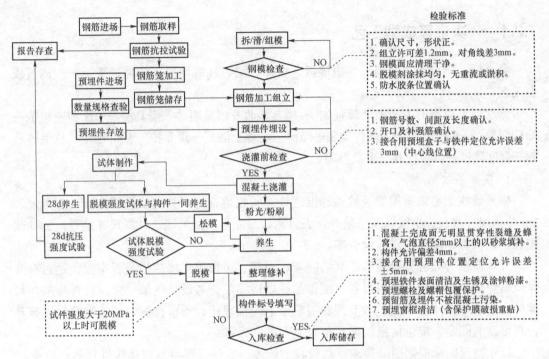

图 7-1　传统预应力混凝土构件的生产工艺

常见的混凝土管涵，在水利工程、城市给排水工程、工业输水工程、农田灌溉、电
厂补充水及循环水系统、核发电厂、常规核安全管道系统、压力隧道、综合管廊及深覆
土涵管等领域得到广泛的应用，四水同治、电网入地、雨污分流、县城污水处理等地下
管廊工程为大口径、长距离、高工压的混凝土管涵带来广泛的应用空间。钢筋混凝土排
水管制管工艺技术的成型工艺主要有：芯模振动成型工艺、立式径向挤压成型工艺、立
式附着式成型工艺、立式插入振捣工艺、离心成型工艺、悬辊成型工艺等。其中，ϕ1500mm
以上的大口径管大多采用芯模振动工艺、立式振捣工艺或立式附着式成型工艺，
ϕ1500mm 以下的小管生产线多保留采用悬辊成型工艺，新投入生产线则多采用芯模振
动成型工艺、立式径向挤压成型工艺和升芯式芯模振动成型工艺。随着国家节能环
保要求力度的加大和人工成本的上涨，悬辊成型工艺也将会逐步被芯模振动和径向
挤压成型工艺所代替。

清水混凝土、水泥纤维板（GRC）、预应力混凝土挂板、装饰保温一体化混凝土板、
加气混凝土砌块等装饰或维护结构用预制混凝土，采用的生产工艺往往是自流平灌浆浇
筑成型与快速养护的方式。

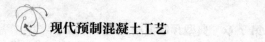

7.2 板类混凝土构件的生产工艺

7.2.1 一次浇筑成型工艺

叠合板、阳台板、空调板、内墙板、楼梯、梁、柱等混凝土构件，采用一次浇筑成型工艺。

一次浇筑成型的生产工艺流程如下：模具验收—模具组装—模具清理—涂刷脱模剂—涂刷缓凝剂—钢筋骨架与预埋件安装—隐检—混凝土浇筑—预养护—表面处理、拉毛—蒸养—强度测试—拆除模具—质量检验。

1. 模具验收

模具验收主要依据图纸及检验标准进行，验收检查的工具主要包括盒尺、方角尺、2m检测尺、塞尺、小线以及垫块等，先目测、后测量，从外观、外框尺寸检查，到细部配件定位检查、配件的尺寸检查等。

外观检查必须首先看检验模具的底架、台模、边模等焊接部位是否牢固、是否有开焊或漏焊等，查看模具所用材料、配件品种规格等是否与设计图纸一致，再查验部件与部件之间的连接是否牢固，以及预制混凝土上的预埋件、预留孔洞、外露钢筋位置等是否有可靠的固定、定位措施，模具是否便于支、拆等。

尺寸检查则应根据图纸要求，对模具的长度、宽度、厚度及对角线进行测量检查。

细部检查，检测模具内预留线盒、孔洞、埋件等配件的位置，再检查预留孔洞、企口凹槽等配件的尺寸。

2. 模具组装与清理

装配式预制混凝土的工艺设计，常采用在模具相应位置涂刷缓凝剂，提前涂刷缓凝剂形成粗糙处理表面。

模板验收后，在大模台上组装模具，按照模具预留的固定孔位，使用相应的螺栓固定、磁吸固定方式，将侧模固定在底模上。将销轴与销孔定位、各个螺栓对准与之对应的螺母试拧，再安装紧固；清理组装好的模具内腔，清理模具的内腔表面的杂物、浮锈，再进行隔离剂涂刷。

3. 钢筋架及预埋件安装

将钢筋骨架成品，整体吊装至模具内，用混凝土垫块将网片支起，控制钢筋保护层厚度，防止钢筋骨架变形；确定固定于模板和压杠上的预埋件、线盒、预留孔洞的位置、型号、规格、数量等，及时校正。

4. 混凝土浇筑、成型与养护

经过模具验收、模具清理、钢筋验收、预埋件验收后，隐检部位验收后进行混凝土浇筑，严格按制混凝土坍落度，采用机械布料机入模浇筑成型。小型振动棒应避免与预埋件、线盒直接接触，保证其不产生过大位移，同时防止混凝土产生干缩变形引起预埋件内空鼓，粗抹后严格控制厚度偏差在 0～3mm 之间，构件浇筑成型后进行蒸汽养护。

蒸养制度为静停（1～2h）—升温（2h）—恒温（4h）—降温（2h）。静停 1～2h（根据实际天气温度及坍落度可适当调整）、升温速度 15℃/h、恒温最高温度 60℃、降温速度 15℃/h，当构件的温度与大气温度相差不大于 20℃时撤除覆盖。

叠合板在进入养护窑之前需进行表面粗糙处理，拉毛采用机械拉毛，叠合板粗糙面凹凸尺寸不小于 4mm，做好构件型号标识。

5. 脱模起吊及粗糙面处理

较大的构件或者特殊要求的构件强度达到 100%才能脱模起吊，但楼梯、楼梯隔墙板、空调板、叠合板等构件强度达到规范要求值方可脱模。

脱模前要将固定模板和线盒、预埋件的全部螺栓拆除，打开侧模，用吊装梁或者水平吊装架将构件水平吊出；构件出模后，及时对构件粗糙面按图纸要求做成露骨料面。

构件吊出后，放置在专用的冲洗区，对构件涂刷缓凝剂区域进行高压水冲洗冲刷。

6. 构件表面修整与验收

构件脱模后应对模具面（除粗糙面以外）混凝土表面质量进行检查，发现有气泡、裂缝等问题时，在不影响结构受力的缺陷可以修补。修补流程为：材料及工具准备—基层清理—修补材料调配及修整—养护—表面修饰。

混凝土的脱模强度要求达到规定值，质量检验验收要求符合构件的外观、规格尺寸偏差规定。

7.2.2　二次浇筑成型生产工艺

夹心保温外墙板（保温装饰一体化外墙板）、女儿墙、PCF 板、夹心保温阳台板、饰面装配式预制混凝土等构件生产采用二次浇筑反打工艺成型构件。反打生产工艺采用固定模台模具形式，构件侧模直接固定在固定模台上，底模为粘贴瓷砖的面层。

检查模具时，注意模具的底架、台模、边模等部位焊接部位是否牢固、有无开焊或漏焊等问题，以及预制混凝土上的预埋件、预留孔洞、外露钢筋位置等是否固定可靠、定位准确。模具的台座或底胎平整，模具接缝应紧密无漏浆漏水；外露主筋按照图纸要求位置开孔，孔径大小比钢筋直径大 10mm，使用定制的柔性橡胶圈固定钢筋，既要保证外露主筋的位置，又要保证构件在脱模时的便捷，外露的次要钢筋通过增加两层钢筋中间的定位板（钢板厚度一般 6～8mm）来保证钢筋的保护层厚度；预埋件应安装牢固，可以采用吊杠的方式加工，埋件与吊杠之间的空隙不得小于 60mm。

PCF 板基 L 形外墙板不浇筑结构层的状态，相比较外墙板少了浇筑结构层等工序，由于外叶装饰层的混凝土厚度较薄，预留的埋件和吊钩存在冲突问题；石材饰面的预制混凝土构件，即利用反打工艺制作的建筑预制混凝土（柱梁、墙等），建筑外墙用饰面石材与预制混凝土形成一体化结构。为防止水斑、泛碱、起壳、开裂等问题，生产之前需要对石材膨胀率、与混凝土的黏结强度、大气暴露、水浸等影响因素进行试验，目的在于解决饰面预制混凝土构件表面防水、增强、应力问题。

外墙板生产工艺流程包括选择饰面石材、石材背面处理、配制饰面石材底模、布置钢筋、浇筑混凝土、养护、吊装、表面清洗等，此工艺的优点是表面平整、附着牢固，装配施工整体效率高。

反打瓷砖外墙板构件，应根据瓷砖尺寸，在底模上粘贴双面胶带，胶带间距保证每版瓷砖至少有两道双面胶带固定。粘贴好瓷砖后，应检查瓷砖的颜色、缝隙宽度、缝隙的直线度是否符合图纸及规范要求。对带瓷砖构件采用调配确定好的勾缝水泥浆对瓷砖缝隙进行密闭压实，保证构件缝隙内光滑密实；安装构件外叶装饰层钢筋网片，带窗口构件保证网片与窗口模具以及上下层的保护层位置准确；外叶装饰层埋件、孔洞包括预埋空调埋件、预留空调穿墙孔洞以及预留现浇模具穿墙通孔等，安装时应注意空调埋件内的安装孔洞方向，一般安装孔洞与地面保持平行，带悬挑飘窗构件的保温板安装通过保温板定位固定；带门窗口的构件根据模具预留孔洞，使用自攻钉固定防腐木砖与装饰层网片绑扎固定；结构层钢筋骨架与结构层模具提前组装好，整体吊装到外叶装饰层模具上，对准相应的固定孔位慢慢下落，避免与连接件以及飘窗钢筋冲突；结构层钢筋骨架就位后，及时将紧固连接螺栓固定好，将飘窗钢筋按照图纸要求，压入结构层内并与结构层钢筋绑扎牢固；带窗口构件将门窗口防腐木砖钢筋压入结构层内，确保钢筋能够有效地连接外叶装饰层与结构层；调整空调埋件、孔洞与钢筋冲突位置等。

混凝土浇筑前应进行隐蔽检，确保钢筋规格、数量、位置符合要求，以及预留预埋件、孔洞等符合图纸要求，浇筑构件外叶装饰层混凝土。混凝土浇筑时均匀布料，由于外叶装饰层混凝土厚度较薄，外叶装饰层的混凝土石子粒径不应超过 16mm，以免影响瓷砖黏结，或者造成振捣不密实，采用手持式平板振动器振捣混凝土。预制带保温板构件一般常用的保温板厚度有 30mm、50mm、60mm、70mm，保温板连接件的位置、数量应严格按照图纸要求执行。保温板按照图纸要求位置使用连接件进行固定，并保证连接件与下层混凝土紧密结合，不应扰动下层混凝土。

隐检验收后浇筑混凝土，混凝土布料要均匀，振捣时应注意埋件及保温板的位置，避免破坏保温板，注意边角、钢筋密集处防止出现振捣不实问题；混凝土收面用杠尺刮平，粗抹平手压面的平整度在 3mm 内，刮去多余的混凝土（或填补凹陷），中抹平待混凝土收水初凝后，用铁抹子抹光面达到表面平整、光滑，精抹平（1～3 遍）在初凝后使用铁抹子精工抹平。

构件浇筑成型后覆盖进行蒸汽养护，当混凝土强度达到设计强度的 75%时方可脱模，脱模前要将固定模具和埋件的全部螺栓拆除，再打开侧模，根据构件形状、尺寸及重量要求选择适宜的吊具，用水平吊环或吊母吊出构件，吊出的构件放置在修补架上修补合格后用吊车吊钩挂住构件侧面吊环，徐徐起吊进行翻转，翻转时应注意不损伤构件。

构件翻转后应及时用铲子和棉丝仔细清理，构件四周结构层按图纸要求做成露骨料面，不影响结构受力的缺陷可以修补，瓷砖表面使用草酸或瓷砖清洗剂、将瓷砖表面灰浆清洗干净、露出瓷砖本色。

7.3　后张预应力桥梁生产技术

7.3.1　预应力混凝土桥梁的发展概况

预应力混凝土桥梁出现在 20 世纪 30 年代，发展始于 50 年代。第二次世界大战后德国、法国等西欧国家大量桥梁因遭受战争破坏，当时战后钢材奇缺，预应力混凝土桥和预应力锚具得到快速发展。

1957 年在北京周口店建造第一座预应力混凝土公路试验桥，为单跨 20m 简支 T 型梁桥。1959 年在兰州建成七里河黄河桥，为 7 孔主跨 37.5m 悬臂梁桥。此后建成新城黄河桥，桥型为 5 孔 33m T 型简支梁和孔 66m 系杆拱桥，奠定了我国建造预应力混凝土桥的基础。主跨 168m 的攀枝花金沙江桥和钱塘江二桥等铁路桥，标志着我国的铁路桥预应力混凝土技术处于世界先进水平；连续钢构桥继黄石大桥 250m 主跨后，虎门大桥达 270m，主跨为世界之冠，主跨 400 以上海杨浦大桥（跨度 602m）等斜拉桥七座，代表我国斜拉桥技术已进入世界领先水平。近年来，城市发展立交桥广泛应用预应力混凝土技术，北京自 1974 年采用先简支后连续方法施工修建复兴门立交桥后，目前五环以内有 211 座立交桥，如天宁寺立交桥和四元桥等。

随着预应力砼技术不断扩大，技术水平不断提高，桥梁跨度不断突破，大跨径桥梁不断涌现，如主跨为 168m 的攀枝花金沙江铁路连续钢构桥，顶推法施工的跨度 80m 连续箱梁桥杭州钱塘江二桥，此外在南昆铁路线上大批各种类型的铁路桥梁，采用铁路桥预应力混凝土技术。预应力混凝土桥梁有如下主要特点：

（1）预应力混凝土充分发挥高强材料的特性，具有可靠的强度、刚度以及抗裂性能。

（2）预应力锚具结构在车辆运营中噪音小，维修工作量少。

（3）施工方法水平先进，施工周期短，显示出巨大经济效益。

（4）预应力混凝土桥梁充分利用材料的可塑性，表现丰富多彩的潜力。

（5）竞争力强，适用于各种结构体系，适用范围大，易与周围环境相协调，简洁而美观。

7.3.2　后张预应力桥梁的生产工艺流程

各种后张预应力桥梁的生产工艺流程相似，但凡不同之处，主要在于后张预应力工序中技术规定的差别。具体包括模板放置与底面反拱测量、钢筋绑扎后吊装上底模、模板组装、预应力孔道穿管、混凝土浇筑、养护、模板拆除、预应力张拉、压浆、封端、吊装等十五道以上的工序，每道工序更有严格的基本操作规程才能保证预制混凝土内部结构质量。

（1）平整场地、安放底模：场地必须开阔、平整、坚实，并有排水措施底模需要，根据图纸及施工经验设置反拱，在梁端部位进行垫石基础加强。

（2）钢筋加工、绑扎：钢筋骨架核对，确保各种钢筋完全符合图纸和标准要求，特别是弯钩角度及直线段长度；波纹管孔道（含负弯矩）固定牢固无位移；梁体底腹板钢筋及预应力孔道定位网均在钢筋绑扎台座上绑扎成型；钢筋绑扎台座上设置有固定钢筋及各预埋的胎卡具，以确保其位置相对准确；桥面钢筋绑扎完毕，要进行工程的隐蔽检查。隐蔽工程的检查内容：

1）确认准备浇筑箱梁的编号、方向、墩号、坡度，确认边梁需要有何预埋件预留孔洞；

2）除常规检查项目外，着重检查钢筋保护层，上板面板厚，可以根据实际情况较图纸稍厚1~2cm。还应检查负弯矩槽处的扁锚位置、外露筋尺寸及附属构件情况；

3）压杠和丝杆应上紧到位，侧模支撑木方应打紧，压杠上的灰渣不得在面板上清理。绑扎桥面钢筋质量控制：

1）面板钢筋绑扎要求与主体骨架基本相同，另需要注意附属预埋件的处理；

2）如有条件可考虑和主体骨架同期加工，而非是主体骨架入模后再绑扎；

3）注意上下层钢筋应固定牢固，特别是悬臂侧钢筋，防止浇筑混凝土时施工荷载变形；

4）依图作业，负弯矩孔道注意外露位置，长度满足现场施工搭接要求（＞5cm）。

（3）模板加工安放钢筋骨架：吊底腹板钢筋入制梁台座，混凝土垫块的作用是保证钢筋与模板间留有空隙，形成保护层。

（4）波纹管下料及安装：穿管分橡胶管和波纹管。橡胶管等混凝土浇筑完后要拔出来；波纹管直接浇筑在梁体不再拔出。

（5）模板组装，组装质量控制：模板清理完毕后，底模、侧模需要刷模板隔离剂；端模板锚区角度预留孔位置，外露筋位置；边梁悬臂侧梳筋板注意面板钢筋、负弯矩槽模具定位。

（6）浇筑混凝土：浇筑混凝土"先底板，再腹板，最后顶板；从两端到中间，纵向分段、水平分层；连续灌注成型"，严禁一次集中下料，下料要均匀，混凝土浇筑厚度不得超过30cm。浇筑腹板时，防止混凝土出现堆积现象，导致混凝土不密实；腹板混凝土浇筑时，预应力钢束以下部位应在下料的同时，用附着式振动器振捣；预应力钢束以上部位应以插入式振捣器振捣为主，插入困难的部位可短时开启附着式振动器予以辅助；振捣时间以混凝土停止下沉、不再冒出气泡，表面呈平坦、泛浆为准。

（7）混凝土的搅拌运输：根据预制混凝土种类、混凝土用量、运输距离选择不同运输工具。

（8）做同条件和标养试块：按规范要求制作试块，监控不同龄期混凝土质量。

（9）养护：构件养护在浇筑成型后及时覆盖养护罩，送气管路布管要均匀，使构件受热均匀，强度一致；采用蒸汽养护温度自动控制系统，减少调节温度的误差。

（10）拆模板：当梁体混凝土强度达到规定要求，梁体混凝土芯部与表层、表层与环境温差均不大于20℃，由实验室出具拆模通知单方可进行拆模；拆模顺序按支模顺序相反进行。先拆吊帮，再拆侧模和端模，最后拆底模；先拆非承重模板，再拆承重模板。

（11）清理、维修模板：模板拆下来后，须立即清理模板上沾的混凝土，以备下次使用。

（12）穿预应力钢束：预应力筋下料、编束。

（13）预应力张拉：预应力张拉方式分一端张拉和两端张拉。根据设计要求选择张拉方式，张拉前应先进行孔道摩阻试验，满足技术要求后再行张拉。钢束伸长值与张拉同步测量，两端同步张拉时，张拉过程中应保持两端的伸长量基本一致。

（14）切割多余钢束、孔道灌浆：张拉端外露预应力筋应在灌浆后再切割。张拉完毕后，为防止钢绞线腐蚀和预应力损失，须在 48h 内进行灌浆。孔道灌浆工序要求：

1）压浆顺序为先下后上，即先压下面的管道，再压上面的管道。同一管道压浆连续进行，一次完成。

2）孔道灌浆宜采用智能控制压浆泵，压浆所用的机具设备应定期维护，仪表校验合格后方可使用。孔道应清洁、湿润，先灌下层孔道，灌浆应缓慢进行，一次完成不得停顿，因故停顿时将已灌入孔道的灰浆冲洗干净，问题解决后再重新灌浆。

3）灌浆压力应小到大并控制在 0.5～0.7MPa，当排气孔排出浓浆时及时用木塞封闭，继续保压 0.5MPa，3～5min 后，拔出灌浆嘴，立即封闭灌浆孔。灌浆过程中，灰浆应连续搅拌，容器中应始终保持充足的灰浆，防止空气进入孔道。

4）同一管道的压浆应连续进行一次完成，压浆应缓慢均匀地进行，不得中断。

5）浆液自拌制完成至压入孔道的延续时间不得超过 40min，且在使用前和压注过程中应连续搅拌。

6）采用真空压浆时，在压浆前应对孔道进行抽真空，真空度宜稳定在 −0.06～−0.1MPa，真空稳定后应立即开启孔道压浆阀门，同时启动压浆泵进行压浆。

7）压浆饱和度达到孔道另一端饱满且排气孔排出浓浆，关闭出浆阀门以保持在 0.6MPa 的稳定期，稳定期为 3～5min，灌浆时应留有相应的灌浆记录表。

8）压浆时每根箱梁板应按标准留取试块；凿毛、绑焊钢筋、支模、封端：封端前应首先将封端表面混凝土进行凿毛，清除表面灰渣和浮石，全部见到新茬；封端之前的准备。封端之前须铲除锚具上的混凝土。然后对锚具做防锈防水处理；支好封端模板后必须量测总长度及对角线防止尺寸偏差过大。

（15）吊装、运输：采用辅架，架桥机、吊车，净浆强度达到设计要求（或＞30MPa）后，箱梁方可吊移和运输。

7.3.3　T 型梁制作的生产工艺

（1）底模安装技术人员在测量反拱，反拱的作用主要为减少预应力产生的上拱度。

（2）钢筋绑扎，采用梁体道碴槽板钢筋和梁体底腹板钢筋分开绑扎工艺，梁体底腹板钢筋及预应力孔道定位网均在钢筋绑扎台座上绑扎成型。钢筋绑扎台座上设置有固定钢筋及各预埋的胎卡具，以确保其位置相对准确。

（3）吊底腹板钢筋。绑扎好的钢筋吊到底模上，用两台 12.5t 的龙门吊将其吊入制梁台座。然后调整、补充钢筋。装预埋件后，检查合格后穿橡胶管。混凝土垫块的作用是保证钢筋与模板间留有空隙，也就是形成保护层，垫块以每平方米不少于四个布置。

（4）穿管，每个孔道由两段橡胶管接成。中间设一个接头。等混凝土浇筑完毕后，这橡胶管是要拔出来的，拔管时从梁的两端反方向拔出。

（5）安装模板，模板安装之前须清洗干净并涂脱模剂。装模时注意底模与端模、侧模均应垂直。连接处要紧密不漏浆。

（6）绑扎桥面钢筋，利用绑扎钢筋的胎具，减少偏差。

（7）浇筑混凝土，浇筑前须通知检查模板，钢筋等是否合格。检查合格并签字后方可浇筑混凝土。灌注的原则是"先底板，再腹板，最后顶板，从两端到中间，分层连续灌注成型"。每片梁的灌注总时间不宜超过 3.5h。

（8）养护，混凝土灌注后 2h 覆盖帆布养护

（9）拔橡胶管，当混凝土强度达到 6～8MPa 时，经过实验室允许后即可拔管。

（10）模板拆除，当梁体混凝土强度不低于 25MPa，梁体混凝土芯部与表层、表层与环境温差均不大于 15℃，且保持混凝土菱角完整。模板拆下来后，须立即清理模板上沾的混凝土，以备下次使用。

（11）梁体的美容，因为模板的表面并不是完全光滑的，拆模后，表面会留下一些小坑。须用水泥浆填补。

（12）穿钢绞线。用卷扬机拖拉的方法进行穿孔，钢绞线穿入孔道后，两端伸出一定的长度，伸出长度为 750mm。

（13）张拉梁体预应力分两期进行，即一期张拉和二期张拉。一期张拉在混凝土强度 ≥33.5MPa 后在制梁台座上进行。一期张拉完毕后将梁吊至存梁区进行二期张拉。二期张拉按混凝土龄期不小于 14d，同时混凝土的强度和弹模达到要求后进行。

（14）张拉后，将梁至存梁区。

（15）压浆前的准备张拉结束后，伸在梁外面的有 75mm 长的钢绞线就已经没有作用了，需要在张拉完毕后 24h 内切除。切断处距离工作夹片外 30～40mm。压浆时两端都必须是密闭的，所以必须在桥梁两端用水泥砂浆封住钢绞线与锚具之间的空隙。

（16）压浆张拉完毕后，为防止钢绞线腐蚀和预应力损失，须在 48h 内进行灌浆。压浆顺序为先下后上。即先压下面的管道，再压上面的管道。同一管道压浆连续进行，一次完成。记录好压浆时间、环境温度、浆的温度、浆的流动度、真空度等。

（17）封端之前的准备，封端之前须铲除锚具上的混凝土，再对锚具做防锈防水处理。

（18）封端压浆结束后须在 24h 内封端。第一幅图为工人在装模板，第二幅为工人在浇筑混凝土。第三幅图为模板拆除后工人在抹平。

（19）封端后涂防水圈序，保护钢筋不锈蚀。

（20）防水层施工防水效果直接影响桥梁的耐久性。

（21）保护层施工防水层施工完毕 24h 后，方可进行保护层施工。保护层是保护防水层的。为了使防水层不被破坏，保持良好的防水特性，保护层所用的混凝土是具有较高强度的玻纤增强混凝土。

（22）涂防水涂料后将梁吊至成品区。

T 型梁后张法预应力工艺实例如图 7-2 所示。

图 7-2　T 型梁后张法预应力工艺实例

（a）底模安装；（b）钢筋绑扎；（c）吊底膜板钢筋；（d）安装模板；（e）穿管；（f）浇筑混凝土；（g）养护；
（h）脱模拔管；（i）穿钢纹线；（j）张拉；（k）压浆；（l）封端涂防水层

7.4　水泥混凝土制管工艺

7.4.1　概述

采用离心、悬辊、芯模振动、立式挤压、立式振动工艺制作混凝土和钢筋混凝土排水管，制造过程中各工序的工艺技术，称之为水泥混凝土制管工艺，要求原材料、混凝土、钢筋骨架、模具组装、成型、养护、脱模、修补、后期养护、成品检验、质量控制、标志、产品储存及运输等生产工艺过程的技术规程符合 GB/T 11836 及 JC/T 640 的钢筋混凝土排水管和顶进施工法用钢筋混凝土排水管。

7.4.2　原材料要求

制管用混凝土强度等级不应低于 C30，用于制作顶管的混凝土强度等级不应低于 C40。混凝土配合比设计应通过试验确定，可采用硅酸盐水泥、普通硅酸盐水泥或矿渣硅酸盐水泥，或采用抗硫酸盐硅酸盐水泥、快硬硫铝酸盐水泥，离心工艺不宜采用火山灰质硅酸盐水泥，顶进施工用钢筋混凝土排水管用水泥的强度等级不低于 42.5；细骨料宜采用符合《建设用砂》（GB/T 14684）规定的细度模数为 3.3～2.3 的硬质中粗砂，当采用海砂制作钢筋混凝土排水管时，其氯盐含量（以 NaCl 计）不应大于 0.06%；粗骨料性能应符合《建设用卵石、碎石》（GB/T 14685）规定的碎石或卵石要求，粗骨料最大粒径，对于混凝土管不应大于管壁厚的 1/2，对于钢筋混凝土管不应大于管壁厚的 1/3，并不应大于环向钢筋净距的 3/4。采用悬辊和挤压工艺时，一般选用粒径稍小的石子；混凝土外加剂符合《混凝土外加剂》（GB 8076）的性能规定，以及符合《混凝土加外剂应用技术规范》（GB 50119）的使用要求；水及混凝土掺合料应符合相关标准要求。

排水管所用钢材根据设计要求，选用冷轧带肋钢筋、热轧带肋钢筋、热轧光圆钢筋或低碳冷拔钢丝，钢筋直径不应小于 3.0mm，其性能应符合《冷轧带肋钢筋》（GB 13788）、《钢筋混凝土用钢》（GB 1499.1、GB 1499.2）、《混凝土制品用冷拔低碳钢丝》（JC/T 540）的规定。钢筋表面不应有伤痕、锈蚀（凹坑、麻面或氧化皮）和油污，用于滚焊成型骨架的钢筋应保持表面光洁。钢承口用钢板应符合《碳素结构钢和低合金结构钢热轧钢板和钢带》（GB/T 3274）和《碳素结构钢》（GB/T 700）的规定，钢板厚度应符合表 7-1 中的要求。

表 7-1　　　　　　　　　　　　　　钢承口用钢板厚度要求

排水管公称直径/mm	钢板厚度/mm
≤1200	≥6
1200～2000	≥8
≥2000	≥10

7.4.3　生产工艺流程

钢筋混凝土排水管工艺流程如图 7-3 所示。

（1）混凝土制备：应严格按规定的配合比配料，原材料必须称重计量，不使用体积比计量。原材料水泥、水、外加剂、掺合料允许的称量偏差为±1%；砂子、石子为±2%。随气候变化测定砂、石的含水率并及时调整配料，冬季不应含冻块。所用计量器具必须经过检定合格，并在有效使用期内。采用电子称重装置，称量前检查，符合要求方能使用。混凝土应采用强制式搅拌机搅拌。干硬性混凝土的净搅拌时间不宜少于 120s，塑性混凝土不应少于 90s，确保混凝土料拌和均匀，掺加掺合料时搅拌时间应适当延长。离心工艺、立式振动工艺（插入式）混凝土坍落度采用 20～60mm，立式振动工艺（附着式）坍落度采用 70～120mm，悬辊工艺、立式挤压工艺和芯模振动工艺混凝土维勃稠度采用 20～60s。

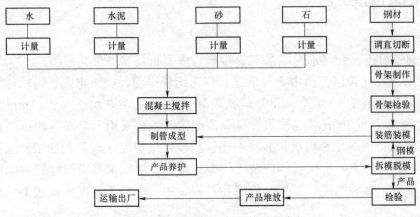

图 7-3　钢筋混凝土排水管工艺流程

（2）钢筋骨架制作，钢筋骨架应按设计图纸及技术要求制作，环向钢筋间距不应大于 150mm，且不大于管壁厚度的 3 倍。环向钢筋直径不应小于 3.0mm，骨架两端的环向钢筋应密缠 1～2 圈；钢筋骨架的纵向钢筋直径不应小于 4.0mm，纵向钢筋的环向间距不大于 400mm，且纵筋根数不少于 6 根。公称内径小于或等于 1000mm 的管子，采用单层配筋（有特殊要求的除外），配筋位置在距管内壁 2/5 处；公称内径大于 1000mm 的管子采用双层配筋。用于顶进施工的管子，在管端 200～300mm 范围内增加环筋的数量，并配置 U 形箍筋或其他形式加强筋。钢筋骨架一般应加保护层定位卡，采用塑料定位卡或钢筋定位卡；双层钢筋骨架的层间应用架立筋连接牢固。

钢筋骨架不应采用手工绑扎成型，当环筋直径小于或等于 8mm 时，应采用滚焊成型；当环筋直径大于 8mm 时，应采用滚焊成型或人工焊接成型。当采用人工焊接成型时，焊点数量应大于总连接点的 50% 且均匀分布，钢筋的连接处理应符合《混凝土结构工程施工质量验收规范》（GB 50204）、《冷轧带肋钢筋混凝土结构技术规程》（JGJ 95）的规定。钢筋骨架要有足够的刚度，接点牢固，不松散、不塌垮、不倾斜，无明显的扭曲变形和大小头现象。钢筋骨架在运输、装模及成型管子过程中，应能保持其整体性。所有交叉点均应焊接牢固，邻近接点不应有两个以上的交叉点漏焊或脱焊，整个钢筋骨架漏、脱焊点数量不大于总交叉点的 3%，且全部采用手工绑扎补齐。钢承口用钢板应符合 GB/T 3274 和 GB/T 700 的规定，钢承口顶管钢承口环制作，承口环的钢带按设计尺寸下料，下料长度误差 ±3mm，断口应平直，与长轴的垂直度误差不超过 1mm；钢带下料后，断口两面按 30° 角磨成坡口，坡口高度约为板厚的 1/3。

（3）技术标准符合《混凝土和钢筋混凝土排水管工艺技术规程》，包括检测方法采用混凝土抗压强度试验方法、混凝土外加剂应用技术规范、混凝土强度检验评定标准、混凝土结构工程施工质量验收规范，以及冷轧带肋钢筋混凝土结构技术规程、混凝土和钢筋混凝土排水管试验方法等有关标准规范。单独采用的标准有钢筋混凝土管悬辊成型机，顶点进施工法用钢筋混凝土排水管等。

7.4.4 制管成型工艺

1. 离心成型工艺

离心制管机应符合《水泥制品工业用离心成型机技术条件》（JC/T 822）的规定，并满足在工艺设计转速范围内无级调速，高速运转平稳，机座牢固，同轴托轮顶点水平高差、同轴托轮直径误差、相邻两托轮轴不平行度误差均不大于 1mm。离心管模公称内径大于 800mm 时应采用管模整体跑轮，不应采用两半圆跑轮；制作较大直径的管子宜采用混凝土喂料机，并按不同管型及管壁厚度采取不同的喂料层数。采用多层喂料时，每层离心密实后均应清除浮浆；离心成型结束前应清除管内壁露石和浮浆，表面揎光。离心制度以每层料均应经过慢、中、快三个速度阶段成型，按以下方式确定。

（1）慢速（$n_慢$）。慢速时间以完成喂料后再延长几分钟为宜，以使混凝土混合料在模内均匀分布、厚薄适宜为准。用式（7−1）计算：

$$n_慢 = K \times 300 / \sqrt{R} \qquad\qquad (7-1)$$

式中　$n_慢$——喂料转速，r/min；

　　　R——管模内径，cm；

　　　K——系数，1.5～2.0。

（2）中速（$n_中$）。中速时间一般 2～5min；用式（7−2）计算：

$$n_中 = n_快 / \sqrt{2} \qquad\qquad (7-2)$$

式中　$n_中$——中速转速，r/min；

　　　$n_快$——快速转速，r/min。

（3）快速（$n_快$）。快速时间以混凝土密实为准，ϕ500mm 以下（或前 1～2 层）一般不少于 8min；ϕ600mm 以上（或最后一层）一般不少于 10min；根据离心制管机性能和混凝土和易性综合确定，可用管模线速度控制。ϕ1500mm 以下为 10～15m/s；ϕ1500～2600mm 为 15～25m/s。

2. 悬辊成型工艺

（1）悬辊制管机应符合 JC/T 697 的规定。悬辊制管机的辊轴外径与管内径之比为 1:3～1:5，悬辊制管机架应有足够的刚度，在制管过程中不应有明显的颤动。在门架关闭状态下，辊轴应满足在 0～500r/min 之间无级调速，辊轴高差应小于 1mm/延米。在管模净空允许的情况下宜采用喂料机喂料，要求喂料机行走平稳，皮带速度均匀，输料量应保证在 2～3 次往返后将料喂足。采用人工喂料时,要求布料均匀,喂料量控制在压实后混凝土比挡圈超厚 2～3mm 为宜。

（2）成型制度,喂料阶段的管模转速确定 K 值取 2.0 为宜;净辊压阶段的管模转速选用参考表 7-2,净辊时间一般为 1～4min。

表 7-2　　　　　　　　　　　　管 模 转 速 参 考 表

管径/mm	管模转速/(r/min)
<500	140～230
600～900	100～200
1000～1400	80～120
≥1500	80～110

3. 立式振动成型

插入式振捣器成型时应分层装料,分层振捣密实。每层加料厚度为 30～40cm,层间振捣时间间隔不应大于 45min。振捣棒快插慢提,直至混凝土表面液化并无气泡逸出为止,每次插入深度控制在进入下层 5～10cm,两棒间距应小于振捣器有效作用半径,并按一定方向移动,不应漏振;附着式振动器成型时将搅拌好的混凝土拌和物均匀加入模体内,并开始采用小气量起动振动,根据加料的进度逐步加大进气量,待混凝土加至管身 1/2 时打开全部气门,边振动边加料,保持到混凝土加完后再振 5min,以确保充分排气。混凝土料加料略高于外模溢出孔,以便上层浮浆水溢出,产品成型后先对插口上端进行初步抹平,并以外模溢出孔高度控制管尺寸。待管静停 2h 左右,在混凝土初凝后将插口端面压光。

立式挤压振动包括轴向挤压和径向挤压两种成型方法,轴向挤压工艺只限于生产混凝土排水管,径向挤压工艺用于生产钢筋混凝土管。制管机主轴垂直偏差应小于 0.1%;抹光钢圈直径下锥度当管径≤ϕ800mm 时为 1～2mm,管径>ϕ800mm 时为 2～4mm;直径误差,当管径≤ϕ800mm 时为±2mm,管径>ϕ800mm 时为+3mm、−5mm;成型头挤压轮外缘比抹光钢圈上端大 1～1.5mm,辊压轮旋转自如。

制管工艺参数包括承口振动时间、主轴转速和主轴提升时间,应符合表 7-3 规定。承口成型时可采用一次或两次加料连续振动,管身成型时宜采用两次喂料、两次成型;承口与管身应连续成型,第一次喂料应使混凝土料加入钢模中心,加料应连续、均匀、适量。

表 7-3　　　　　　　　　　　　制 管 主 要 工 艺 参 数

管径/mm	承口振动时间/s	主轴转速/（r/min）	主轴提升时间/（s/m）
600	45	180～190	20
800	50	130～140	22
1000	55	120～130	24
1200	60	92～110	27

4. 芯模振动成型工艺

芯模振动制管设备应满足芯棒转速大于 3000r/min 的要求。喂料振动在开机之前应根据不同规格管子的振动要求，按照振动密实效果最佳而振动力最小的选择原则，调整振幅和振动频率。空模时不应启动振动器，在模内混凝土料未加到规定高度时不宜启动振动器，以免振动器轴承受力过大而损坏。调整混凝土喂料装置，确保混凝土料能均匀喂入内、外模的空间内。

启动喂料机，使喂料机的下料口对准要求的注料位置，开始均匀连续地喂入管模内，待混凝土喂入高度达 30～50cm 时，方可开启振动器，并由低向高逐步增大振动频率，以确保混凝土振动密实。

管体成型时，芯棒转速宜采用 3000～3500r/min；管端面碾压混凝土边振动边喂料，当喂至管模上端时，应及时成型管子插口，不宜在未加插口成型模的情况下振动过长时间，以免造成插口端成型困难。转动管顶插口加压装置于管子上方，落下插口成型模。开启压力油缸使成型环压在管端上，碾压管端面持续 1min，关闭芯模振动器，并继续碾压 1～2min，直至振动器完全停振后，即可将管顶加压装置退回原处。端部加压时，应适时加大振动频率，芯棒转速宜采用 3300～3800r/min。

对已成型的管顶部进行表面修整，然后套入内外保护定型圈；起吊吊钩垂直对中外模，起吊先慢后快，平稳地将外模和管子吊离工作坑，轻放在养护区的平整地面上；脱下外模时应缓慢、平稳、垂直提升。在另一个底托上放置钢筋骨架，组装外模进行下一个制管循环。

7.4.5 水泥管制品的养护工艺

产品养护分自然养护和蒸汽养护，芯模振动成型的产品可采取自然养护方式外，其他工艺成型的产品宜采用蒸汽养护。养护前，应对成型后的管壁、端口外观质量进行检查，发现缺陷应立即修整。立式振动成型的管口应待混凝土初凝后压光，蒸汽养护宜采用高效、节能的养护设施，应结合产品码放方式尽量提高填充系数，应设置单独的蒸汽调节阀门和测温元件，温度可在 100℃ 以下任意调整，温度表分度值不应大于 5℃。

蒸汽养护制度分成为静停、升温、恒温、降温等四个阶段，应根据不同季节、不同材料、不同工艺由试验室确定合理的蒸养制度并严格执行。

（1）静停：根据季节和产品需要确定，静停时应采取保湿措施，以防出现干缩裂缝。

（2）升温：升温不宜大于 30℃/h。

（3）恒温：恒温时间因蒸养设施效率、水泥品种、掺混凝土外加剂情况、管壁厚度而定，应以保证脱模强度为准，不宜少于 3h（硫铝酸盐水泥除外）。最高恒温温度应根据水泥品种参照表 7-4 规定确定。

（4）降温：降温速度不宜大于 30℃/h，控制出池前管子与环境温差不大于 30℃，保持一定的降温时间。

表7-4	最高恒温温度	
水泥种类	最高温度/℃	
硅酸盐水泥	80	
普通硅酸盐水泥	85	
矿渣硅酸盐水泥	95	

使用快硬硫铝酸盐水泥生产产品的蒸汽养护制度分成为升温和恒温 2 个阶段，可取消静停和降温阶段。采取快速蒸养汽，升温时间为 60～70min，恒温温度 75℃±5℃，恒温时间 80～90min。管子堆放层数应符合《混凝土和钢筋混凝土排水管》（GB/T 11836）及《混凝土和钢筋混凝土排水管试验方法》（GB/T 16752）规定。在干燥气候条件下，应加强成品管子的后期洒水保养工作，使管子保持湿润。

思考题 ....

7-1 举例说明分别适合采用一次及二次浇筑成型工艺的混凝土建筑构件有哪些？

7-2 如何进行模具验收、清理与组装？

7-3 钢筋架及预埋件隐蔽工程检查有哪些内容？

7-4 试述混凝土浇筑、振捣与成型养护工艺。

7-5 简述离心制管工艺的生产工艺流程。

7-6 对于带瓷砖构件，如何粘贴瓷砖及进行瓷砖勾缝密闭？

7-7 如何浇筑结构层混凝土？

7-8 简述后张预应力桥梁生产工艺流程。

7-9 后张法预应力张拉时是参考标准养护的混凝土强度还是同条件养护的混凝土强度？混凝土强度应满足哪几个条件？为什么采用这几个条件进行控制？

7-10 如何进行孔道灌浆工序？

7-11 简述钢筋混凝土排水管工艺流程。

7-12 悬辊法制管工艺过程

7-13 简述水泥管制品的养护方法。

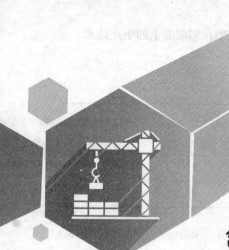

第8章 预制混凝土的吊运、存放与运输

本章提要

吊运、存放与运输方式影响构件的产品质量，本章概述预制混凝土生产在工厂预制完成后，进行脱模、修整检查、养护、堆放、出厂等工序，依据构件品种、型号、尺寸、外观、露筋、预埋件、表面平整度等情况，选择起重机类型、构件的吊运与运输方式。

8.1　预制混凝土吊运的起重设备

预制混凝土脱模后要运输到临时存放区，进行质量检查或表面处理，质检、修补完成后倒运到堆场存放。根据不同尺寸、形状、质量的预制混凝土，选用合理的起重设备、适宜的吊具、恰当的保护措施、合理的存放方式等，对保证过程安全和预制混凝土完好无损都非常重要。

8.1.1　常用起重机的分类

（1）按驱动方式，分为集中驱动和分别驱动。前者用一台电动机带动长传动轴驱动两边的主动车轮；后者为两边的主动车轮各用一台电动机驱动。中、小型桥式起重机较多采用制动器、减速器和电动机组合成一体的"三合一"驱动方式，大起重量的普通桥式起重机为便于安装和调整，驱动装置常采用万向联轴器。

（2）按结构形式，起重机主要分为轻小型起重设备、桥架式（桥式、门式起重机）、臂架式（自行式、塔式、门座式、铁路式、浮船式、桅杆式起重机，图8-1）、缆索式。轻小型起重设备只有一个升降机构，只能使重物作单一的升降运动，如千斤顶、滑车、手（气、电）动葫芦、绞车等，具有轻便、结构紧凑、动作简单的特点。桥架起重机有梁式起重机、桥式起重机、缆索起重机、运载桥等，可在长方形场地及其上空作业，多用于车间、仓库、露天堆场等处的物品装卸。梁式起重机包括单梁桥式起重机和双梁桥式起重机（图 8-2、图 8-3），桥式起重机又称天车，是桥架在高架轨道上运行的一种起重机。

图 8-1　浮船式起重机

（3）按主梁结构形式，可分为单主梁门式起重机和双梁桥式起重机（图 8-4、图 8-5）。单主梁悬臂门式起重机起重量 $Q \leqslant 50t$、跨度 $S \leqslant 35m$，结构简单，制造安装方便，自身质量小，主梁多为偏轨箱形架结构。与双主梁门式起重机相比，整体刚度要弱一些。单主门梁式起重机门腿有 L 型和 C 型两种形式。L 型的制造安装方便，受力情况好，自身质量较小，但吊运货物通过支腿处的空间相对小一些；C 型的支脚做成倾斜或弯曲形，目的在于有较大的横向空间，以使货物顺利通过支脚。双梁桥式起重机由直轨、起重机主梁、起重小车、送电系统和电器控制系统组成，适合于大悬挂和大起重量的平面范围物料输送。

（4）按起重性质，起重机分为流动式起重机、塔式起重机、桅杆式起重机等（图 8-6～图 8-9）。

图 8-2　双梁桥式起重机

图 8-3　双梁门式起重机

图 8-4 箱型单梁门式起重机

图 8-5 单梁桥式起重机

图 8-6 履带式起重机

图 8-7 轮胎式起重机

图 8-8 平臂塔式起重机

图 8-9 汽车起重机

8.1.2 装配式施工起重机的选用

装配式建筑工程施工的特点是起重量大、精度高，在选择起重设备时要根据整体工程情况，重点考虑起重量、起重精度和幅度，根据工程建筑物所处具体地点、平面形式、占地面积、结构形式、建筑物长度、建筑物宽度、建筑物高度等确定起重吊运机械选型。

国内现有起重机包括固定式塔式起重机（平臂式、动臂式，又可分为附着式和内爬式）、移动式塔式起重机（履带式、轨道式、轮胎式、汽车式）、履带起重机、汽车式起重机等品种。通常情况下，装配混凝土结构施工起重吊运采用大型机械吊运设备。吊运设备分为汽车起重机、履带式起重机或塔式起重机，也可根据工程使用专用移动式机械。在实际施工过程中应合理地使用多种吊运设备，使其优势互补，以便于更好地完成各类构件的装卸运输吊运安装工作，取得最佳的经济、社会和环境效益。

8.2　预制混凝土成品的吊运

8.2.1　构件脱模起吊和翻转工艺

脱模起吊是预制混凝土构件制作的一个重要环节。构件在脱模时从模具中起吊分离出来，除了构件自重外，需克服模具的吸附力。在确定构件截面的前提下，需通过脱模验算对脱模吊点进行设计，否则可能会使构件产生起吊开裂、分层等现象。起吊脱模验算时，一般将构件自重加上脱模吸附力作为等效静力荷载进行计算。构件脱模、起吊和翻转的吊点位置设计总的原则是受力合理、重心平衡、与钢筋和其他预埋件互不干扰和制作与安装便利。吊点必须由结构设计师设计计算确定，位置有详细的设计图样。

预制混凝土常用脱模方式有翻转或直接起吊两种，其中翻转脱模的吸附力通常较小，直接起吊脱模则存在较大的吸附力。图 8-10 为预制混凝土看台板的拆模、起吊与翻转示意图。

在翻转、吊运和安装工作状态下的吊点设置，往往还须验算翻转工作状态的承载力。

1. 翻转吊点

（1）水平制作的墙板、楼梯板和空调板等构件，脱模后或需要翻转 90° 后侧立存放，或需要翻转 180° 将模板面朝上存放。

（2）水平制作的柱子，一般采用平躺状态存放、运输，吊运时则需要翻转 90° 呈竖直状态后方可进行后续安装施工。

（3）构件翻转作业，可采用自动翻转台进行操作。采用人工翻转时一般有捆绑软带式和预埋吊点式两种方式。捆绑软带式在设计中须确定软带的捆绑位置，预埋吊点式需要设计吊点位置与构造。

（4）板式构件的翻转，吊点一般为预埋螺母，设置在构件边侧。根据构件特点，可设置成单点或多点，还可兼作吊运吊点及安装吊点使用。

2. 吊运吊点

吊运指构件在车间、堆场和运输过程中由起重机吊起移动的工作。脱模吊点或翻转吊点或安装吊点可以共用，当构件吊运状态的荷载（动力系数）与脱模、翻转和安装工作状态不一致时，应进行单独分析。通常情况下，楼板、梁、阳台板的吊运节点与安装吊点可共用；柱子的吊点与脱模吊点可共用；墙板、楼梯板的吊点，可与脱模吊点、翻转吊点或安装吊点共用（图 8-10）。

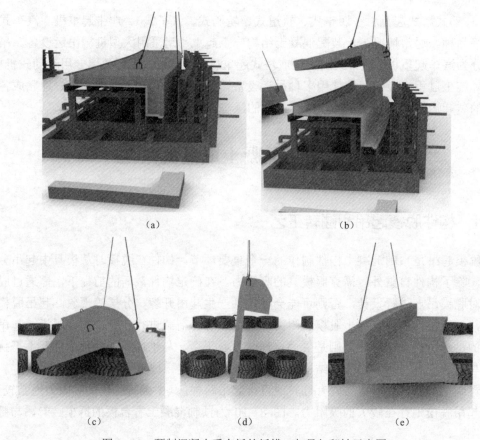

图 8-10　预制混凝土看台板的拆模、起吊与翻转示意图

（a）拆模；（b）起吊出模；（c）翻板 1；（d）翻板 2；（e）翻板 3

3．安装吊点

安装吊点是构件安装时用的吊点。

（1）带桁架筋叠合楼板的安装吊点，可专门设置吊点，也可借用桁架筋的架立筋多点布置（图 8-11）。

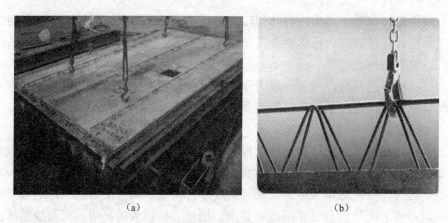

图 8-11　带桁架筋叠合板以桁架筋的架立筋为吊点

（2）无桁架筋的板类构件、梁的安装吊点，应专门埋置。小型构件采用预埋螺母，较重的构件宜埋设钢筋吊环等（图 8-12）。

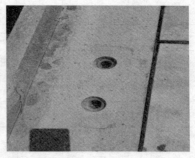

图 8-12　吊车梁、外墙挂板预埋螺母

（3）柱子、墙板、楼梯板的安装吊点，可采用预埋螺母、预埋吊钉（图 8-13、图 8-14）和预埋吊环等方式，吊环设置与吊点方式有关，见表 8-1。

图 8-13　墙板预埋螺钉吊点　　　　图 8-14　预埋吊钉

预制混凝土吊环是用来吊装构件本身时使用的预埋件，往往是钢筋环形预埋件，至少 1～2 个，预埋钢筋锚固端在浇筑预制构件时预埋在牢固的位置并且保证整个构件吊装时的平衡，见表 8-1。

表 8-1　　　　　　　　　　　　　　预制混凝土吊环一览表

构件类型	构件细分	工作状态				吊点方式
		脱模	翻转	吊运	安装	
柱	模台制作的柱子	△	○	△	○	内埋螺母
	立模制作的柱子	○	无翻转	○	○	内埋螺母
	柱梁一体化构件	△	○	○	○	内埋螺母
梁	梁	○	无翻转	○	○	内埋螺母、钢筋吊环
	叠合梁	○	无翻转	○	○	内埋螺母、钢筋吊环
楼板	有桁架筋叠合楼板	○	无翻转	○	○	桁架筋
	无桁架筋叠合楼板	○	无翻转	○	○	预埋钢筋吊环、内埋螺母
	有架立筋预应力叠合楼板	○	无翻转	○	○	架立筋

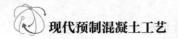

续表

构件类型	构件细分	工作状态				吊点方式
		脱模	翻转	吊运	安装	
楼板	无架立筋预应力叠合楼板	○	无翻转	○	○	钢筋吊环、内埋螺母
	预应力空心板	○	无翻转	○	○	内埋螺母
墙板	有翻转台翻转的墙板	○	○	○	○	内埋螺母、吊钉
	无翻转台翻转的墙板	△	◇	○	○	内埋螺母、吊钉
楼梯板	模台生产	△	○	△	○	内埋螺母、钢筋吊环
	立模生产	△	○	○	○	内埋螺母、钢筋吊环
阳台板、空调板等	叠合阳台板、空调板	○	无翻转	○	○	内埋螺母、软带捆绑（小型构件）
	全预制阳台板、空调板	△	◇	○	○	内埋螺母、软带捆绑（小型构件）
飘窗	整体式飘窗	○	◇	○	○	内埋螺母

注 ○—安装节点；△—脱模节点；◇—翻转节点；其他栏中标注表明共用。

8.2.2 预制混凝土的吊运

吊运时预制混凝土的混凝土强度应符合设计要求。预制混凝土的吊运，应采用慢起、稳升、缓放的操作方式，吊运过程中，应保持稳定，不得偏斜、摇摆和扭转。吊索水平夹角不宜小于 60°，不应小于 45°；尺寸较大或形状复杂的预制混凝土应选择设置分配梁或分配桁架的吊具，并应保证吊车主钩位置、吊具及构件重心在竖直方向重合。吊具有绳索挂钩、"一"字形吊运架和平面框架吊运架三种类型，应针对不同构件，使用相应的吊具。预制混凝土的吊具应按相关标准规定进行设计验算或试验检验，经检验合格后方可使用。

1. 预制墙体吊运

为了保证预制墙板吊运时整体受力均匀，一般采用通用吊梁。吊运时根据预制混凝土的尺寸设置吊点，确保吊运钢丝绳保持竖直，如图 8-15 所示。

2. 预制叠合板吊运

预制叠合板一般厚度为 60～80mm，为了避免因局部受力不均造成叠合板开裂，叠合板吊运通常采用专用吊架，以达到自平衡效果。吊架由工字钢焊接而成，并设置有专用吊耳和滑轮组，通过滑轮组实现构件起吊后的水平自平衡，如图 8-16 所示。

3. 预制楼梯吊运

预制楼梯吊运时，由于楼梯自身抗弯刚度能够满足吊运要求，故预制楼梯采用常规方式吊运（即吊索+吊钩），如图 8-17 所示。

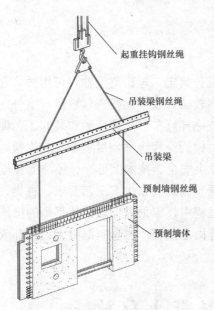

图 8-15　预制墙板吊运图

图 8-16　预制叠合板专用吊架图

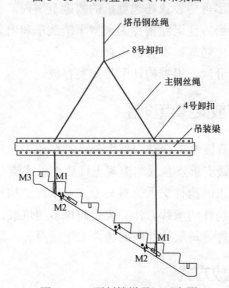

图 8-17　预制楼梯吊运示意图

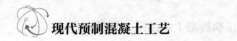

8.2.3 预制混凝土的厂内运输

预制混凝土厂内运输方式由工厂工艺设计确定。短距离运输，可用桥式起重机直接运输，与室外龙门式起重机衔接；运输距离较长，或车间桥式起重机与室外龙门式起重机作业范围不对接，采用短途摆渡车运输或拖挂汽车。厂内运输和装卸工艺要根据实际情况，合理选择和组合运输、装卸的方式，做到流程合理，尽量减少二次搬运，方便预制混凝土运输和装卸，力求简单，保证作业上安全、技术上可行、经济上合理。

预制混凝土在厂内进行运输时，应根据预制混凝土生产工艺要求、种类、外形及重量等合理选用吊运设备。预制混凝土装卸过程中，应采取保证车体平衡的措施；运输构件时，应采取防止构件移动、倾倒、变形等固定措施；对预制混凝土边角部或链锁接触处的混凝土，宜设置保护衬垫。

8.3 预制混凝土存放

8.3.1 预制混凝土存放场地

预制混凝土脱模后，要经过质量检查、表面修补、装饰处理、场地存放、运输等环节，设计需给出支承要求，包括支承点数量、位置、构件是否可以多层存放、可以存放几层等。预制混凝土在现场需要临时堆放，堆放场地应满足以下要求：

（1）堆放场地应平整、坚实，宜采用硬化地面或碎石地面，并应有排水措施。

（2）构件堆放场地应尽可能设置在起重机的幅度范围内。

（3）堆放场地布置应当方便运输构件的大型车辆装车和出入。

（4）存放构件时要留出通道，不宜密集存放。

（5）堆放场地应设置分区，根据构件型号归类存放。

8.3.2 预制混凝土存放支撑点设置

预制混凝土支承点位置需要进行结构受力分析，存放不当可能导致大型构件断裂，一般可在吊点对应的位置做支承点。预制混凝土堆放支承应满足以下要求：

（1）根据设计图样要求的构件支承位置与方式支承堆放构件。

（2）由设计人员根据构件的承载力计算确定码垛多层堆放，一般不超过 6 层。

（3）多层码垛存放构件，每层构件间的垫块上下须对齐，防止堆垛倾覆。

8.3.3 预制混凝土存放方式

预制混凝土存放主要有两种方式：立放法和平放法，应根据构件的刚度和受力情况选择。

　　通常情况下，梁、柱等细长构件宜水平存放，且不少于两根垫木支撑；墙板宜采用托架立放，其上部两点支撑；叠合楼板、阳台、楼梯等构件宜水平叠放。当三明治墙板采用立放法存放时，应避免支撑点与外叶板接触。因立放墙板重心高，故存放时应考虑紧固措施（一般采用楔形木加固），防止在存放过程中因外力（风或震动）造成墙板倾倒。

　　1. 预制墙板存放

　　墙板垂直立放时，宜采用专用 A 字架形式插放（图 8-18）或对称靠放（图 8-19），支架应有足够的刚度、强度和稳定性，墙板与刚性支架间应使用木或者柔性垫片隔开，避免破坏墙板。

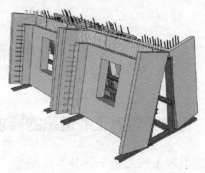

图 8-18　靠放架

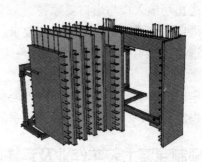

图 8-19　插放架

　　2. 预制梁、柱存放

　　预制梁、柱水平存放时，应使预埋吊装孔（吊环）表面朝上，底部支撑高度不小于100mm，若为叠合梁，则需将垫木置于实心处，不应让薄壁部位受力。预制梁、柱存放层数不宜大于两层，如图 8-20 所示。

　　3. 预制板类构件存放

　　板类预制混凝土存放时，构件模板面宜朝下放置，底部应设置通长垫木（图 8-21）。

现代预制混凝土工艺

图 8-20　预制梁存放

图 8-21　叠合板存放

8.4　预制混凝土的运输

8.4.1　构件运输对工地道路的要求

预制混凝土的运输车辆具有车辆重、车身长、运输频率高等特点，运输车辆应满足构件尺寸和载重要求，存放场地和工地道路的要求如下：

（1）进出场地入口与出口要顺畅。

（2）道路宽度要满足会车通过的要求，通常设计宽度为 8～10m。

（3）道路的转弯半径根据最大构件运输车辆的要求设计，常规要求不小于 15～18m。

（4）道路的路基要坚实，路面采用混凝土浇筑。

（5）道路有良好排水设施，确保雨季能让车辆顺利通行。

8.4.2　预制混凝土装车作业及运输限制

预制混凝土装车应进行装车方案设计，避免超高超宽，做好配载平衡。采取防止构件移动或倾倒的固定措施，保证车辆转弯、急驾、急刹车、上坡、颠簸时构件不移动、不倾倒、不磕碰。使用运输架子时应与车体固定，保证架子的强度、刚度和稳定性；在装、卸车时还应对构件进行检查，发现损坏、不合格构件时应单独码放。

构件横向运输时，要采取措施防止构件散落；构件竖向运输时，应事先确定所经路线的高度限制，确认不会超高。预制混凝土在卸车起吊及码放时，应慢起慢落，垂直平稳，防止发生碰撞。长距离运输或海上运输时，需对构件进行包框处理，防止造成边角磕损。装车完毕后，应进行检查确认（表 8-2），符合要求后方能放行（图 8-22）。

表 8-2   预制混凝土运输限制

情况	限制项目	限制值	预制混凝土最大尺寸与质量			说明
			普通车	低底盘车	加长车	
正常情况	高度/m	4	2.8	3	3	
	宽度/m	2.5	2.5	2.5	2.5	
	长度/m	13	9.6	13	17.5	
	质量/t	40	8	25	30	
特殊审批情况	高度/m	4.5	3.2	3.5	3.5	高度 4.5m 是从地面算起总高度
	宽度/m	3.75	3.75	3.75	3.75	总宽度是指货物总宽度
	长度/m	28	9.6	13	28	总长度是指货物总长度
	质量/t	100	8	46	100	质量是指货物总质量

图 8-22   预制墙板构件专用运输车

 思考题 ••

8-1   如何设置预制混凝土脱模起吊、翻转、运输作业的吊点?

8-2   如何进行预制混凝土的存放管理?

8-3   装运预制混凝土应注意哪些技术问题?

第9章 预制混凝土构件的质量检验

 本章提要

概述预制混凝土原材料、配件及构件质量检验的内容与方法。

9.1 概　述

预制混凝土构件的质量检验目的在于提高钢筋混凝土构件的质量，降低不合格品率，减少劳动消耗。广义的质量检验，包括原材料、配件、设备及工具、成型过程、成型产品、产品存储与运输、产品安装与调试等环节，是系统性质量控制与评定。现代预制混凝土生产企业应具备保证产品质量要求的生产工艺设施、试验检测条件和完善的质量管理体系与制度，建有质量可追溯的信息化管理系统。预制构件生产前应编制生产方案，生产方案宜包括生产计划及生产工艺、模具方案及计划、技术质量控制措施、成品存放、运输和保护方案等。预制构件的原材料质量、钢筋加工和连接的力学性能、混凝土强度、构件结构性能、装饰材料、保证材料及拉结件的质量等均应根据国家现行有关标准进行检查和检验，并应具有生产操作规程和质量检验记录。预制构件生产的质量检验应按模具、钢筋、混凝土、预应力、预制构件等检验进行。预制构件的质量评定应根据钢筋、混凝土、预应力、预制构件的试验、检验资料等项目进行。

预制构件生产前，应由建设单位组织设计、生产、施工单位进行设计文件交底和会审。必要时，应根据批准的设计文件、拟定的生产工艺、运输方案、吊装方案等编制加工详图。生产单位的检测、试验、张拉、计量等设备及仪器仪表均应检定合格，并应在有效期内使用。不具备试验能力的检验项目，应委托第三方检测机构进行试验。预制构件生产建立首件验收制度。当上述各检验项目的质量均合格时，方可评定为合格产品。

预制构件和部品生产中采用新技术、新工艺、新材料、新设备时，生产单位应制定专门的生产方案；必要时进行样品试制，经检验合格后方可实施。预制构件和部品经检查合格后，宜设置表面标识。预制构件和部品出厂时，应出具质量证明文件。质量检验过程按照时间顺序主要分为三部分：① 原材料及半成品的检验，简称为材料检验；② 生产过程各工序符合规定的制度、操作规程及工艺要求的检验，简称为工序检验；③ 符合标准及技术条件的产品及装配作业的检验，简称为验收检验。

材料检验的作用是控制生产的材料性能与精度，使其更好地符合专项规范、技术规定、工艺要求及产品性能需求，减少使用过程中错误的概率，提高材料运转的流通性，促进工艺偏差的稳定性，保证产品质量的可靠性。材料检验主要包括混凝土原材料、混凝土强度、配件与专用材料、模具、钢筋半成品与成品等全工艺过程检验内容。

工序检验的作用是控制生产实施过程符合工艺要求和设计需求，检查各个工序的作业结果，使成型产品的质量最大化地达到客户预期。工序检验还包括对生产过程中不利条件与突发状况的发现与应对，比如室内作业中停电或停水、室外作业中突遇大风降温或降雨、养护设备泄漏等情况，工序检验可评定暂停作业和采取应急措施，保证对产品质量的影响降到最低。

验收检验的作用是评定产品质量符合客户预期，满足产品出厂与运输、装配作业等环节的技术与质量的要求。主要包括产品抗裂性能验收、成品外观质量验收、成品尺寸偏差验收。验收检验是按同一类型，同种材料，同一种工艺组成的批量产品进行验收。大量生产时，应每天进行批量产品验收；产品出厂时，应再次进行外观质量和重要配件的尺寸验收。如检验时发现有一个样本不符合标准的规定，则必须从该批产品中加倍抽样样本，并重新进行检验。若仍有一个样本不符合标准规定的要求，则该批产品不合格。

9.2　原材料及配件检验

原材料及配件应按照国家现行有关标准、设计文件及合同约定进行进厂检验。规定预制构件生产单位采购同一厂家同批次材料、配件及半成品用于生产不同工程的预制构件。预制构件生产应根据生产工艺、产品类型等制定模具方案，应建立健全模具验收、使用制度。

9.2.1　原材料检验

钢筋进厂应全数检查外观质量，并按国家现行有关标准的规定抽取试件做屈服强度、抗拉强度、伸长率、弯曲性能和重量偏差检验，检验应符合相关标准的规定。预应力筋进厂时应全数检查外观质量，并应按国家现行相关标准的规定做抗拉强度、伸长率检验。

预应力筋锚具、夹具和连接器进厂检验依据《预应力筋用锚具、夹具和连接器应用技术规程》（JGJ 85）的有关规定。

水泥符合《通用硅酸盐水泥》（GB 175）的有关规定。白色硅酸盐水泥进行水泥强度、安定性和凝结时间检验，性能符合《白色硅酸盐水泥》（GB/T 2015）的有关规定。矿物掺合料符合《用于水泥和混凝土中的粉煤灰》（GB/T 1596）、《用于水泥和混凝土中的粒化高炉矿渣粉》（GB/T 18046）和《砂浆和混凝土用硅灰》（GB/T 27690）的有关规定。减水剂符合《混凝土外加剂》（GB 8076）《混凝土外加剂应用技术规范》（GB 50119）和《聚羧酸系高性能减水剂》（JG/T 223）的有关规定。骨料应符合《普通混凝土用砂、石质量及检验方法标准》（JGJ 52）、《混凝土用再生粗骨料》（GB/T 25177）、《混凝土和砂浆用再生细骨料》（GB/T 25176）的有关规定。轻集料符合《轻集料及其试验方法部分：轻集料》（GB/T 17431）的有关规定。混凝土拌制及养护用水符合《混凝土用水标准》（JGJ 63）的有关规定。

钢纤维和有机合成纤维符合设计要求，符合《纤维混凝土应用技术规程》（JGJ/T 221）的有关规定。脱模剂无毒、无刺激性气味，不应影响混凝土性能和预制构件表面装饰效果，选用前及正常使用后每年进行一次匀质性和施工性能试验，符合《混凝土制品用脱模剂》（JGT 949）的有关规定。保温材料进行导热系数、密度、压缩强度、吸水率和燃烧性能试验符合设计要求和国家现行相关标准的有关规定。

9.2.2　配件检验

预埋吊件进行外观尺寸、材料性能、抗拉拔性能等试验，符合设计要求；内外叶墙体拉结件进行外观尺寸、材料性能、力学性能检验，检验结果符合设计要求。灌浆套筒和灌浆料符合《钢筋套筒灌浆连接应用技术规程》（JGJ 355）的有关规定。钢筋浆锚连接用镀锌金属波纹管应符合《预应力混凝土用金属波纹管》（JG 225）的规定。

模具应具有足够的强度、刚度和整体稳固性，应装拆方便，并满足预制构件质量、生产工艺和周转次数等要求，各部件之间应连接牢固，接缝应紧密，附带的埋件或工装应定位准确，安装牢固。用作底模的台座、胎模、地坪及铺设的底板等应平整光洁，不得有下沉、裂缝、起砂和起鼓，模具与平模台间的螺栓、定位销、磁盒等固定方式应可靠，防止混凝土振捣成型时造成模具偏移和漏浆，模具尺寸偏差和检验方法应符合相关规定。构件上的预埋件和预留孔洞宜通过模具进行定位，并安装牢固，其安装偏差应符合有关规定。

预制构件中预埋门窗框时，应在模具上设置限位装置进行固定，并应逐件检验。门窗框安装偏差和检验方法应符合有关的规定。

9.3　质量过程控制及标准

9.3.1　混凝土强度检验

预制混凝土构件的强度检验，分为出池强度检验和产品强度检验。出池强度检验是判断产品出池时具有一定的刚度，满足构件不变形、保证整体性的前提下，构件从模具中脱离并码放的重要依据。产品强度检验，是代表同一混凝土强度设计要求的符合性，是检验原材料、配合比设计、养护制度等环节的重要依据。

强度检验按照同条件试件与 28d 标准养护试件的实际抗压强度作为评定标准。构件生产中，每拌制 100 盘且不超过 100m³ 的同一配合比混凝土为一个检验批次，要制作不少于 3 组的强度检验试件，随机抽取 1 组作为同条件转标准养护后进行强度检验，其余作为同条件试件在预制混凝土脱模和出厂时评定其混凝土强度，还可根据生产需求增加吊装、张拉、放张等足够数量的同条件试件进行强度检验。

蒸汽养护的预制混凝土，其强度评定混凝土试件应随同构件蒸养后，再转入标准条件养护共 28d。构件脱模起吊、预应力张拉或放张的混凝土同条件试件，其养护条件应与构件生产中采用的养护条件相同。

9.3.2　模具质量检验

预制混凝土模具的质量直接影响着构件尺寸、构件表面观感、生产作业的效率与成本，是预制混凝土生产中非常重要的环节。预制混凝土模具的制作依据是设计图纸，并通过对木材、钢材、合金材料等材料的加工和组装，制作出符合设计要求、满足构件生产工艺要求的模具。模具的加工的材料和方法，决定其存在一定的尺寸偏差，这些偏差在一定的范围内并能满足构件正常使用，是允许的。

预制混凝土模具按照构件的大小尺寸与应用特点可分三种，分别是梁柱类、板类、墙体类。梁柱类模具用于生产预应力和非预应力大型梁、屋架、吊车梁、框架梁、基础梁、大型柱、框架柱、小型梁柱及基桩等构件；板类模具用于生产楼板、空心板、叠合板、小型板、阳台板、休息板、楼梯等构件；墙体类模具用于生产飘窗板、外墙板、内墙板、隔墙板、竖向挂板、装饰性墙板等构件。

不同建筑物对预制混凝土的功能性和装饰性有着不同的要求，在三种形式的模具中，为满足不同的构件形式，在制作模具的材料和组成结构上有着不同的区分。模具应有足够的承载力、刚度、稳定性，以及良好的操作性能，满足预制混凝土质量、生产工艺和周转次数。在生产中检验模具的质量，通常情况下有以下一般性要求：

（1）用作底模的台座、胎模、地坪及铺设的底板等均应平整光洁，不得下沉、裂缝、起砂或起鼓。

（2）模具及所用材料、配件的品种、规格等应符合设计要求。

（3）模具的部件与部件之间应连接牢固；预制混凝土上的预埋件均应有可靠固定措施。

（4）模具内表面的隔离剂应涂刷均匀、无堆积，无沾污钢筋，脱模后混凝土表面完整。

（5）清水混凝土构件的模具接缝应紧密，不得漏浆、漏水。

预制混凝土模具的测量，在满足一般性要求的同时，将设计图纸中预制混凝土的尺寸、预埋件、起吊件和构件特殊面处理等要求作为依据，对模具的尺寸和工装配件和辅助材料等进行测量验收。测量验收的主要项目符合表 9-1 允许偏差要求：

（1）长度，指模具与混凝土接触面中最长边的尺寸。

（2）宽度，指模具与混凝土接触面中横向垂直于长度方向边的尺寸。

（3）高度，指模具与混凝土接触面中竖向垂直于长度或宽度方向边的尺寸。

（4）对角线差，在矩形模具的最大平面部位，两个对角线长度之差。

（5）侧向弯曲，指模具侧模全长与平行于长度方向直线之间的最大水平距离之差。

（6）表面平整度，指模具与混凝土接触面全平面与局部平面的高低之差。

（7）翘曲度，指模具底模四个角端点的高度落差。

（8）中心线位置偏移，指预埋件的水平与竖向中心线位置，与设计数值的偏差值。

（9）拼板表面错台，指模具拼接部位不在同一平面时，两个平面的距离差。

（10）门窗口位置偏移，指矩形门口或窗口的四边至模具边缘的距离，与设计数值的偏差值。

表 9-1 预制混凝土模具安装尺寸允许偏差

项次	检验项目	预制混凝土种类	允许偏差/mm
1	长度	梁、板	±4
		柱	−10, 0
		墙板	−5, 0
2	宽度	板、墙板	−5, 0
		梁、桁架	−5, +2
3	高度	板	−3, +2
		墙板	−5, 0
		梁、柱、桁架	−5, +2
4	对角线		▲4
5	表面平整	模具底面	▲2
		侧模顶面	▲2
6	侧项弯曲	板	▲L/1000 且≤5
		墙	▲L/1000 且≤3

续表

项次	检验项目 预制混凝土种类		允许偏差/mm
7	扭翘		$L/1500$
8	中心线位置偏移		±5
9	门窗口位置偏移		−2, 0
10	拼板表面错台		1

注　▲代表不允许超差项目。

9.3.3　钢筋及预埋件质量检验

钢筋包括钢筋半成品和钢筋成品；钢筋半成品包括钢筋、预应力筋或钢材等原材料，经过冷拉、冷拔、调直、切断、冷镦、弯曲、焊接、冲剪等工序中任一工序加工成的制品。钢筋成品包括钢筋半成品经过绑扎或焊接加工组装成的钢筋骨架，也包括不需要再次加工而直接用于混凝土构件上的钢筋制品，如预应力筋、双钢筋、冷轧扭钢筋、预埋铁件及钢筋网片等。钢筋及预埋件质量的一般性要求如下：

（1）钢筋、预应力筋等应按国家现行有关标准的规定进行进场检验，其力学性能和重量偏差应符合设计要求或标准规定。

（2）冷加工钢筋的抗拉强度、延伸率等物理力学性能必须符合现行有关标准的规定。

（3）钢筋、预应力筋及预埋件入模安装固定后，浇筑混凝土前应进行构件的隐蔽工程质量检查。

（4）钢筋、预应力筋表面应无损伤、裂纹、油污和颗粒状或片状锈蚀；锚具、夹具、拉结件、灌浆套筒、结构预埋件等配件的外观应无污染、锈蚀、机械性损伤和裂纹。

（5）绑扎成型的钢筋骨架应牢固，骨架周边两排钢筋不得缺少绑扎扣。

（6）焊接成型的钢筋骨架应劳务、无变形。钢筋焊接应制作试件进行焊接工艺试验，试验结果合格后方可进行焊接生产。

（7）采用钢筋机械连接接头及套筒灌浆连接接头的预制混凝土，应按国家相关标准制作接头工艺试件，试验结果合格后方可用于构件生产。

（8）采用预制夹芯保温层的预制混凝土，外装饰层与结构层混凝土依靠拉接件连接为一体。拉接件的性能与力学布置，直接影响连接的可靠性，因此应对连接件的承载力进行检验。

（9）预制混凝土脱模、翻转、安装、临时支撑，施工脚手架与防护设施安装，内装修构配件和设备管线安装，均应设置预埋件。预制混凝土中的预埋件直接影响后期预制混凝土的吊装、转运、安装固。特殊的预埋件与安全施工密切相关，甚至直接影响建筑物或结构的正常使用，还应对材质性能、防锈、防腐蚀等方面进行质量检验。

预制混凝土钢筋及预埋件的测量。在满足一般性要求的同时，将设计配筋图纸中钢筋与预埋件的规格、尺寸、数量、位置、钢筋保护层等要求作为依据，对钢筋的半成品、成品骨架、预埋件等进行测量验收。钢筋及预埋件的测量验收主要项目符合表 9-2。

（1）钢筋拉长率，指钢筋冷拉后，单位长度伸长增量与原单位长度的百分比。

（2）钢筋直径。

（3）冷拔钢丝截面椭圆度，指选取钢丝两个以上轴线相互垂直方向的截面直径之差。

（4）钢筋切断长度，指钢筋依据加工要求切断一定长度后的长度偏差。

（5）箍筋内径尺寸，指箍筋内侧一边距离垂直边的净高和净宽尺寸。

（6）起弯点位移，起弯点即钢筋弯起圆弧轴线与钢筋水平部分轴线的相切点，该点实际位置相对于设计位置的偏差。

（7）对焊接口与起弯点距离，指对焊接头的焊合线至最近一个弯折或弯钩的起弯点两者之间的距离。

（8）点焊焊点压入深度应为较小钢筋直径的百分率，在钢筋交叉点点焊时的挤压深度与较小的钢筋直径的百分率。计算公式为：（较大钢筋直径+较小钢筋直径-点焊部位的高度）/较小钢筋直径×100%。

（9）点焊或弧焊钢筋焊接部位两根钢筋轴线偏移，在刻槽直尺测量钢筋根部与顶部之间的距离，取最大值对照标准值评定。

（10）电弧焊焊缝尺寸，指焊缝的宽度、高度及长度。

1）量测焊缝长度应不计收弧部分的尺寸；

2）焊缝宽度为钢筋与钢筋之间或钢筋与钢板之间方向的焊缝部分最大直线边长度，焊缝厚度为垂直焊缝宽度方向的焊缝部分的最大距离。

（11）电弧焊咬边深度，用焊接工具尺量测检验。

（12）电弧焊焊接表面上气孔及夹渣大小。

（13）焊接预埋铁件的规格尺寸、对角线差、表面平整度。

表 9-2   钢筋及预埋件加工尺寸允许偏差

项次	工序名称	检验项目		允许偏差
1	调直	局部弯曲	调直机调直	2mm
2	切断	长度	切断机切断	钢筋	-5mm，+5mm
3		箍筋	内径尺寸	±3mm
4	弯曲	弧形钢筋	长度	-5mm，0mm
5			对焊焊口与起弯点距离	>10d
6	点焊	焊点压入深度应为较小钢筋直径的百分率	热轧钢筋点焊	18%～25%
7	对焊	两根钢筋的轴线	折角	<2°
8			偏移	≤0.1d 且≤1mm
9		钢筋咬边深度		≤0.5mm
10	预埋件钢筋埋弧压力焊	钢筋相对钢板的直角偏差		≤2°
11		钢筋间距		±10mm

续表

项次	工序名称	检验项目		允许偏差
12	钢板冲剪与气割	规格尺寸	冲剪	−3mm，0mm
13			气割	−5mm，0mm
14		串角		3mm
15		表面平整		2mm
16	焊接预埋铁件	规格尺寸		−5mm，0mm
17		表面平整		1mm
18		锚爪	长度	±5mm
19			偏移	5mm

钢筋成品测量验收的主要项目符合表 9−3。

（1）钢筋网片长度、宽度，指钢筋网片的总长度与总宽度；对角线差是钢筋网片平面内两条对角线差值；网眼尺寸指一个网格的长度与宽度。

（2）钢筋骨架长度、宽度及厚度，指包括箍筋外径的整体钢筋骨架的总长度、宽度和厚度。

（3）主筋间距、排距，指主筋之间水平和垂直的平行距离，特指钢筋轴线间的距离。

（4）箍筋间距、网格间距，指箍筋、网格之间的平行距离，特指钢筋轴线间的距离。

表 9−3　　　　　　　钢筋网片、钢筋骨架尺寸允许偏差

项次	检验项目		允许偏差/mm
1	钢筋网片	长、宽	±5
		网眼尺寸	±10
		对角线差	5
		端头不齐	5
2	钢筋骨架	长	±10
		宽	±5
		厚	−5，0
		主筋间距	±10
		主筋排距	±5
		箍筋间距	±10
		端头不齐	5

9.3.4 专用材料质量检验

专用材料的质量检验，不同于模具与钢筋及预埋件的检验方法，通常情况下是采取批量采购的方式，以提高工厂的加工效率。在进场质量验收时，按照一定数量的样本采取批量检验。

（1）表面复合饰面砖、石材等饰面及装饰混凝土饰面与构件基面的黏结强度应满足设计规定，按同一工程、同一工艺的预制混凝土分批抽样检验，保存试验报告单。外观检验，面砖、石材等饰面材料，表面平整、无翘曲、无色差、无污染，无裂纹等损伤。

（2）采用钢筋套筒灌浆连接时，在构件生产前应检查套筒型式检验报告，并进行钢筋套筒灌浆连接接头的抗拉强度试验，同一工程、同一工艺的预制混凝土分批抽样检验，同一批号、同一类型、同一规格的灌浆套筒，不超过 1000 个为一批，每批随机抽取 3 个灌浆套筒制作对中连接接头试件。外观检验，筒体不应有油污、夹渣、冷隔、砂眼、气孔、裂纹和机械损伤。

（3）预制夹心保温墙板用的保温材料，其材料类别、厚度、位置及性能满足设计要求。同一厂家、同一类别、同一规格不超过 5000m² 为 1 批进行导热系数、密度、压缩强度、吸水率和燃烧性能的检验。外观检验，保温板表面平整、清洁、无翘曲，切口整齐且无明显收缩或膨胀变形、分层开裂和较大泡孔。

（4）预制夹心保温墙板的内外叶之间所用的拉结件，其材质、类别、数量、使用位置及性能满足设计要求。同一工程、同一工艺的预制混凝土分批进行抽样检验。

9.4 预制混凝土成品检验

9.4.1 预制混凝土外观检验

预制混凝土脱模后应及时对其外观质量进行全数目测检查。预制混凝土的外观质量不应有下表中影响结构性能、安装和使用功能的严重缺陷。对已经出现的严重缺陷，应按技术处理方案进行处理，并重新检查验收，对出现的一般缺陷应进行修整并达到合格。

预制混凝土不应有影响结构性能和安装、使用功能的尺寸偏差。对超过尺寸允许偏差且影响结构性能和安装、使用功能的部位应经原设计单位认可，按技术处理方案进行处理，并重新检查验收。

1. 预制混凝土外观质量验收项目

预制混凝土外观质量验收项目，包括：露筋、蜂窝、孔洞、夹渣、疏松、裂缝、连接部位缺陷、外形缺陷和外表缺陷，不同现象可分为严重缺陷和一般缺陷，具体判断方法见表 9-4。

表 9-4 构件外观质量缺陷

名称	现象	严重缺陷	一般缺陷
露筋	构件内钢筋未被混凝土包裹而外露	纵向受力钢筋有露筋	其他钢筋有少量露筋
蜂窝	混凝土表面缺少水泥砂浆而形成石子外露	构件主要受力部位有蜂窝	其他部位有少量蜂窝
孔洞	混凝土中孔穴深度和长度均超过保护层厚度	构件主要受力部位有孔洞	其他部位有少量孔洞
夹渣	混凝土中夹有杂物且深度超过保护层厚度	构件主要受力部位有夹渣	其他部位有少量夹渣
疏松	混凝土中局部不密实	构件主要受力部位有疏松	其他部位有少量疏松
裂缝	缝隙从混凝土表面延伸至混凝土内部	构件主要受力部位有影响结构性能或使用功能的裂缝	其他部位有少量不影响结构性能或使用功能的裂缝
连接部位缺陷	构件连接处混凝土缺陷及连接钢筋、连接件松动,插筋严重锈蚀、弯曲,灌浆套筒堵塞、偏位,灌浆孔洞堵塞、偏位、破损等缺陷	连接部位有影响结构传力性能的缺陷	连接部位有基本不影响结构传力性能的缺陷
外形缺陷	缺棱掉角、棱角不直、翘曲不平、飞出凸肋等;饰面砖黏结不牢、表面不平、砖缝不顺直等	清水或具有装饰的混凝土构件内有影响使用功能或装饰效果的外形缺陷	其他混凝土构件有不影响使用功能的外形缺陷
外表缺陷	构件表面麻面、掉皮、起砂、沾污等	具有重要装饰效果的清水混凝土构件有外表缺陷	其他混凝土构件有不影响使用功能的外表缺陷

2. 预制混凝土测量验收的主要项目及测量方法

(1) 长度,构件最长边的长度,用尺量平行于构件长度方向的任何部位。

(2) 宽度,构件在安装状态下,与长边横向垂直边的长度。

(3) 高度,构件在安装状态下,与长边竖向垂直边的长度。

(4) 板厚,一般平板或空心板,选取外露的薄板部位,用尺量测槽形板,在同一部位,用尺分别量测板的总高与其肋净高,两者差值即为板厚。

(5) 肋宽,空心板,选其外露的中间部位的肋用尺量测,槽形板选其纵肋用尺量测。

(6) 对角线差,在构件表面,用尺分别量测两对角线的长度,取其绝对值的差值。

(7) 侧向弯曲,构件在安装状态下,全长的侧面与平行于长度方向直线之间的最大水平偏差。沿构件长度方向拉线,用尺量测构件侧边与拉线之间的最大水平距离,减去拉线端定线垫板的厚度。

(8) 表面平整度,构件操作面的全平面与局部平面的高低偏差。用 2m 长靠尺安放于构件表面任何部位,用楔形塞尺量测靠尺与板面之间的最大缝隙。

(9) 扭翘,板类构件在安装状态下,底面四个角端的水平高低差。构件放置平稳,将调平尺安放在构件两端的上表面量测。也可以用四对角拉两条线,量测两线之间的距离,其值的 2 倍为扭翘值。

（10）中心线位置偏移，用尺量测纵横两个方向的中心线位置，记录其中较大值。

（11）预埋铁件平面高差，用方尺紧靠在混凝土预埋铁件部位，用楔形塞尺量测铁件平面与混凝土表面的最大缝隙。

（12）预留钢筋长度，用尺量测留出螺栓、主筋、插筋等根部至顶端的长度。

（13）钢筋保护层，钢筋外皮至混凝土外表面的最小混凝土层厚度，用尺或用钢筋保护层厚度测定仪量测。

（14）吊环相对位移偏移，相对两个吊环与构件相应顶端距离的差值，带有 4 个吊环的构件，用尺量测同一端的一对吊环，带有 3 个吊环的构件，用尺量测相对称的一对吊环。

（15）起拱或下垂，构件在安装状态下，底面全长与相对的平行直线之间的垂直距离，平行直线之上的距离为起拱，平行直线之下的距离为下垂。沿构件长度方向拉线，用尺量测构件底面中间部位与拉线之间的最大垂直距离，减去拉线端定线垫板的厚度。

（16）预留孔、洞规格尺寸，用尺量测。

9.4.2 典型预制混凝土尺寸偏差要求

1. 竖向预制混凝土尺寸偏差要求

预制外挂墙板，其尺寸偏差应符合表 9-5 的规定（图 9-1）。预制外挂墙板的预埋件、预留孔洞和预留连接钢筋尺寸允许偏差应符合表 9-6 的规定（图 9-2）。

表 9-5　　　　　　　　　　　　预制外挂墙板外形尺寸允许偏差

检查项目			符号	允许偏差/mm
规格尺寸	高度		H	±3
	宽度	<6m	L	±3
		6m≥且<12m		±5
		12m≥且<18m		±10
	厚度		t	±4
	飘窗	长度	C_b	0，+4
		高度	C_h	0，+4
		宽度	C_d	0，+4
对角线差		<6m	d	3
		6m≥且<12m		5
		12m≥且<18m		10
外形	表面平整度	内表面	P_1	3
			P_3	5

续表

检查项目			符号	允许偏差/mm
外形	表面平整度	外表面	p_2	2
			p_4	5
	侧向弯曲		w	$L/1000$ 且≤5
	翘曲		r	$L/1000$ 且≤5
	起拱		G	5
	肋宽		Y_1	±5
	肋间净距		Y_2	±5

表 9-6　　　　预制外挂墙板预埋件、预留孔洞和预留连接钢筋尺寸允许偏差表

检查项目			符号	允许偏差/mm
预埋部件	预埋钢板	中心线位置偏移	S_m	5
		平面高差	S_h	3
	预埋内螺母	中心线位置偏移	a_m	3
		螺旋扣深度	a_h	0，+5
预留孔	中心线位置偏移		j_m	4
	孔尺寸		j_h	±3
门窗口	门窗口尺寸		k_m	±4
	对角线		k_d	4
装饰线、条	中心线位置偏移		d_1	±2
	长度、宽度		d_2	±2
	深度		d_3	±2
连接钢筋	轴心位置与间距		l_1	±3
	外露长度		l_2	−5，+10
吊环、吊钉	中心位置与间距		R_1	±10
	外露长度		R_2	−5，+10
保温板	中心线位置偏移		t_j	±3
饰面材料	饰面材料对角差		d_q	2
	饰面材料高差		Q_1	3
	接缝宽度		Q_2	±2
	水平接缝		f_1	±2
	垂直接缝		f_2	±2

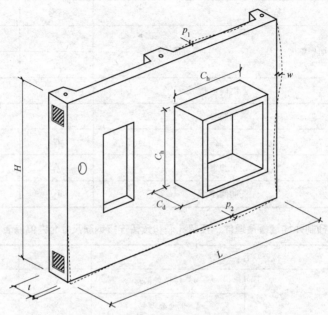

图 9-1　预制实心外挂墙板示意

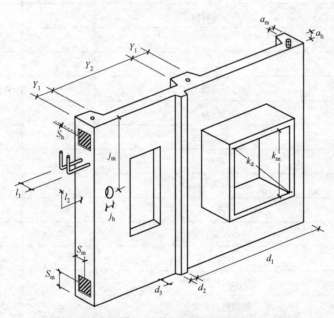

图 9-2　预制实心外挂墙板预留及预埋件示意

2. 水平预制混凝土外形尺寸允许偏差

预制楼梯的尺寸偏差应符合表 9-7 的规定（图 9-3）。预制楼梯的预埋件、预留孔洞和预留连接钢筋尺寸允许偏差应符合表 9-8 的规定（图 9-4）。

表 9-7　　　　　　　　　　　　　预制楼梯外形尺寸允许偏差表

检查项目		符号	允许偏差/mm
规格尺寸	长度	L	±5
	宽度	B	±5
	高度	h	±3
	梁宽	T_b	±2
	梁高	T_h	±2
	梁间距	T_j	±3
对角线差		d	10
外形	平台平整度	p_1	2
	侧向弯曲	w	$L/1000$ 且≤5
	翘曲	r	$L/1000$ 且≤5

表 9-8　　预制楼梯防滑条、预埋件、预留孔洞和预留连接钢筋尺寸允许偏差表

检查项目			符号	允许偏差/mm
预埋部件	预埋钢板	中心线位置偏移	s_m	5
		外露尺寸	s_n	3
	预埋内螺母	中心线位置偏移	a_m	3
		螺旋扣深度	a_h	+5, 0
安装孔		中心线位置偏移	j_m	4
		孔径	j_h	±3
栏杆孔		中心线位置偏移	g_m	4
		孔径	g_h	±3
防滑条		中心线位置与间距偏移	d_1	±2
		长度、宽度	d_2	±2
		深度	d_3	±2
连接钢筋		轴心位置与间距	l_1	±3
		外露长度	l_2	+10, −5
吊环、钉		中心位置与间距	R_1	±10
		外露长度	R_2	±10

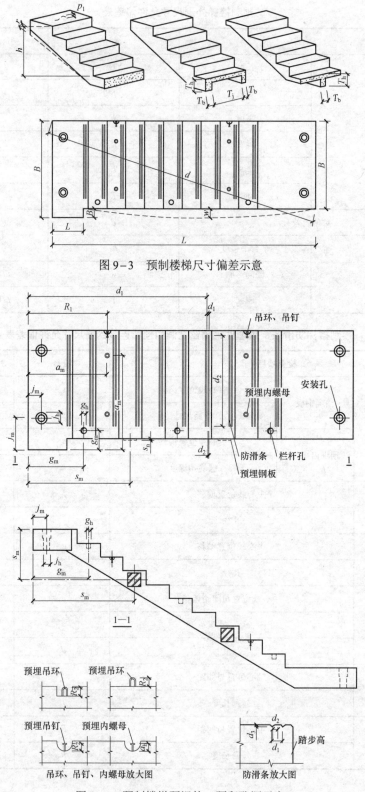

图9-3 预制楼梯尺寸偏差示意

图9-4 预制楼梯预埋件、预留孔洞示意

9.5 预制混凝土结构性能检验

预制混凝土进场前应进行结构性能检验，考虑检验方便，实际工程中多在各方参与下在预制混凝土生产场地进行。结合构件特点与加载检验条件，仅对梁板类简支受弯预制混凝土进行结构性能检验；其他预制混凝土除设计由专门要求外，进场前可不做结构性能检验。多个工程共同使用的同类型预制混凝土，可在多个工程的施工、监理单位等见证下共同进行结构性能检验，其结果对多个工程共同有效。实体检验基本采用非破损方法进行，检查数量一般为不超过 1000 个同类型预制混凝土为一批，每批抽取构件数量为 1 件。梁板类简支受弯预制混凝土进行结构性能检验，应注意以下几点：

（1）钢筋混凝土构件和允许出现裂缝的预应力混凝土构件应进行承载力、挠度和裂缝宽度检验；不允许出现裂缝的预应力混凝土构件应进行承载力、挠度和抗裂检验。

（2）对大型构件及有可靠应用经验的构件，可只进行裂缝宽度、抗裂和挠度检验。

（3）对使用数量较少的构件，当能提供可靠依据时，可不进行结构性能检验。

（4）保存有效的结构性能检验报告，作为预制混凝土进场的质量证明文件。

9.5.1 承载力

构件承载力按下列规定进行检验：

（1）当按混凝土结构设计规范的规定进行检验时，应符合式（9-1）的要求：

$$\gamma_u^0 \geqslant \gamma^0 [\gamma_u] \tag{9-1}$$

式中 γ_u^0——构件的承载力检验系数实测值，即构件的荷载实测值与荷载设计值（均包括自重）的比值；

γ^0——结构重要性系数，按设计要求的结构等级确定，当无专门要求时取 1.0；

$[\gamma_u]$——构件的承载力检验系数允许值，按表 9-9 的规定取用。

表 9-9 构件承载力检验系数允许值 $[\gamma_u]$

受力情况	达到承载能力极限状态的检验标志		$[\gamma_u]$
受弯	受拉主筋处的最大裂缝宽度达到 1.5mm；或挠度达到跨度的 1/50	有屈服点热轧钢筋	1.20
		无屈服点钢筋（钢丝、钢绞线、冷加工钢筋、无屈服点热轧钢筋）	1.35
	受压区混凝土破坏	有屈服点热轧钢筋	1.30
		无屈服点钢筋（钢丝、钢绞线、冷加工钢筋、无屈服点热轧钢筋）	1.50
	受拉主筋拉断		1.50
受弯构件的受剪	腹部斜裂缝达到 1.5mm，或斜裂缝末端受压混凝土剪压破坏		1.40
	沿斜截面混凝土斜压破坏、受拉主筋在端部滑落或其他锚固破坏		1.55
	叠合构件叠合处、接搓处		1.45

承载力检验荷载设计值是指承载能力在极限状态下，根据构件设计控制截面上的内力组合设计值与构件检验的加荷方式，经换算后确定的荷载值（包括自重）。

（2）当设计要求按构件实配钢筋的承载力进行检验时，应符合式（9-2）的要求：

$$\gamma_u^0 \geqslant \gamma^0 \eta [\gamma_u] \qquad (9-2)$$

式中　η——构件承载力检验修正系数。

$$\eta = R(f_c, f_s, A_s^a, \cdots)/\gamma_0 S \qquad (9-3)$$

式中　$R(f_c, f_s, A_s^a, \cdots)$——根据实配钢筋面积 A_s^a 确定的构件承载力计算值，应按《混凝土结构设计规范》（GB 50010）中有关承载力计算公式的右边项计算；

　　　　S——内力（弯矩、剪力、轴向力、扭矩等）组合设计值。

9.5.2　挠度

构件的挠度应按下列规定进行检验：

（1）当按混凝土结构设计规范规定的挠度允许值进行检验时，应符合式（9-4）的要求：

$$a_s^0 \leqslant [a_s] \qquad (9-4)$$
$$[a_s] = M_k [a_f]/M_q(\theta - 1) + M_k \qquad (9-5)$$

式中　a_s^0——在检验用荷载标准组合值或荷载准永久组合值作用下的构件挠度实测值；

　　　$[a_s]$——挠度检验允许值；

　　　M_k——按荷载标准组合值计算的弯矩值；

　　　M_q——按荷载准永久组合值计算的弯矩值；

　　　θ——考虑荷载长期效应组合对挠度增大的影响系数；

　　　$[a_f]$——受弯构件的挠度限值。

（2）当设计要求按实配钢筋确定的构件挠度计算值进行检验或仅检验构件的挠度、抗裂或裂缝宽度时，应符合式（9-4）和式（9-6）的要求：

$$a_s^0 \leqslant 1.2 a_s^c \qquad (9-6)$$

式中　a_s^c——在正常使用短期荷载检验值下，按实配钢筋确定的构件短期挠度计算值，mm。

9.5.3　抗裂性

构件的抗裂检验应符合式（9-7）的要求：

$$\gamma_{cr}^0 \geqslant [\gamma_{cr}] \qquad (9-7)$$
$$[\gamma_{cr}] = 0.95(\sigma_{pc} + \gamma f_{tk})/\sigma_{ck} \qquad (9-8)$$

式中　γ_{cr}^0——构件的抗裂检验系数实测值，即试件的开裂荷载实测值与检验用荷载标准组合值（均包括自重）的比值；

　　　$[\gamma_{cr}]$——构件的抗裂检验系数允许值；

σ_{pc}——由预加力产生的构件抗拉边缘混凝土法向应力值；

γ——混凝土构件截面抵抗矩塑性影响系数；

f_{tk}——混凝土抗拉强度标准值；

σ_{pc}——按荷载标准组合值计算的构件抗拉边缘混凝土法向应力值。

对一般预应力预制混凝土构件，可按龄期为 28d 或其他规定检验龄期，给出构件的抗裂检验系数允许值。

9.5.4　裂缝宽度

构件的裂缝宽度检验应符合式（9-9）的要求：

$$w_{s,max}^0 \leqslant [w_{max}] \tag{9-9}$$

式中　$w_{s,max}^0$——在检验用荷载标准组合值或荷载准永久组合值作用下，受力主筋处的最大裂缝宽度实测值；

$[w_{max}]$——构件检验的最大裂缝宽度允许值，应按表 9-10 取用。

表 9-10　　　　　　　　构件的最大裂缝宽度允许值　　　　　　　　　（mm）

设计要求的最大裂缝宽度限值	0.1	0.2	0.3	0.4
$[w_{max}]$	0.07	0.15	0.20	0.25

当试件结构性能的全部检验结果均符合要求时，该批构件的结构性能应评为合格；当第一个试件的检验结果不能全部符合要求，但又能符合第二次检验的要求时，可再抽两个试件进行检验。第二次检验的指标，对承载力及抗裂检验系数的允许值应取原规定允许值的 0.95 倍；对挠度的允许值应取原规定允许值的 1.10 倍。当第二次抽取的两个试件的全部检验结果均符合第二次检验的要求时，该批构件的结构性能可评为合格；当第二次抽取的第一个试件的全部检验结果均已符合规定要求时，该批构件的结构性能可评为合格。

思考题 ···

9-1　预制混凝土构件的质量检验包括哪些内容？

9-2　模具检验的主要依据是什么，检验目的如何？

9-3　简述钢筋半成品和钢筋成品的定义，其质量检验有何规定？

9-4　预制混凝土质量控制有哪些要求？

9-5　预制混凝土的成品检验有哪些规定？

9-6　预制混凝土板、梁、柱、楼梯类质量控制允许的外形尺寸偏差有何不同？

第10章 与预制混凝土相关的新材料

本章提要

介绍三种与预制混凝土相关的新材料的主要特点、性能指标及其试验方法等。抗裂早强型减水剂应用于预制混凝土的生产，可以降低蒸汽养护的能耗，提高模板周转次数和装配式建筑构件的生产效率与质量；钢筋连接套筒灌浆材料应用于装配整体式混凝土结构的受力钢筋连接，经过灌浆施工，在套筒内硬化后使钢筋实现高强连接；渗透结晶型防水材料可以应用于混凝土防水地面，形成致密、抗裂、不渗漏的刚性防水层，提高整体厨房、卫生间的封闭性和可靠性。

10.1 概　　述

装配式建筑朝着轻质高强、易机械化施工、整体结构单元的方向变革。装配式建筑在装饰现场施工的噪声小，生产过程节能，同时减少劳动力，混凝土结构整体可靠性好，开裂变形小，防火防水性能好，众多优点来自其他新技术材料配合。单体混凝土构件需要高质量的预制，离不开混凝土预制混凝土生产效率，组装的可靠连接及整体混凝土结构单元的密封性与可靠性，这是实现装配式建筑优越性所在，因此与装配式建筑预制混凝土相关的新材料至关重要。

抗裂早强型减水剂在保证混凝土强度的前提下，可以减少水泥用量、降低蒸汽养护的能耗，还可以进一步提高混凝土的耐久性。用于预制混凝土的生产，特别是预制清水混凝土构件，对混凝土的制备、成型、振捣及养护方式的要求比较严格在一定的生产组织条件下，减少蒸汽养护的时间，提高模板的周转率，减少模板的数量，降低蒸汽养护的能耗，降低能耗是预制混凝土构件的生产的一个重要方向；在不改变水泥用量、和易性和蒸汽养护制度的前提下，大大改善混凝土的耐久性，提高混凝土强度。专用早强型高性能减水剂用于预制混凝土生产，其使用效果与水泥的品种、混凝土配合比、蒸汽养护制度等因素有关。通过试验的方法确定最优的外加剂掺量，确定快速养护（6～10h）制度，缩短总的蒸汽养护周期（降低养护温度），如可以将蒸汽养护的最高温度从 80℃左右降低到 40～60℃，同时全面提高构件混凝土的物理力学性能。

钢筋套筒灌浆连接技术是指带肋钢筋插入内腔为凹凸表面的灌浆套筒，通过向套筒与钢筋的间隙灌注专用高强水泥基灌浆料，灌浆料凝固后将钢筋锚固在套筒内实现针对预制混凝土的一种钢筋连接技术。套筒灌浆作为预制装配建筑施工的一项关键工艺，用于竖向构件（如剪力墙和框架柱）及水平构件（如框架梁）的连接，套筒灌浆是将专用高强、无收缩灌浆料灌入带肋钢筋插入内腔带沟槽的钢筋套筒，达到高于钢筋母材强度连接效果的目的，是预制混凝土建筑工程质量的重要环节。灌浆料关键性能指标在于强度、变形、流动度、耐久性等，将灌浆套筒预埋在混凝土构件内，在安装现场从预制混凝土外通过注浆管将灌浆料注入套筒，来完成预制混凝土钢筋的连接，是预制混凝土中受力钢筋连接的主要形式，主要用于各种装配整体式混凝土结构的受力钢筋连接。

建筑物的密封防水一直是建筑施工中非常重要的一个环节，装配式建筑的地下车库、地下室楼板、游泳池混凝土排水管、屋顶广场、厨房与卫生间、停车平台、电梯坑、污水处理厂、室内污水池、混凝土道路桥梁结构、运动场等工程均可以采用渗透结晶型水泥基防水材料。具有自封闭性整体结构单元是装配式建筑的一大特点，需要通过构造防水、材料防水、表层防水等综合措施来解决。为保证预制部位与现浇部位的有效结合，采用微膨胀混凝土等同现浇，以避免现浇与预制墙板之间产生缝隙而渗漏。水泥基渗透结晶型防水材料（简称 CCCW）更适用于新建与既有的建筑、市政、水利、交通及海工等工程，此类凝土结构防水的新技术材料，适用范围包括混凝土结构内掺后形成致密、抗裂、不渗漏防水混凝土，或在混凝土结构表面涂布、形成防渗透的刚性防水层，用于嵌填、堵漏与面层的处理、混凝土结构蜂窝狗洞、不密实、裂缝等缺陷部位修补。还有预制剪力墙外墙板防水，采用"以堵为主"的方式，将相邻的预制墙板安装固定到指定部位，中间预留现浇部位，辅以一定量钢筋，支模、浇筑混凝土，叠合墙板接缝的局部设有增强防水构造。叠合墙板接缝的普通防水构造，其做法是在接缝处安放钢筋笼，再浇筑混凝土一次成型。由于建筑外墙的叠合墙板中间空心层是连续的，中间现浇混凝土能够形成一个封闭空间，与内预制墙板组成第二道防水层，接缝处的暗柱提高了整体防水效果。通过使用渗透结晶材料做现浇结构自防水混凝土，水平缝反槛构造做构造防水，外墙缝用"改性硅酮胶"做材料改性防水。

水泥基渗透结晶型防水材料为灰色粉末状粉料，其主要成分硅酸盐水泥、精选石英砂、活性化学物质等，主要特点包括：① 具有极强的防水能力，在混凝土界面涂刷两层该材料，即可承受 1.5MPa 以上的水压力。② 渗透结晶性能明显，在混凝土界面涂刷该材料所产生的物化反应渗透到混凝土内部，渗透深度可达 20mm 以上，在混凝土界面涂刷该材料形成不溶于水的枝蔓状结晶体，将缝隙密实，堵塞渗透水路，小于 0.4mm 的混凝土裂缝都可填补与自我修复。③ 环保、无毒、无公害、防腐、耐老化、保护钢筋能力。④ 耐低温性好，−40℃、5h 无开裂，起皮剥落，无变化。⑤ 可确保在 pH 值 3.0～11.0，温度 −30℃～120℃ 的情况下保持超强的防水效果，并能保护钢筋及提高混凝土强度。⑥ 与其他材料兼容性好，其防水层表面可随意涂刷水泥砂浆、白灰膏、油漆、树脂涂料等材料。⑦ 对混凝土界面不需做找平层，涂刷后无需做保护层，施工方法简便，省工省力。渗透结晶防水材料在世界范围内广泛应用于混凝土结构防水工程项目，可以干粉撒在或压入未完全凝固的混凝土表面，或直接作防水剂掺入混凝土中以增强防渗性能，结晶体与混凝土结构结合成封闭的防水层整体，堵截来自任何方向的水流及其他液体侵蚀，达到永久性防水、耐化学腐蚀的目的，同时起到保护钢筋，增强混凝土结构强度的作用。

10.2　抗裂早强型减水剂

　　预制混凝土所使用的混凝土约为预拌混凝土总量的 10%，我国混凝土预制混凝土行业蒸汽养护作为目前常用的提高早期强度的技术之一，仍然存在能耗高、生产过程自动化程度低等问题。混凝土化学外加剂在我国预制混凝土领域研究及应用起步较晚，由于预制混凝土早期强度普遍不高，导致模具周转率较低，极大影响了生产效率，对混凝土构件蒸汽养护能耗高，但能耗浪费严重，同时混凝土在湿热养护中升温期对于其内部结构有破坏，带模湿热养护一定程度改善混凝土内部的孔结构，但湿热养护条件水泥水化还会造成内部缺陷。随着住宅产业化进程的加快和基础设施建设工程的增多，预制混凝土的用量呈不断增长趋势，对混凝土的早期强度有了更高的要求，以满足较快的模板周转，提高生产效率。目前，混凝土生产中应用最广泛的聚羧酸减水剂（PC）具有一定的缓凝性，不能直接应用于预制混凝土。专用的预制混凝土外加剂为实现预制和现浇混凝土构件的应用目的，除分散能力以外，主要提升预制混凝土的早强性能是关键，适用于各种预制混凝土或预制高性能混凝土相应的配料、搅拌、成型、拆模、饰面、养护等工艺要求，满足预制混凝土的市场需求。

　　预制混凝土用抗裂早强型聚羧酸减水剂是一种以减水组分为主要组分，复合有其他化学组分的化学外加剂，按照产品的应用环境分为蒸养型（Z）、免蒸养型（M）和蒸养免蒸养两用型（ZM），具有早强、消泡、减缩、降黏等作用，具有减水率高，能够显著改善混凝土的工作性，加快混凝土凝结硬化，提高混凝土强度增长速率，降低构件生产能耗，实现预制混凝土在各种养护温度下早强的目的，提高预制混凝土质量，提高模板周转次数和生产效率，具有显著的经济效益和社会效益，其用于生产预制混凝土，还可以解决构件产生裂缝和后期强度损失等问题。

10.2.1　主要性能指标

聚羧酸外加剂由于其分子结构可设计性强，通过不同功能结构单元的优化组合，预制混凝土专用外加剂的性能指标满足匀质性指标（表 10-1）、混凝土的应用性能指标（表 10-2）。

表 10-1　　　　　　　　　　　预制混凝土外加剂匀质性指标

项目		性能指标		
含固量/（%）		$S>25\%$时，应控制在 $0.95S\sim1.05S$ $S\leqslant25\%$时，应控制在 $0.90S\sim1.10S$		
密度/（g/cm³）		$D>1.1$ 时，应控制在 $D\pm0.03$ $D\leqslant1.1$ 时，应控制在 $D\pm0.02$		
含水率/（%）		$W>5\%$时，应控制在 $0.90W\sim1.10W$ $W\leqslant5\%$时，应控制在 $0.80W\sim1.10W$		
细度		应在生产厂控制范围内		
pH 值		应在生产厂控制范围内		
氯离子含量（%，按折固含量计） ≤		0.1		
总碱量（$Na_2O+0.658K_2O$） （%，按折固含量计） ≤		高效减水剂	18	高性能减水剂　25

注　1. 生产厂应在相关的技术资料中明示产品匀质性指标的控制值；
　　2. 对相同和不同批次之间的匀质性和等效性的其他要求，可由供需双方商定；
　　3. 表中的 S、W 和 D 分别为含固量、含水率和密度的生产厂控制值。

表 10-2　　　　　　　　　　　掺外加剂混凝土性能指标

试验项目		免蒸养混凝土				蒸养混凝土			
减水率/（%） ≥		20							
泌水率比/（%） ≤		30							
含气量/（%） ≤		5				3.5			
凝结时间差/min	初凝	−90～+90							
	终凝								
抗压强度比/（%） ≥		12h	24h	3d	7d	28d	24h	3d	7d	28d
		—	180	170	145	130	140	130	125	120
28d 收缩率比/（%） ≤		110							
28d 蒸/标比		—				105			

10.2.2　主要检验方法

（1）预制混凝土用外加剂匀质性检验方法按《混凝土外加剂匀质性试验方法》（GB/T 8077）规定的方法进行，测定项目包括含固量、含水率、密度、细度、pH 值、氯离子含量等。

（2）新拌混凝土试验方法：减水率、泌水率比和凝结时间按《混凝土加外剂》（GB 8076）规定的方法进行测定；含气量按《普通混凝土拌合物性能试验方法标准》（GB/T 50080）规定的方法进行测定。

（3）硬化混凝土抗压强度比、28d 收缩率比应按照 GB 8076 规定的方法进行测定。

（4）28d 蒸养混凝土抗压强度为在养护制度标养静停 4h，升温速度 8～10℃/h，升至 60～65℃，在此温度下恒温 4h，降温至标准温度，降温速度 8～10℃/h，转到标养至 28d 龄期混凝土的抗压强度。其中，28d 蒸/标比＝28d 蒸养混凝土抗压强度/28d 标准养护混凝土抗压强度。

10.3　钢筋连接用套筒灌浆料

以水泥为基本材料，配以细骨料，以及混凝土外加剂和其他材料组成的干混料，加水搅拌后具有良好的流动性、早强、高强、微膨胀等性能，填充于套筒和带肋钢筋间隙内，形成钢筋套筒灌浆连接接头，简称"套筒灌浆料"。套筒灌浆料应与灌浆套筒匹配使用，适用于灌浆施工期间灌浆部位环境温度不低于 5℃的套筒灌浆料称为"常温型套筒灌浆料"；适用于灌浆施工期间灌浆部位环境温度范围为−5～10℃的套筒灌浆料称为"低温型套筒灌浆料"。《水泥基灌浆材料》（JC/T 986—2018）对于套筒灌浆材料针对性不强，套筒灌浆材料是一种以水泥为基本材料，配以适当的细骨料，以及少量的外加剂和其他材料组成的干混料。除了钢筋灌浆套筒本身的质量外，适合于现场灌浆施工性能的高强早强无收缩或微膨胀灌浆料是装配式结构快速安装施工的关键材料。具有大流动度、早强、高强微膨胀性水泥灌浆材料，填充于套筒和带肋钢筋间隙内，硬化后形成钢筋灌浆连接接头，灌浆套筒适合竖向钢筋连接，包括剪力墙、框架柱的连接。

钢筋套筒灌浆连接接头由钢筋、灌浆套筒、灌浆料三种材料组成，其中灌浆套筒分为半灌浆套筒和全灌浆套筒，半灌浆套筒连接的接头一端为灌浆连接，另一端为机械连接。灌浆套筒螺纹连接的套筒一端为空腔的结构钢，螺纹钢筋通过灌注的专用水泥基高强无收缩灌浆料连接，另一端加工配制内螺纹，与加工好外螺纹形成钢筋连接，是灌浆和直螺纹连接的复合连接接头，适用于不同直径钢筋的连接。灌浆套筒应符合 JG/T 398 的规定，钢筋套筒灌浆连接接头性能应符合《钢筋套筒灌浆连接应用技术规程》（JGJ 355）的规定，型式检验和接头匹配性检验应按 JGJ 355 执行。连接套筒采用钢制、机械性能稳定，套筒外表局部有凹凸，增强与混凝土的握裹。采用配套灌浆材料，可连接 12～25 和 28～40 范围的 HRB 335/400 钢筋。钢筋连接用套筒灌浆料中硅酸盐水泥、普通硅酸盐水泥应符合《通用硅酸盐水泥》（GB 175）的规定，硫铝酸盐水泥应符合《硫铝酸盐水泥》（GB 20472）的规定；细骨料天然砂或人工砂应符合《建设用砂》（GB/T 14684）的规定，最大粒径不应超过 2.36mm；混凝土外加剂应符合《混凝土外加剂》（GB 8076）和《混凝土膨胀剂》（GB/T 23439）的规定；其他材料均应符合相应产品标准的规定。套筒采用钢制的复合形式，机械性能稳定，配套的灌浆材料可手动灌浆和机械灌浆，施工方便。

10.3.1　主要技术指标

《钢筋连接用套筒灌浆料》（JG/T 408）提供了钢筋连接用套筒灌浆料的性能指标，包括初始流动度、30min 流动度，1d（−1d）、3d（−3d）、28d（−7d+21d）抗压强度，竖向膨胀率，竖向膨胀率的差值、泌水率等，见表 10−3。

常温型套筒灌浆料试件成型时试验室的温度应为 20℃±2℃，相对湿度应大于 50%，养护室的温度应为 20℃±1℃，养护室的相对湿度应不低于 90%，养护水的温度应为 20℃±1℃；低温型灌浆料应在恒温室或带有空气循环装置的恒温箱中进行试验，温度应为−5℃±2℃，低温养护室或养护箱的温度应为−5℃±1℃，相对湿度应大于 90%。试验时，低温型灌浆料应提前 24h 放入规定温度的试验室，以保证与试验室环境温度一致，除非有特殊约定，拌和用水采用 0～4℃的液态水，水料比应符合灌浆料生产厂家的要求。低温型套筒灌浆料试件成型时试验室的温度应为−5℃±2℃，养护室的温度应为−5℃±1℃，养护室的相对湿度应不低于 90%。灌浆料拌和用设备及灌浆料拌和容器、抗压试件模具均应放在试验室规定温度下冷冻 24h，试件模具应采用金属模具。在不同环境温度下灌浆施工、不同性能要求的钢筋套筒及接头提供品质优良、施工工艺适应性良好的灌浆料配套产品，保证灌浆质量和钢筋套管灌浆连接质量，提升预制混凝土结构性能和施工效率，体现预制混凝土技术经济性。

表 10−3　　　　　　　　　　　　钢筋连接用套筒灌浆料的技术

技术指标		标准要求
流动度/mm	初始	≥300
	30min	≥260
抗压强度/MPa	1d	≥35
	3d	≥60
	28d	≥85
竖向膨胀率/（%）	3h	≥0.02
	24h 与 3h 差值	0.02～0.5
氯离子含量/（%）		≤0.03
泌水率/（%）		0

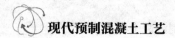

（1）常温型套筒灌浆料的技术性能，见表 10-4

表 10-4　　　　　　　　　　常温型套筒灌浆料的技术性能

检测项目		性能指标
流动度/mm	初始	≥300
	30min	≥260
抗压强度/MPa	1d	≥35
	3d	≥60
	28d	≥85
竖向膨胀率/（%）	3h	≥0.02
	24h 与 3h 差值	0.02～0.30
28d 自干燥收缩/（%）		≤0.045
氯离子含量/（%）		≤0.03
泌水率/（%）		0

注　氯离子含量以灌浆料总量为基准。

（2）低温型套筒灌浆料的性能，见表 10-5。

表 10-5　　　　　　　　　　低温型套筒灌浆料的技术性能

检测项目		性能指标
-5℃±2℃流动度/mm	初始	≥300
	30min	≥260
8℃±2℃流动度/mm	初始	≥300
	30min	≥260
抗压强度/MPa	-1d	≥35
	-3d	≥60
	-7d+21d	≥85
竖向膨胀率/（%）	3h	≥0.02
	24h 与 3h 差值	0.02～0.30
28d 自干燥收缩/（%）		≤0.045
氯离子含量/（%）		≤0.03
泌水率/（%）		0

注　1. -1d 代表在负温养护 1d，-3d 代表在负温养护 3d，-7d+21d 代表在负温养护 7d 转标养 21d；
　　2. 氯离子含量以灌浆料总量为基准。

10.3.2　主要检验方法

1. 流动度检验

按照产品设计要求的用水量和水泥基灌浆材料，将水泥基灌浆材料与拌和水同时倒入搅拌锅中搅拌 240s，再将水泥基灌浆材料浆体倒入湿润玻璃板上的截锥圆模内，待浆体与截锥圆模上口平后徐徐提起截锥圆模，让浆体在无扰动条件下自由流动直至停止，测量浆体最大扩散直径及与其垂直方向的直径，计算平均值（精确到 1mm），作为流动度初始值。自加水拌和起 30min 时，将搅拌锅内浆体重新试验，测定流动度 30min 保留值。

2. 抗压强度试验

采用尺寸为 40mm×40mm×160mm 的棱柱体，按 GB/T 17671 中的有关规定执行。将水泥基灌浆材料浆体灌入试模，至浆体与试模的上边缘平齐，成型过程中不得震动试模。在 6min 内完成搅拌和成型过程，浇筑完成后应立刻覆盖并在成型室内静置 2h 后移入养护箱，至规定龄期测抗压强度。

3. 接触式竖向膨胀率试验

仪表安装要求试模放置在钢垫板上，千分表架固定在钢垫板上（图 10-1），尽量靠近试模，缩短横杆悬臂长度，千分表与千分表架卡头固定牢靠，但表杆能够自由升降。在 30s 内读取千分表初始读数 h_0，成型过程应在搅拌结束后 5min 内完成，自加水拌和时起分别于 3h 和 24h 读取千分表的读数 h_t。

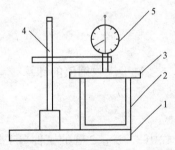

图 10-1　竖向膨胀率装置示意图
1—钢垫板；2—试模；3—玻璃板；
4—千分表架（磁力式）；5—千分表

非接触式测量法测竖向膨胀率要求测试仪器激光发射系统及数据采集系统的测试精度不应低于 10^{-3}，量程不应小于 4mm。灌浆料竖向膨胀率应按下式计算：

$$\varepsilon_t = \frac{h_t - h_0}{h} \times 100\%$$

式中　ε_t——竖向膨胀率；

　　　h_0——试件高度的初始读数，mm；

　　　h_t——试件龄期为 t 时的高度读数，mm；

　　　h——试件基准高度 100mm。

4. 灌浆料的自干燥收缩试验

采用 40mm×40mm×160mm 棱柱体，且在试模的两个端面中心各开一个 6.5mm 的孔洞安放收缩头（图 10-2），收缩头埋入浆体长度应为 10mm±1mm，端头露出试件端面 8mm±1mm；将拌和好的浆体直接灌入试模，浆体应与试模的上边缘平齐。浇筑后立刻覆盖，在 6min 内完成，然后带模置于标准养护条件下（温度为 20℃±2℃，相对湿度≥90%）养护至 20h±0.5h 后，方可拆模，拆模后用不少于两层塑料薄膜将试块完全包裹，然后用铝箔贴将带塑料薄膜的试块包裹，并编号、标明测试方向，将试块移入温度20℃±2℃的实验室中预置 4h，按标明的测试方向立即测定试件的初始长度；测长仪测量精度为 10^{-3}mm，测定前，应先用标准杆调整测长仪的原点，测定初始长度后，将试件置于温度 20℃±2℃、相对湿度为 60%±5% 的实验室内，然后第 28d 测定试件的长度。

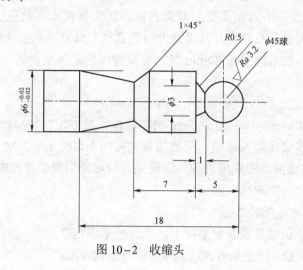

图 10-2 收缩头

自干燥收缩值的计算：

$$\varepsilon = \frac{L_0 - L_{28}}{L - L_d} \times 100\%$$

式中 ε——28d 的试件自干燥收缩值；

L_0——试件成型 1d 后的长度即初始长度，mm；

L——试件的长度 160mm；

L_d——两个收缩头埋入浆体中长度之和，即 20mm±2mm；

L_{28}——28d 时试件的实测长度，mm。

10.4 水泥基渗透结晶型防水材料

水泥基渗透结晶型防水材料（简称 CCCW）是一种作用于水泥混凝土基体的刚性防水材料，在长时间水的作用下，材料中的活性物质硫酸铝、硅酸钠等溶解，随水溶液沿着毛细孔、裂缝等混凝土内部结构缺陷处不断扩散渗透，与裂缝空隙处的水化产物氢氧化钙发生固相反应，生成不溶于水的 CSH 凝胶和次生钙矾石等，堵塞孔隙及裂缝，钠盐则以碳酸钠、硫酸钠形式随水蒸气迁移到混凝土表面结晶析出，从而提高混凝土的致密性，达到自修复防水目的。水泥基渗透结晶型防水材料可以用于水泥混凝土防水、混凝土缺陷修补和快速堵漏的刚性防水材料，其与水作用后，材料中含有的活性化学物质，以水为载体在混凝土中渗透，防水材料与水泥水化反应，生成不溶于水的针状结晶体，填塞毛细孔道和微细缝隙，具有微裂缝自修复能力，从而提高混凝土致密性、抗冻融、耐腐蚀性、耐久性，达到与结构同寿命的防水效果。

防水混凝土内掺水泥基渗透结晶型防水材料后，产品中的活性化学物质在水分的作用下催化混凝土中水泥和其他化学物质产生非水溶性的结晶体，填补和封堵混凝土固化后形成贯穿孔隙、毛细管道和细微裂缝，严格控制防水混凝土质量，从配比、搅拌、运输、建筑、振捣、养护整个施工全过程，有效保证混凝土致密性和不开裂，达到地下工程 "不允许渗水，结构表面无湿渍" 一级防水标准。

10.4.1　主要性能指标

普通防水、外贴防水构造是在叠合板接缝处铺设钢筋形成暗柱等，增加建筑的整体性，形成连续防水层。局部增强防水构造正好相反，人为地将接缝处设计成防水薄弱环节，由预制墙板与防水砂浆形成的第一道防水层，当发生相对运动时，防水砂浆会产生破坏，形成漏水点。水泥基渗透结晶型防水材料属于水泥基砂浆类材料，可以用作防水涂料、混凝土防水剂以及用于配制混凝土缺陷修补和快速堵漏，各种材料的主要物理性能指标分别见表 10-6～表 10-9。

水泥基渗透结晶防水材料的特点，包括：

（1）独特的自修复功能。活性组分干燥下休眠，遇水再次激活。

（2）具有双重防水性能。一方面减少混凝土开裂，另一方面生成不溶性晶体。

（3）极强的抗渗性能。处理后能够使混凝土长期承受较强的水压力。

（4）提高混凝土强度。生成的晶体填充了孔隙、裂缝，提高了混凝土密实度。

（5）实现永久性防水。活性物质起催化剂的作用，反应前后自身的含量不发生变化。

（6）能够防腐、耐老化、保护钢筋。

（7）施工简便。可随时施工，可喷涂、可涂刷、可干撒。

（8）符合环保标准，无毒、无公害。适用于饮用水、水库、泳池等。

表 10-6　　　　　　　水泥基渗透结晶型防水材料的主要物理性能指标

序号	试验项目			性能指标
1	外观			均匀、无结块
2	含水率/（%）		≤	1.5
3	细度，0.63mm 筛余/（%）		≤	5
4	氯离子含量/（%）		≤	0.10
5	施工性	加水搅拌后		刮涂无障碍
		20min		刮涂无障碍
6	抗折强度/MPa，28d		≥	2.8

续表

序号	试验项目			性能指标
7	抗压强度/MPa，28d		≥	15.0
8	湿基面黏结强度/MPa，28d		≥	1.0
9	砂浆抗渗性能	带涂层砂浆的抗渗压力*/MPa，28d		报告实测值
		抗渗压力比（带涂层）/（%），28d	≥	250
		去除涂层砂浆的抗渗压力*/MPa，28d		报告实测值
		抗渗压力比（去除涂层）/（%），28d	≥	175
10	混凝土抗渗性能	带涂层混凝土的抗渗压力*/MPa，28d		报告实测值
		抗渗压力比（带涂层）/（%），28d	≥	250
		去除涂层混凝土的抗渗压力*/MPa，28d		报告实测值
		抗渗压力比（去除涂层）/（%），28d	≥	175
		带涂层混凝土的第二次抗渗压力/MPa，56d	≥	0.8

* 基准砂浆和基准混凝土 28d 抗渗压力应为 0.4（+0.00～−0.1）MPa，并在产品质量检验报告中列出。

表 10−7　　　　　　　　　　水泥基渗透结晶型防水剂主要物理性能指标

序号	试验项目			性能指标
1	外观			均匀、无结块
2	含水率/（%）		≤	1.5
3	细度，0.63mm 筛余/（%）		≤	5
4	氯离子含量/（%）		≤	0.10
5	总碱量/（%）			报告实测值
6	减水率/（%）		<	8
7	含气量/（%）		≤	3.0
8	凝结时间差	初凝/min	>	−90
		终凝/h		—
9	抗压强度比/%	7d	≥	100
		28d	≥	100
10	收缩率比/%，28d		≤	125
11	混凝土抗渗性能	防水剂混凝土的抗渗压力*/MPa，28d		报告实测值
		抗渗压力比/%，28d	≥	200
		防水剂混凝土的第二次抗渗压力/MPa，56d		报告实测值
		第二次抗渗压力比/（%），56d	≥	150

* 基准砂浆和基准混凝土 28d 抗渗压力应为 0.4（+0.00～−0.1）MPa，并在产品质量检验报告中列出。

表 10-8　　　　　　水泥基渗透结晶型缺陷修补材料主要性能指标

序号	试验项目		性能指标
1	凝结时间	初凝，min	≥10
		终凝，min	≤360
2	抗压强度/MPa（3d）		≥13.0
3	抗折强度/MPa（3d）		≥3.0
4	涂层抗渗压力/MPa（7d）		≥0.4
5	试件抗渗压力/MPa（7d）		≥1.5
6	黏结强度/MPa（7d）		≥0.6
7	耐热性（100℃，5h）		无开裂，起皮，脱落
8	冻融循环（20 次）		无开裂，起皮，脱落
9	外观		色泽均匀、无杂质、无结块

表 10-9　　　　　　水泥基渗透结晶型快速堵漏材料的性能指标

序号	试验项目		性能指标
1	凝结时间	初凝，min	≤5
		终凝，min	≤10
2	抗压强度/MPa	1h	≥4.5
		3d	≥15.0
3	抗折强度/MPa	1h	≥1.5
		3d	≥4.0
4	试件抗渗压力/MPa（7d）		≥1.5
5	黏结强度/MPa（7d）		≥0.6
6	耐热性（100℃，5h）		无开裂，起皮，脱落
7	冻融循环（20 次）		无开裂，起皮，脱落
8	外观		色泽均匀、无杂质、无结块

10.4.2　主要检验方法

1. 匀质性试验

参照《水泥基渗透结晶型防水材料》（GB 18445—2012）及《地下工程防水技术规

范》（GB 50108—2008）、《地下防水工程质量验收规范》（GB 50208—2011）等标准测试方法，检测水泥基渗透结晶型防水材料的匀质性指标：含水量、细度、氯离子含量和总碱量等。

2. 拉伸黏结强度

采用水泥基自流平砂浆的粘结强度测试方法。拉伸粘结强度使用的测试仪器应有足够的灵敏度及量程，应通过适宜的连接方式并不产生任何弯曲应力，加荷速度（250±50）N/s，仪器精度 1%，破坏荷载在其量程的 20%~80%；拉伸黏结强度成型框由硅橡胶或硅酮密封材料制成，表面平整光滑，保证砂浆不从成型框与混凝土板之间流出，孔尺寸精确至±0.2mm，孔径 50mm×50mm；厚度 3mm；拉拔接头尺寸为（50 ±1）mm×（50±1）mm，并有足够强度的正方形钢板，最小厚度 10mm，有与测试仪器相连接的部件。

试件制备将成型框放在混凝土板成型面上，将按标准规定制备好的试样倒入成型框中，抹平，放置 24h 后出模，10 个试件为一组。脱模后的试件在标准试验条件下放置到 27d 龄期后，用砂纸打磨掉表面的浮浆，然后用适宜的高强黏结剂将拉拔接头黏结在试样成型面上，在标准试验条件下继续放置 24h 后试验。黏结强度计算按公式：

$$P=F/S$$

式中　　P——拉伸黏结强度，MPa；

　　　　F——最大破坏荷载，N；

　　　　S——黏结面积，单位 2500mm²。

试验结果计算精确至 0.1MPa。采用标准混凝土板，混凝土板由专业工厂生产，能保证质量的稳定。砂浆产品的厚度只有 3mm，比较接近实际工程的情况。

3. 抗渗试验

参考《普通混凝土长期性能和耐久性能试验方法标准》（GB/T 50082）的标准，将混凝土做成圆台型试件，每六个为一组，放置在专用的抗渗仪上，以一定的时间周期加水压进行试验。目前有抗渗要求的混凝土大多是 C30 以上的泵送混凝土，混凝土的配比一般都使用了混凝土外加剂和矿物掺合料，混凝土的密实性能大大提高，通过这种方法检验混凝土抗渗性能，一般都能超过 1.2MPa，而设计要求一般仅要求 0.6~0.8MPa，造成现场结构自防水混凝土渗水的主要原因不是混凝土内部的孔结构分布，而是由于温差、收缩或者荷载造成的裂缝，混凝土裂缝甚至是微小裂缝会引起比较严重的渗漏现象。水泥基渗透结晶型防水涂料的作用是通过活性物质的渗透进入混凝土内部的微细裂缝，通过化学反应生成结晶物质，修补裂缝，它和一般的憎水性材料改变毛细孔的表面张力、阻止水分进入从而达到防水作用是完全不一样的。水泥基渗透结晶性防水材料能通过化学反应堵塞毛细孔道，能修补一定宽度的裂缝。采用氯离子渗透试验来检验，比较容易区分渗透结晶型材料对混凝土抗渗性的提高。

思考题 ⋯⋯⋯⋯⋯⋯⋯⋯⋯⋯⋯⋯⋯⋯⋯⋯⋯⋯⋯⋯⋯⋯⋯⋯⋯⋯⋯⋯

10-1　预制混凝土生产与应用的新技术材料有哪些，为什么？

10-2　试述早强型抗裂减水剂特点、性能指标及试验方法。

10-3　钢筋连接套筒、套筒灌浆材料的概念是什么？简述套筒灌浆材料特点与性能指标。

10-4　渗透结晶型防水材料有哪些类型，性能特点如何？

参 考 文 献

[1] 李营，叶汉河. 装配式混凝土建筑——构件工艺设计与制作 200 问 [M]. 北京：机械工业出版社，2019.

[2] 王宝申，等. 装配式建筑建造构件生产 [M]. 北京：中国建筑工业出版社，2018.

[3] 冯乃谦，邢锋. 混凝土与混凝土结构的耐久性 [M]. 北京：机械工业出版社，2009.

[4] 李崇智，周文娟，王林. 建筑材料 [M]. 北京：清华大学出版社，2014.

[5] 宋少民，孙凌. 土木工程材料 [M]. 2 版. 武汉：武汉理工大学出版社，2010.

[6] 冯乃谦. 高性能与超高性能混凝土技术 [M]. 北京：中国建筑工业出版社，2015.

[7] 同济大学，重庆建筑工程学院，武汉建筑材料工业学院. 混凝土制品工艺学 [M]. 北京：中国建筑工业出版社，1981.

[8] 庞强特. 混凝土制品工艺学 [M]. 武汉：武汉工业大学出版社，1990.

[9] 陈立军，张春玉，赵洪凯. 混凝土及其制品工艺学 [M]. 北京：中国建材工业出版社，2016.

[10] （美）库马. 梅塔（P.KumarMehata），（美）保罗. J.M.蒙特罗（PauloJ.M.Monteiro）.混凝土微观结构、性能和材料 [M]. 北京：中国电力出版社，2008.

[11] 住房和城乡建设部标准定额司，工业和信息化部原材料工业司. 高性能混凝土应用技术指南 [M]. 北京：中国建筑工业出版社，2015.

[12] 文梓芸，钱春香，杨长辉. 混凝土工程与技术 [M]. 武汉：武汉理工大学出版社，2004.

[13] 蒋阳，陶珍东. 粉体工程 [M]. 武汉：武汉理工大学出版社，2008.

[14] 张长森. 粉体技术与设备 [M]. 上海：华东理工大学出版社，2007.

[15] 郑水林，王彩丽. 粉体表面改性 [M]. 3 版. 北京：中国建材工业出版社，2011.

[16] 冯晓云，童树庭，袁华. 材料工程基础 [M]. 北京：化学工业出版社，2007.

[17] 陈景华，张长森，蔡树元，等. 无机非金属材料热工过程及设备 [M]. 上海：华东理工大学出版社，2015.

[18] 吴建锋，徐晓虹，陈袁魁. 无机非金属材料工厂设计概论 [M]. 武汉：武汉理工大学出版社，2016.

[19] 曲德仁. 混凝土工程质量控制 [M]. 北京：中国建筑工业出版社，2005.

[20] 缪昌文. 高性能混凝土外加剂 [M]. 北京：化学工业出版社，2008.

[21] 沈春林. 水泥基渗透结晶型防水材料 [M]. 北京：化学工业出版社，2015.

[22] 朱馥林. 建筑防水新材料及防水施工新技术 [M]. 2 版. 北京：中国建筑工业出版社，2013.